AutoCAD 实用教程

(第三版)

邱志惠　编著

卢秉恒　主审

西安电子科技大学出版社

内 容 简 介

本书是一本关于 AutoCAD 2010 的实例教程。本书在全面系统地介绍 AutoCAD 2010 的各种基本命令的前提下，突出以绘图操作为主线的教学方法，安排了较多的绘图实例，以方便读者学习。

书中第 1～7 章介绍了二维基本命令；第 8 章介绍了一般图形的绘制方法；第 9 章介绍了机械图样的绘制方法；第 10 章介绍了建筑图样的绘制方法；第 11～14 章介绍了三维基本命令；第 15～17章分别讲解了机械零件、家具及建筑的造型方法；第 18 章介绍了如何将 AutoCAD 的图形转换到PhotoShop 中进行平面图像处理的方法，并列举了一些二维绘图的应用实例。书中全部实例的具体操作均有章可循，详细的作图步骤及配图一目了然。

本书可作为工科院校学生学习 AutoCAD 的主要教材或参考书，也可作为广大工程技术人员的自学参考书或 AutoCAD 培训班学员的教材。

图书在版编目(CIP)数据

AutoCAD 实用教程 / 邱志惠编著. —3 版. —西安：西安电子科技大学出版社，2010.12
(2015.5 重印)
ISBN 978 – 7 – 5606 – 2506 – 5

Ⅰ. ①A…　　Ⅱ. ①邱…　　Ⅲ. ①计算机辅助设计—应用软件，AutoCAD 2010—教材
Ⅳ. ①TP391.72

中国版本图书馆 CIP 数据核字(2010)第 231727 号

策　　划　臧延新
责任编辑　阎彬　臧延新
出版发行　西安电子科技大学出版社(西安市太白南路 2 号)
电　　话　(029)88242885　88201467　　邮　　编　710071
网　　址　www.xduph.com　　　　电子邮箱　xdupfxb001@163.com
经　　销　新华书店
印刷单位　陕西华沐印刷科技有限责任公司
版　　次　2010 年 12 月第 3 版　　2015 年 5 月第 12 次印刷
开　　本　787 毫米×1092 毫米　1/16　印张　25.5
字　　数　602 千字
印　　数　48 001～50 000 册
定　　价　45.00 元
ISBN 978 – 7 – 5606 – 2506 – 5 / TH · 0110

XDUP 2798003−12

序

    计算机绘图是现代工程设计必备的技术手段，也是每个工科院校学生的必修课程之一。随着现代科学技术的发展和所绘图样的日益复杂，对绘图的精度和速度都提出了较高的要求。正是由于计算机绘图的应用，使得设计周期缩短，速度加快，而且可以在计算机上进行模拟装配、尺寸校验、预览效果，从而有效地避免了经济损失，使方案更趋完美，也使得现代绘图技术水平达到了一个前所未有的高度。

    美国 Autodesk 公司推出的 AutoCAD 绘图软件在中国拥有广泛的用户，该软件不仅用户界面友好，非常方便人机交互，而且具有简便的二维作图，快捷的实体几何造型，良好的文字处理(特别是能直接输入汉字)，快捷的尺寸自动测量标注和自动导航、捕捉，准确自动的全作图过程记录，有效的数据管理、查询及系统标准化，以及很强的二次开发能力和接口等功能。该公司最新推出的 AutoCAD 2010 的多处功能升级和崭新的应用特性，能使用户真正置身于一种轻松的设计环境，在专注于所设计的对象和设计的过程中，享受一种心情的愉悦和快乐。

    在使用 AutoCAD 的过程中，用户可以轻松自如地绘制三维立体图，并自动投影成二维视图，且可直接打印效果图。传统的从一条线一个图开始绘图的方法正在被三维建模制图所替代，并已成为一种时尚。也正是这种设计理念，使广大工程设计人员提高设计效率、解放和加速创造性思维的能力成为现实。

    本书以绘图操作为主线，系统地介绍了 AutoCAD 二维、三维图形的绘制方法，并详细介绍了机械产品、实用家具以及建筑等方面的造型方法与技巧，特别适合现代的多媒体少课时的教学，便于学生和广大工程设计人员循序渐进地学习和上机操作。通过学习本书的实例，可使读者在较短的时间内熟悉 AutoCAD 中各种命令的功能和绘图技巧，较快地利用该软件进行工程设计，有利于实现教学目的。书中采用了中文和英文对照排列的编写方法，方便了学生学习不同版本的软件，同时对学生学习 CAD 方面的专业外语也有较大的帮助。

    本书图文并茂，语言顺畅精练，是一本非常优秀的教材。

工程院院士

作者简介

邱志惠，女，副教授。中国发明协会会员、先进制造技术及 CAD 应用研究生指导教师、陕西省跨校选课首位任课教员、美国 Autodesk 公司中国区域 AutoCAD 优秀认证教员。1982 年 1 月毕业于西安交通大学，1998 年被聘为副教授，现任教于西安交通大学先进制造技术研究所。2007 年美国密西根大学访问学者，2009 年香港科技大学访问学者。主持国家自然科学基金项目"快速成型新技术的普及与推广"；主持国家"高档数控机床与基础制造装备科技重大专项"子项目；国家"863"计划重点项目"IC 制造中压印光刻工艺与设备的研究开发"主要参加人。从事"工程制图"、"计算机图形学的应用技术"、"计算机三维造型及工业造型设计"教学。曾负责设计生产和调试安装生产线，并荣获多项省、厅级科技成果奖。发表教育和科研论文多篇，出版《AutoCAD 实例教程》、《AutoCAD 实用教程》、《AutoCAD 工程制图及三维建模实例》、《Pro/ENGINEER 建模实例及快速成型技术》等多本教材。荣获王宽诚教书育人奖、优秀教材奖及讲课竞赛奖等。

第 三 版 前 言

AutoCAD 是美国 Autodesk 公司的奠基产品,是一个专门用于计算机绘图设计工作的软件,自 20 世纪 80 年代首次推出 R1.0 版本以来,因其具有的简便易学、精确无误等优点,一直深受广大工程设计人员的青睐。

本书已是第三版,自 2002 年第一版出版以来,一直受到广大师生的认可,并被多所院校选为教材。

本书所介绍的 AutoCAD 2010 是 Autodesk 公司目前推出的最新版本,它的多处功能升级和崭新的应用特性,能使用户真正置身于一种轻松的设计环境,在专注于所设计的对象和设计过程的同时,享受一种心情的愉悦。

本书由邱志惠编写,赵芮可同学为更新版本做了大量的工作;邱世强同志绘制了部分图形并进行了文字处理;西安交通大学机械工程学院制图教研室和先进制造技术研究所的全体同事给予了大力协助,在此表示感谢。

再次深深地感谢读者和出版社的编辑们!

如有问题,可与作者联系:qzh@mail.xjtu.edu.cn。

编著者

2010 年 9 月于西安

第一版前言

AutoCAD 是美国 Autodesk 公司的奠基产品,是一个专门用于计算机绘图设计工作的软件,自 20 世纪 80 年代首次推出 R1.0 版本以来,由于其具有简便易学、精确无误、提高设计质量、缩短设计周期、提高经济效益等优点,一直深受广大工程设计人员的青睐。今天,AutoCAD 系列版本已广泛应用于机械、建筑、电子等工程设计领域,极大地提高了设计人员的工作效率。

AutoCAD 2002 是 Autodesk 公司目前推出的最新版本,它的多处功能升级和崭新的应用特性,能使用户真正置身于一种轻松的设计环境。

AutoCAD 2002 是一套领先的通用设计工具,提供最新和最先进的工具来增强合作的过程:电子传递、AutoCAD 今日、增强属性提取、XML 设计、强化的 Web 发布、更先进的 DWF 文件格式和直连到 Autodesk Point A 站点的文件向导;一组强大的、全新的具有内部网/互联网功能的 CAD 标准管理工具;还提供全新的、增强的高效特征,如关联标注、图层、文本和属性工具等。

AutoCAD 2002 是一个具有雄厚的三维处理能力的 CAD 平台软件,它的参数化特征和曲面造型能力大为增强。利用 AutoCAD 2002,用户可以轻松自如地绘制立体图并自动投影成视图。传统的从一条线一个图开始绘图的方法正在被三维建模制图所替代,并已成为一种时尚。也正是这种设计理念,使广大工程设计人员提高了设计效率、增强了创造性思维的能力。

本书是针对在校学生、培训班学员以及广大工程设计人员学习 AutoCAD 而编写的一本教材,特别适合现代的多媒体教学及上机指导。本书采用以例为主的教学和学习方法,这样做的目的是便于学员快速掌握各种基本命令和绘图技巧。本书在编写安排中也较好地把握了入门与提高之间的关系,并始终以用户操作中的方法和绘图技巧为主线,循序渐进、深入浅出。因此无论对本科生、培训班学员还是自学者,本书都是一本很好的教材。为了方便拥有不同 AutoCAD 语言版本的读者使用,书中首次采用了中文和英文对照排列的编写方法,而在所有文字的编排中都力求做到准确、精练。

本书由邱志惠、王宏明、冯文澜、张群明编写,刘璟、宋晨、邱世强等同志绘制了部分图形。西安交通大学先进制造技术研究所卢秉恒教授对本书进行了审阅。另外,在本书的编写过程中还得到了西安交通大学工业设计系李乐山教授的支持和帮助,以及西安交通大学机械工程学院制图教研室和先进制造技术研究所全体同事的大力协助,在此一并表示感谢。

由于时间紧促,缺点和错误在所难免,望广大读者批评指正。

作者的 E-mail 地址如下:qzh@mail.xjtu.edu.cn。

编著者

2002 年 10 月

目　　录

第一篇　二维基本命令

第二篇 二维绘图实例

第三篇　三维基本命令

第四篇 造 型 实 例

第一篇

二维基本命令

第 1 章 绪 论

1.1 概 述

计算机绘图技术是当今时代每个工程设计人员都应掌握的应用技术手段。随着现代科学及生产技术的发展，对绘图的精度和速度都提出了较高的要求，加上所绘图样越来越复杂，使得手工制图在绘图精度、绘图速度上都相形见绌。而计算机、绘图机以及数控加工技术的相继问世，配合相关软件技术的发展，恰好适应了这些要求。计算机绘图的应用使得现代绘图技术水平达到了一个前所未有的高度。

AutoCAD 是美国 Autodesk 公司开发的专门用于计算机绘图设计工作的软件。由于该软件具有简单易学、精确无误等特点，一直深受广大工程设计人员的欢迎。而 AutoCAD 2010 是该公司目前发布的 AutoCAD 最新版本。相对于以前的版本，它进一步改进了使用的便捷性，提供了新颖的效率工具、增强的性能以及与现有 CAD 数据的兼容性。AutoCAD 2010 的发布，将极大地提高设计人员的工作效率。

与传统的手工绘图相比，计算机绘图主要有如下一些优点：

◆ 高速的数据处理能力，极大地提高了绘图的精度及速度；

◆ 强大的图形处理能力，能够很好地完成设计与制造过程中二维及三维图形的处理，并能随意控制图形显示，以及平移、旋转和复制图样；

◆ 良好的文字处理能力，能添加各类文字，特别是能直接输入汉字；

◆ 快捷的尺寸自动测量标注和自动导航、捕捉等功能；

◆ 具有实体造型、曲面造型、几何造型等功能，可实现渲染、真实感、虚拟现实等效果；

◆ 友好的用户界面，方便的人机交互，准确自动的全作图过程记录；

◆ 有效的数据管理、查询及系统标准化，同时还具有很强的二次开发能力和接口；

◆ 先进的网络技术，包括局域网、企业内联网和 Internet 上的传输共享等；

◆ 与计算机辅助设计相结合，使设计周期更短，速度更快，方案更完美；

◆ 在计算机上模拟装配，进行尺寸校验，不仅可以避免经济损失，而且还可以预览效果。

1.2 计算机绘图系统的构成

计算机绘图系统主要包括两部分：硬件和软件。硬件包括主机(CPU 和存储器)及外围设备等；软件包括操作系统及编程语言等。

1.2.1　硬件

计算机绘图系统的硬件由三大部分构成：输入部分、中心处理部分和输出部分。图 1-1 所示是计算机绘图系统主要部分的构成图。

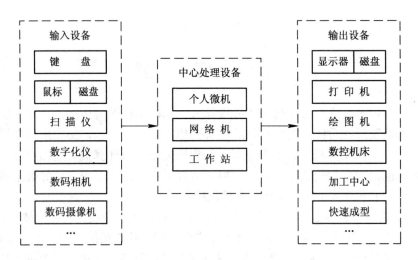

图 1-1　计算机绘图系统的构成

计算机绘图系统的主要硬件设备包括计算机(主机、显示器、键盘和鼠标)、绘图机或打印机。计算机是整个系统的核心，其余设备统称为外围设备。绘图机按纸张的放置形式可分为平板式、滚筒式两种；按"笔"的形式可分为笔式、喷墨式、静电光栅式等。应用广泛的激光打印机，其出图效果也很好，在所绘图样不是很大的情况下，可以作为首选的方案。

运行 AutoCAD 2010 的基本配置如下：

● Pentium 500 MHz 处理器，128 MB 内存，800×600 VGA 显卡，1.5 GB 硬盘及激光打印机等。

● Windows XP、Windows 2000、Windows Millennium Edition(ME)或 Windows NT 4.0 的操作系统以及 Microsoft IE 6.0 的网络浏览器。

1.2.2　软件

1. 计算机绘图系统软件的基本构成

一层：操作系统——控制计算机工作的最基本的系统软件，如 DOS、Windows 等。

二层：高级语言——我们统称的算法语言，如 C、BASIC、FORTRAN 等。

三层：通用软件——可以服务于大众或某个行业的应用软件，如 Microsoft Word 是通用文字处理软件，AutoCAD 是通用绘图软件。

四层：专用软件——用高级语言编写的或在通用软件基础上制作的专门用于某一行业或某一具体工作的应用软件，如专用机械设计软件或装潢设计软件等。

计算机绘图的专用软件很多，常与计算机辅助设计结合在一起，例如建筑 CAD、机械

CAD、服装 CAD 等。在机械 CAD 中，又有许多专业专用的 CAD，如机床设计 CAD、注塑模具 CAD、化工机械 CAD 等。这些专用的绘图软件是在通用绘图软件的基础上，经过再次开发而形成的适合各个专业使用的专用软件。它们使用方便，操作简单。例如在机械CAD 中，已将螺栓、轴承等标准件及齿轮等常用零件制作成图库，甚至将《机械设计手册》编入，供机械设计人员随时调用，从而节省了大量时间，深受机械设计人员的欢迎。

2. 软件的分类

目前，计算机绘图的方法及软件种类很多。按人机关系分类，主要分为以下两种：

(1) 非交互式软件，如 C 语言等编程绘图软件(被动式)，用户使用这种软件时需要具备一定的基础知识，一般的绘图应用人员较少采用这种软件。

(2) 交互式软件，通用绘图软件多为交互式，如 AutoCAD，用户可按交互对话方式指挥计算机。这种软件简单易学，不需要太多的其他基础知识。目前，计算机绘图的通用软件很多，使用方式大同小异，这里仅以目前应用最为广泛的通用绘图软件 AutoCAD 为例，列举几个简单例子，如图 1-2 所示。AutoCAD 的交互方式是在提示行处于命令(Command：)状态时，用户输入一个命令，计算机即提示输入坐标点等，例如：

画一段线：

计算机提示	用户输入
命令:	line(画线)
指定第一点:	0，0(绝对坐标点)
指定下一点或 [放弃(U)]:	15，15(绝对坐标点)
指定下一点或 [放弃(U)]:	@10，0(相对坐标)
指定下一点或 [放弃(U)]:	@15<-45 (极坐标)
指定下一点或 [放弃(U)]:	↵(回车结束)

画一个圆：

命令:	circle(画圆)
指定圆的圆心或[三点(3P)/	
两点(2P)/相切、相切、半径(T)]:	5，3(圆心 5，3)
指定圆的半径或[直径(D)]:	10↵(半径 10)

另外，如果按图形的效果分类，计算机绘图软件的种类还可以分为线框图(如 AutoCAD中由点、线等图素构成的矢量图形)和浓淡图(如 PhotoShop 等软件中由点阵构成的图片)。

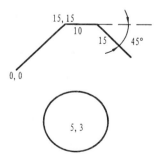

图 1-2　Auto CAD 绘图举例

1.3　AutoCAD 绘图系统的主界面

　　AutoCAD 2010 提供了"二维草图与注释"(如图 1-3 所示)、"三维建模"(如图 1-4 所示)和"AutoCAD 经典"(如图 1-5 所示)三种工作空间模式。用户可在这三种工作空间模式中切换：单击菜单浏览器图标 ，选择工具→工作空间，在弹出的子菜单中或者在最下面的状态行里选择要选用的工作空间(本书以"AutoCAD 经典"空间为叙述主体)。

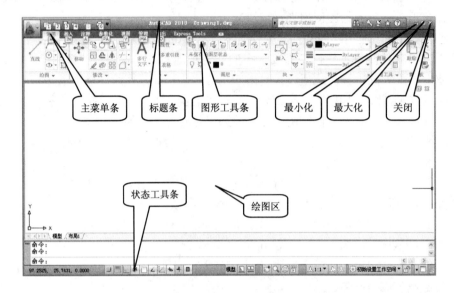

图 1-3　"二维草图与注释"的主界面

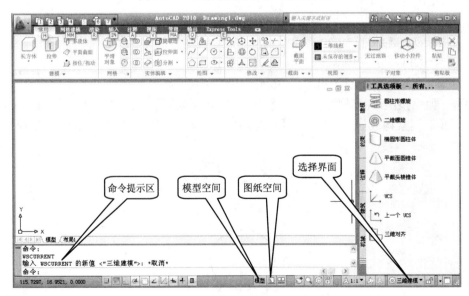

图 1-4　"三维建模"的主界面

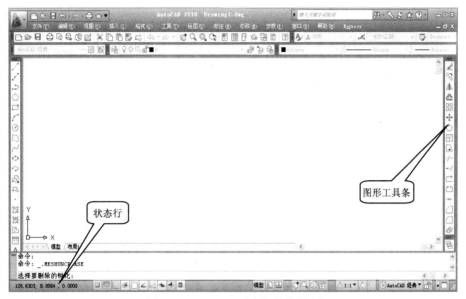

图 1-5　"AutoCAD 经典"的主界面

　　AutoCAD 2010 的主界面包括标题条、主菜单条、图形工具条、绘图区、命令提示区及状态行等。

1. 标题条

　　一般基于 Windows 环境下的应用程序中都有标题条，如图 1-6 所示。标题条位于主界面最上部的正中央，显示当前正在工作的软件名及文件名。在标题条的左端是常用的快捷图标，包括新建、打开、保存、放弃、重做、打印等，右端为搜索窗口。

图 1-6　标题条

2. 主菜单条

在 AutoCAD 2010 的主界面中，第二行即是主菜单条，如图1-7所示，其中包括文件(File)、编辑(Edit)、视图(View)、插入(Insert)、格式(Format)、工具(Tools)、绘图(Draw)、标注(Dimension)、修改(Modify)、参数(Parameter)、窗口(Window)、帮助(Help)、Express 等 13个菜单项，每个主菜单下都有下拉菜单，用鼠标点选主菜单项，即可展出相应的下拉菜单，如图 1-8 所示。

图 1-7　主菜单条

图 1-8　工具条下拉菜单

3. 图形工具条

选择主菜单条中的工具(Tools)→工具栏→AutoCAD，便可打开图形工具条下拉菜单，如图 1-9 所示。用鼠标点住图形工具条的边框，可以将其拖至屏幕上任意合适的位置。把光标放在任意一个已经打开的图形工具条上并点击鼠标右键，也可以打开工具条下拉菜单。

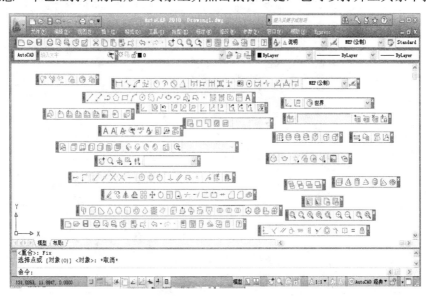

图 1-9　图形工具条

4. 绘图区

屏幕的中间部分是绘图区。绘图区的尺寸可通过设置绘图界限命令 Limits 自由设置。在 AutoCAD 的系统配置中，用户可根据喜好选择绘图区的背景色。

5. 命令提示区

命令提示区的作用主要有三个：一是为习惯使用键入命令的用户提供方便；二是由于某些命令必须输入参数、准确定位坐标点或输入精确尺寸；三是一些命令没有对应的菜单及图形工具，此时只能键入命令。系统默认的命令提示区有三行文字，用鼠标点住其上边框，可任意拉大提示区。按 F2 功能键，可全屏显示命令文本窗口，展示作图过程，如图 1-10 所示。再按 F2 功能键，可恢复图形窗口。

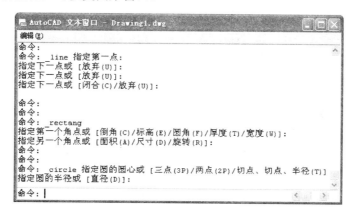

图 1-10　命令文本窗口

6. 状态行

状态行在主界面下部，如图 1-11 所示，包括坐标提示、捕捉模式、栅格显示、正交模式、极轴追踪、对象捕捉追踪、动态 UCS、动态输入、线宽、快捷特性等功能的打开及关闭。用鼠标点击功能块，AutoCAD 2010 将使其变亮，即打开并显示该功能块。

图 1-11　状态行

1.4　AutoCAD 绘图系统的命令输入方式

1. 下拉菜单

每个主菜单项都对应一个下拉菜单，在下拉菜单中包含了一些常用命令，用鼠标选取命令即可。表 1-1 中列出了 AutoCAD2010 下拉菜单的中文命令。在下拉菜单中，凡命令后有"…"的，即有下一级对话框；凡命令后有箭头"▶"的，即沿箭头所指方向有下一级菜单。

AutoCAD 2010 在以前版本的主菜单基础上加了"参数"一项。

注意：本书使用命令时一般以下拉菜单及图形菜单为主，命令输入的方式为主菜单→下拉菜单→下一级菜单。例如用三点法画一个圆，输入的命令为

绘图(Draw)→圆(Circle)→三点圆(3 Point)

表 1-1　AutoCAD 2010 下拉菜单列表

文件	编辑	视图	插入	格式	工具
新建	放弃	重画	块	图层	工作空间
新建图纸集	重做	重生成	DWG 参照	图层状态管理器	选项板
打开	剪切	全部重生成	DWF 参照底图	图层工具	工具栏
打开图纸集	复制	缩放	DGN 参照底图	颜色	命令行
加载标记集	带基点复制	平移	PDF 参考底图	线型	全屏显示
关闭	复制链接	SteeringWheels	光栅图像参照	线宽	拼写检查
局部加载	粘贴	ShowMotion	字段	比例缩放列表	快速选择
输入	粘贴成块	动态观察	布局	文字样式	绘图次序
保存	粘贴为超级链接	相机	3D studio	标注样式	查询
附着					
另存为	粘贴到原坐标	漫游和飞行	ACIS 文件	表格样式	更新字段
电子传递	选择性粘贴	鸟瞰视图	二进制图形交换	多重引线样式	块编辑器
网上发布	清除	全屏显示	Windows 图元文件	打印样式	外部参照和块在位编辑
输出	全选	视口	OLE 对象	点样式	数据提取
将布局输出到模型	OLE 链接	命名视图	外部参照	多线样式	数据连接
页面设置管理器	查找	三维视图	超链接	单位	动作记录器
绘图仪器管理器		创建相机		厚度	加载应用程序
打印样式管理器		显示注释性对象		图形界限	运行脚本
打印预览		消隐		重命名	宏
打印		视觉样式			AutoLISP
发布		渲染			显示图像
查看打印和发布详细信息		运用路径动画			新建 UCS
图形实用程序		显示			命名 UCS
发送		工具栏			地理位置
图形特性					CAD 标准
绘图历史					向导

文件	编辑	视图	插入	格式	工具
退出					草图设置
					数字化仪
					自定义
					选项
绘图	标注	修改	参数	窗口	帮助
直线	快速标注	特性	几何约束	关闭	帮助
射线	线性	特性匹配	自动约束	全部关闭	新功能专题研习
构造线	对齐	对象	约束栏	锁定位置	其他资源
多线	弧长	剪裁	标注约束	层叠	发送反馈
多段线	坐标	注释性对象比例	显示所有动态约束	水平平铺	客户参与计划
三维多段线	半径	删除	删除约束	垂直平铺	关于
正多边形	折弯	复制	约束设置	排列图标	
矩形	直径	镜像	参数管理器		
圆弧	角度	偏移			
圆	基线	阵列			
圆环	连续	移动			
样条曲线	标注间距	旋转			
椭圆	标注打断	缩放			
块	多重引线	拉伸			
表格	公差	拉长			
点	圆心标记	修剪			
图案填充	检验	延伸			
渐变色	折弯线性	打断			
边界	倾斜	合并			
面域	对齐文字	倒角			
区域覆盖	标注样式	圆角			
修订云线	替代	三维操作			
文字	更新	实体编辑			
	重新关联标注	网络编辑			
		更改空间			
		分解			

2. 图形菜单(工具条)

在 AutoCAD 系统默认状态下有四个打开的图形菜单：标准工具条、物体特性工具条、绘制工具条和修改工具条。此外，用户还可根据需要打开其他的工具条，如图 1-9 所示。每个工具条中都有一组图形，只要用鼠标点取即可。图形工具条与对应的下拉菜单不完全相同，其具体内容将在后面各章分别介绍。

3. 键入命令

所有命令均可通过键盘键入，但无论是图形工具条还是下拉菜单，都不包含所有命令。特别是一些系统变量，必须键入。

4. 重复命令

使用完一个命令后，如果要连续重复使用该命令，只要按回车键(或鼠标右键)即可。当然，在屏幕菜单中选取也可。可以在系统配置中关闭屏幕菜单，以加快绘图速度。

5. 快捷键

快捷键常用来代替一些常用命令的操作，只要键入命令的第一个字母或前两三个字母(大小写均可)即可，常用命令的快捷键如表 1-2 所示。

表 1-2 常用命令的快捷键

快捷键	命　　令	快捷键	命　　令
A	Arc(弧)	ML	Mline(多重线)
AR	Array(阵列)	N (PL)	Pline(多段线)
B	Block(块)	O	Offset(偏移)
BO	Boundary(边界)	P	Pan(平移)
BR	Break(断开)	PO	Point(点)
C	Circle(圆)	POL	Polygon(多边形)
Ch	Properties(修改属性)	R	Redraw(重画)
CP(CO)	Copy(复制)	RE	Regen(刷新)
D	Dimstyle(尺寸式样)	REC	Rectang(矩形)
E	Erase(删除)	REG	Region(面域)
EX	Extend(延长)	RO	Rotate(旋转)
F	Fillet(圆角)	S	Stretch(伸展)
G	Group(项目组)	SC	Scale(比例)
H	Hatch(剖面线)	SPL	Spline(多义线)
I	Insert(插入)	ST	Text Style(字型)
J	Pedit(多段线编辑)	T	Mtext(多行文字)
K	Dtext(单行文字)	TR	Trim(修剪)
L	Line(线)	U	Undo(取消)
Len	Lengthen(拉长)	V	View(视图)
LA	Layer(层)	W	Wblock(块存盘)
LT	Linetype(线型)	X	Explode(分解)
M	Move(移动)	Z	Zoom(缩放)
MI	Mirror(镜像)		

实际上，AutoCAD 提供的工具条、下拉菜单和命令窗口，在功能上都是一致的，在实际操作中，用户可根据自己的习惯选择使用。

1.5 自定义图形工具条

AutoCAD 2010 的默认标准工具条中去掉了以前版本的一些用于三维绘制的弹出图形工具条，这给绘制三维图带来了不便。用户可按自己绘图的习惯，自行定义一些常用的图形工具条及常用的弹出图形工具条，这样既方便使用，又不会因打开许多图形工具条而占用绘图区。

在主菜单中选择"视图"中的"工具栏"项，打开自定义用户界面，如图 1-12 所示。单击"所有文件中的自定义设置"，在"工具栏"处单击右键，选择"新建工具栏"，此时可在工具栏的最下方看到待输入名称的新工具栏，输入名称后在"命令列表"中将用户需要的命令拖入新建的工具栏，设置完毕后单击"确定"，即可看到绘图区中新生成的工具条，如图 1-13 所示。用户可根据自己的需要将其拖到适当的位置。

用户还可在"自定义设置"中"工具栏"的各个工具条中拖动命令，更改命令在工具条中的位置。

图 1-12 自定义用户界面

图 1-13 用户自建工具条

在添加命令进入新建的工具栏时，也可以将现有的工具栏拖入，这样就插入了子工具栏。在工具条中显示的命令，凡右下角带小三角的，在使用时(在命令上按住左键不放)都可弹出下拉的图形工具条，如图 1-14 所示。

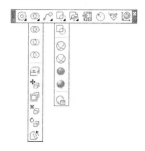

图 1-14 可弹出子工具条的工具条

1.6　AutoCAD 绘图系统中的坐标输入方式

AutoCAD 在绘图中使用笛卡儿世界通用坐标系统来确定点的位置，并允许运用两种坐标系统：世界通用坐标系统(WCS)和用户自定义的用户坐标系统(UCS)。用户坐标系统将在三维部分介绍。

工程制图要求精确作图，因此输入准确的坐标点是必需的。坐标点的输入方式有以下四种：

(1) 绝对坐标。输入一个点的绝对坐标的格式为(X，Y，Z)，即输入其 X、Y、Z 三个方向的值，每个值中间用逗号分开，最后一个值后面无符号。系统默认状态下，在绘图区的左下角有一个坐标系统图标，在绘制二维图形时，可省略 Z 坐标。

(2) 相对坐标。输入一个点的相对坐标的格式为(@ΔX，ΔY，ΔZ)，即输入其 X、Y、Z 三个方向相对前一点坐标的增量，在前面加符号@，中间用逗号分开。相对的增量可正、可负或为零。在绘制二维图形时，可省略 ΔZ。

(3) 极坐标。输入一个点的极坐标的格式为(@R<θ<φ)，R 为长度，θ为相对 X 轴的角度，φ为相对 XY 平面的角度。在绘制二维图形时，可省略φ。

(4) 长度与方向。打开正交或极轴，用鼠标确定方向后，输入一个长度即可，格式为(R)，R 为长度。

1.7　AutoCAD 绘图系统中选取图素的方式

在 AutoCAD 中，所有的编辑及修改命令均要选择已绘制好的图素，其常用的选择方式有以下几种：

(1) 点选。当需要选取图素(Select Objects)时，鼠标变成一个小方块，用鼠标直接点取目标图素，图素变虚则表示选中。

(2) 窗选。在"Select Objects"后键入"W(Window)"，或用鼠标在目标图素外部对角上点两下，开一个窗口，将所需选取的多个图素一次选中。键入"W"，只能选取窗口内的图素；不键入"W"，可能选到窗口外部的图素。

(3) 最后。在"Select Objects"后键入"L(Last)"，表示所选取的是最后一次绘制的图素。

(4) 多边形选。在"Select Objects"后键入"Cp"，用鼠标点多边形，选取多边形窗口内的图素。

(5) 全选。在"Select Objects"后键入"A(All)"，表示所需选取的是全部(冻结层除外)。

(6) 移去。当要移去所选的图素时，可在"Select Objects"后键入"R(Remove)"，再用鼠标直接点取相应图素即可将其移去。

(7) 取消。对于最后选取的图素，可在"Select Objects"后键入"U(Undo)"将其移去。可连续键入"U"，取消全部选取。

其余选择方式应用较少，此处不再赘述。

1.8 AutoCAD 绘图系统中功能键的作用

AutoCAD 的功能键如表 1-3 所示。熟练使用功能键可以加快绘图速度。

表 1-3 功能键的作用

功能	作 用	状态行
Esc	取消所有操作	
F1	打开帮助系统	
F2	图、文视窗切换开关	
F3	对象捕捉方式开关	OSNAP
F4	控制数字化仪开关	
F5	控制等轴测平面方位	
F6	控制动态坐标系显示开关	
F7	控制栅格开关	GRID
F8	控制正交开关	ORTHO
F9	控制栅格捕捉开关	SNAP
F10	控制极轴开关	POLAR
F11	控制对象捕捉追踪开关	OTRACK
F12		

1.9 AutoCAD 绘图系统中的部分常用设置功能

AutoCAD 有许多配置功能，此处仅介绍部分常用功能。在主菜单工具(Tools)中，选择下拉菜单中的最后一个菜单项，或在绘图区的任意地方单击右键，选择最后一个菜单项，即打开选项(Options)对话框。

注意：初学者不宜随意进行系统配置，因为若配置不当，在使用中将会造成不必要的麻烦。

工具(Tools)→选项(Options)

1. 文件

用于指定文件夹，供 AutoCAD 搜索不在当前文件夹中的文字、菜单、模块、图形、线型和图案等，如图 1-15 所示。

图 1-15　选项—文件

2. 显示

设置绘图区底色、字体、圆及立体的平滑度等，如图 1-16 所示。

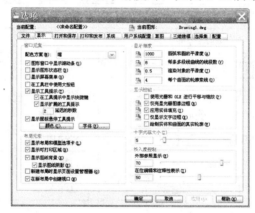

图 1-16　选项—显示

(1) 点击"颜色"按钮，显示对话框如图 1-17 所示。在这里我们可以设置模型空间的背景和光标的颜色，设置图纸空间的背景和光标的颜色，设置命令显示区的背景和文字的颜色，设置自动追踪矢量的颜色和打印预览背景的颜色。还可以选取"恢复传统颜色"按钮，使用以前版本习惯的颜色。

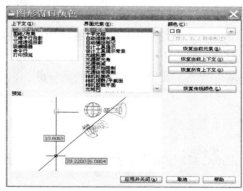

图 1-17　选项—显示—颜色

(2) 点击"字体"按钮，显示对话框如图 1-18 所示，可以设置命令行窗口的文字形式。

图 1-18　选项—显示—字体

(3) 取消"在新布局中创建视口"前的小钩，则在布局中不创建视口。

(4) 取消"应用实体填充"前的小钩，则用环、多段线命令绘制的图线不填充。

(5) 拖动游标，可以调整十字光标的大小。

3. 打开和保存

(1) 打开选项中的"打开和保存"对话框，如图 1-19 所示，可设置文件保存的格式及自动保存的间隔时间等，还可设置安全选项。

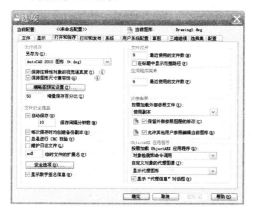

图 1-19　选项—打开和保存

4. 打印

打开选项中的"打印和发布"对话框，如图 1-20 所示。打印设置将在打印一节中详述。

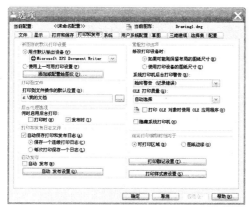

图 1-20　选项—打印和发布

5. 系统

打开选项中的"系统"对话框，如图 1-21 所示，可以进行性能设置和消息设置。

图 1-21　选项—系统

6. 用户系统配置

打开选项中的"用户系统配置"对话框，如图 1-22 所示。将"绘图区域中使用快捷菜单"前面的勾选去掉，即不使用快捷菜单，可以加快重复命令的使用。其余选项可以根据个人习惯设置。

图 1-22　选项—用户系统配置

7. 草图

打开选项中的"草图"对话框，如图 1-23 所示，设置捕捉标记的颜色、大小及靶框的大小等。

注意：该选项仅在二维草图与注释界面才有。

图 1-23　选项—草图

8. 选择集

打开选项中的"选择集"对话框，如图 1-24 所示，主要设置绘制新图夹点的颜色、大小等。

图 1-24　选项—选择集

9. 用户配置

打开选项中的"配置"对话框，如图 1-25 所示，主要设置绘制新图时的配置。

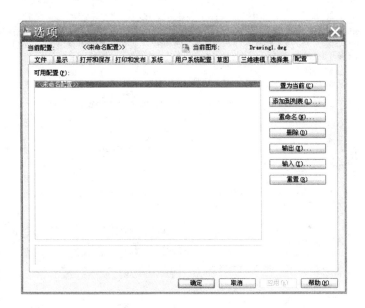

图 1-25　选项—配置

1.10　AutoCAD 2010 主要新功能介绍

1. 参数化绘图

在 AutoCAD 2010 中，新的强大的参数化绘图功能可通过基于设计意图的图形对象约束来大大提高生产力。几何和尺寸约束确保在对象修改后还保持特定的关联及尺寸。创建和管理几何和尺寸约束的工具在"参数化"功能区选项卡中，它在二维草图和注释工作空间中均自动显示出来。

2. 建立几何关系

几何约束建立和维持对象间、对象上的关键点或对象与坐标系间的几何关联。同一对象上的关键点对或不同对象上的关键点对均可约束为相对于当前坐标系统的垂直或水平方向。

3. 应用几何约束

几何关系通过几何约束来定义，它位于功能区的"参数化"选项卡的"几何"面板上，或直接使用 GEOMCONSTRAINT 命令进入。当使用约束后，光标的旁边会出现一个图标以帮助记住所选定的约束类型。

4. 自动约束

使用"自动约束"功能来进行自动约束，它在"参数化"选项卡的"几何"面板上。自动约束将自动应用约束到指定公差内的几何形状。例如，应用自动约束到由四条线段组成的矩形，生成合适的相等、水平、平行和垂直约束，以在各种编辑后维持矩形的形状。

5. 约束标记

约束标记显示了应用到对象的约束。可使用 CONSTRAINTBAR 命令来控制约束标记的显示，也可以通过在"参数化"功能区选项卡的"几何"面板上的"显示"、"全部显示有"、"隐藏"选项来控制。

6. 建立尺寸关系

尺寸关系设置的是几何体尺寸的限制。例如，可使用尺寸约束来指定圆弧的半径、直线的长度或两个平行线间的距离。更改尺寸约束的值将会迫使几何体改变。通过"参数化"选项卡上的"尺寸"面板或 DIMCONSTRAINT 命令可以创建尺寸约束。有 7 种类型的尺寸约束：线性、对齐、水平、垂直、角度、半径和直径，它们与不同类型的标注相似。

要编辑尺寸约束，可使用夹点或双击尺寸文字并输入值。当双击时，约束名和表达式将自动显示而不管约束格式的设置是怎样的。可只输入值，或使用"名称＝值"的格式输入名称和值(例如，宽度＝1.5 或宽度＝长度/3)。可重命名尺寸约束，并使用那些在公式中定义了的名称来设置其他约束的值。

7. 动态图块

动态图块做了增强，它支持几何和尺寸约束，也支持定义动态图块的变量表，以及图块编辑环境的一些常用功能。

8. 查找和替换

查找和替换功能也做了增强，其效率有所提高。可使用新的"缩放"按钮来编辑高亮显示的文字对象，也可以在结果列表中双击指定的项目。增加的按钮可快速创建一个包括所有在结果列表中的对象的选择集或只有那些高亮显示的对象的选择集。

9. 标注

增强的标注样式和属性提供了更多控制标注文字的显示和位置的功能。标注样式对话框中的文字选项卡做了更新，增加了文字位置选项，可将标注文字放在尺寸线的下方。标注样式对话框的主单位和换算单位选项卡包含了新的前导消零的子单位控制项，可指定子单位比例因子和后缀。

10. 图案填充

当找不到图案填充边界的区域时，AutoCAD 将试图展示可能哪里出了问题。红色圆将显示在几何体中任何缺口的附近。增强功能提供了更强大的边界检测，以及编辑非关联图案左右为难对象的功能。

11. 测量工具

新的 MEASUREGEOM 命令可用于测量选定对象或一系列点的距离、半径、角度、面积和体积。可从常用功能区选项卡的实用程序面板中访问这些工具。默认的选择为距离。然而，选择不同的测量工具后将会把该测量工具设为默认并在 AutoCAD 的进程中保留，直至下次选择另一工具为止。

12. 反转工具

新的 REVERSE 命令可反转直线、多段线、样条曲线和螺旋线的方向，只需选择要反转的对象就可以操作。更换这些对象的方向的功能有很大的作用，如控制线型的显示方向。除新增的 REVERSE 命令外，PEDIT 命令也做了更新，增加了新的反转选项，只需选择要编辑的多段线，并选择反转选项即可。其结果与 REVERSE 命令相同。

13. 样条曲线编辑工具

更新的 SPLINEDIT 命令包含了一个新的选项，它可将样条曲线转换为多段线。可从"修改"功能区面板上使用 SPLINEDIT 命令。选择要编辑的样条曲线并选择"转换成多段线"

选项，随后系统将提示指定转换的精度，输入 0～99 间的任意数值即可。

14. 视口旋转工具

新的 VPROTATEASSOC 系统变量可以控制布局视口中的视图旋转。当
VPROTATEASSOC 设为 1 时(默认)，视口里面的视图会与视口一起旋转，而当
VPROTATEASSOC 设为 0 时，视口中的视图将不会跟随视口一起旋转而保留其原有的状态。

15. 外部参照

AutoCAD 2010 为使用多种外部参照文件格式提供了统一的界面和更多的灵活性，这些
文件包括 DWG、DWF、DGN、PDF 和图形文件。它特别为 PDF 文件提供了灵活、高质量
的输出，把 TureType 字体输出为文本而不是图片，定义包括层信息在内的混合选项，并可
以自动预览输出的 PDF。

PDF 覆盖是 AutoCAD 2010 中最受用户期待的功能。可以通过与附加其他的外部参照
如 DWG、DWF、DGN 及图形文件一样的方式，在 AutoCAD 图形中附加一个 PDF 文件，
甚至可以利用熟悉的对象捕捉来捕捉 PDF 文件中几何体的关键点。

16. 参照工具

功能块和参照选项卡的参照面板提供了附着和修改外部参照文件的工具。使用附着工
具可以选择 DWG、DWF、DGN、PDF 或图形文件并指定附着的选项。其他的工具可用于
裁剪选定的参照，调整褪色度、对比度和亮度，控制其图层的可视性，显示参照边框，捕
捉参照底图的几何体，以及调整参照淡化。

17. 图纸集

图纸集功能有多种增强以提高效率。新的图纸右键菜单选项可快速指定图纸是否包含
在发布选项中。要控制多个图纸甚至整个子集的发布选项，可访问新的发布图纸对话框，
在选定了编辑子集和图纸发布设置的选项后，右键菜单可显示该对话框。图纸一览表功能
比以前更为灵活。除了为整个图纸集创建一个图纸一览表外，还可以为单独的子集甚至单
独的图纸插入图纸一览表。可以从图纸一览表的右键菜单中访问该功能，在图纸一览表对
话框中有一新的选项卡可以控制子集和图纸的行为，可以指定包含哪个图纸，跟踪哪些子
集。这样当新的图纸加入到这些子集时就会有提示。

第 2 章 基 础 命 令

本章介绍的基础命令包括新建(New)、打开(Open)、关闭(Close)、保存(Save)、另存为(Save as)、退出(Exit)、图形界限(Limits)、缩放(Zoom)、平移(Pan)、航空/鸟瞰视图(Aerial View)、重画(Redraw)、重生成(Regen)、全部重生成(Regen All)、图层(Layer)、颜色(Color)、线型(Linetype)、线型比例(Ltscale)、线型宽度(Lineweight)、单位(Units)等。

在 AutoCAD 界面中，标准工具条是最常用的工具条，其内容如图 2-1 所示。标准工具条中包含有常用的文件命令，Windows 的一些功能命令，以及 AutoCAD 2010 新增加的工具选项功能命令、视窗控制命令和帮助命令。本章我们将介绍部分常用命令。

图 2-1　标准工具条

2.1　新建文件(New)

文件→新建(File→New)

命令: _new　　　　　　　　　**Command**: _new

每次绘新图时使用此命令，便会出现如图 2-2 所示的对话框。点取使用的样板，选取库存的样板图样，点取"打开"按钮，在样板的基础上再行作图。由于库存的标准样板图与我国现行的绘图标准不完全相符，用户应学会修改或自制符合我国制图标准的样板图，并将一些常用的图块、尺寸变量等设置在样板图中，以提高绘图效率。本书将在第 9 章中详细介绍机械图的样板制作步骤。

图 2-2　绘新图并选择样板对话框

2.2　打开文件(Open)

文件→打开(File→Open)

命令: _open　　　　　　　　　　　Command: _open

该命令用于打开已存储的图。图 2-3 所示为打开 AutoCAD 2010 库存例图中的图例。

图 2-3　图例

2.3　关闭文件(Close)

文件→关闭(File→Close)

命令: _ close　　　　　　　　　　　Command: _ close

当采用多窗口显示时,该命令用于关闭已打开的某个图。

2.4　保存(Save)

文件→保存(File→Save)

命令: _qsave　　　　　　　　　　　Command: _qsave

该命令将绘制的图形文件存盘。在绘图过程中应经常进行存储,以免出现断电等故障时造成文件丢失。AutoCAD 图形文件的后缀默认为 ".dwg"。

2.5　另存为(Save As)

文件→另存为(File→Save as)

命令: _save as　　　　　　　　　　　Command: _save as

该命令将文件另起名后存成一个新文件。利用此方法可将已有图形经过修改后迅速得到另一个类似的图形,并可制作样板图样,样板图的文件名后缀为 ".dwt"。

另存为对话框如图 2-4 所示。可在此对话框的下部选取不同文件类型进行存储。

图 2-4 另存为对话框

2.6 退出(Exit)

文件→退出(File→Exit)

退出 AutoCAD，结束工作。

2.7 图形界限(Limits)

格式→图形界限(Format→Drawing limits)

计算机的屏幕是不变的，但所绘图纸的大小是可变的。图形界限的功能是限定一个绘图区域，便于控制绘图及出图。软件提供的网点等服务，只限定在绘图界限内。

命令：'_limits	Command: '_limits
重新设置模型空间界限：	Reset Model space limits:
指定左下角点或[开(ON)/关(OFF)]	Specify lower left corner or [ON/OFF]
<0.0,0.0>: **-9,-9**↵（屏幕左下角）	<0.0,0.0>: **-9,-9**↵
指定右上角点 <420.0,297.0>：	Specify upper right corner<420.0,297.0>:
300,220 ↵（屏幕右上角）	**300,220** ↵

注意：方括号中用斜杠分开的部分都表示一种选项，输入时一般键入第一个字母即可。尖括号中的值是系统默认值。用户修改时，只要键入黑体字部分即可。"↵"表示回车。后面命令均同。在命令后有"'"，的，表示该命令是透明命令，可以不中断当前命令使用。

2.8 缩放(Zoom)

视图→缩放(View→Zoom)

通过缩放命令，可在屏幕上任意地设置可见视窗的大小。缩放命令的下拉菜单如图 2-5 所示，图形工具条如图 2-6 所示。

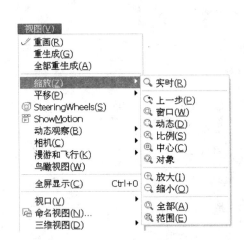

　　图 2-5　缩放下拉菜单　　　　　　　　　　　　图 2-6　缩放工具条

注意: 图形的实际尺寸大小不变。

1. 按图形界限设置可见视窗的大小
视图→缩放→全部(View→Zoom→All)

命令: '_zoom
指定窗口角点，输入比例因子(nX 或 nXP)，或
[全部(A)/中心点(C)/动态(D)/范围(E)/
上一个(P)/比例(S)/窗口(W)]
<实时>: _all

Command: '_zoom
Specify corner of window, enter a scale factor
(nX or nXP), or[All/Center/Dynamic/Extents
/Previous/Scale/ Window]
<real time>: _all

2. 按窗口设置可见视窗的大小
视图→缩放→窗口(View→Zoom→Window)

命令: '_zoom
指定窗口角点，输入比例因子(nX 或
nXP)，或[全部(A)/中心点(C)/动态(D)/范围
(E)/上一个(P)/比例(S)/窗口(W)]
<实时>: _w
指定第一个角点:
指定对角点: (对角开窗口放大至全屏)

Command: '_zoom
Specify corner of window, enter a scale factor
(nXor nXP), or[All/Center/Dynamic/ Extents/
Previous/Scale/Window]
<real time>: _w
Specify first corner:
Specify opposite corner:

3. 回到上一窗口
视图→缩放→上一个(View→Zoom→Previous)

命令: '_zoom
指定窗口角点，输入比例因子(nX 或
nXP)，或[全部(A)/中心点(C)/动态(D)/范围(E)/
上一个(P)/比例(S)/窗口(W)/]
<实时>: _p

Command: '_zoom
Specify corner of window, enter a scale factor
(nX or nXP),or [All/Center/Dynamic/Extents/
Previous/Scale/Window]
<real time>: _p

4. 按比例放大

视图→缩放→比例(View→Zoom→Scale)

命令: '_zoom

指定窗口角点, 输入比例因子(nX 或 nXP), 或
[全部(A)/中心点(C)/动态(D)/范围(E)/上一个
(P)/比例(S)/窗口(W)]

<实时>: _s

输入比例因子 (nX 或 nXP): **2** ↵(2 倍)

Command: '_zoom

Specify corner of window, enter a scale factor
(nX or nXP), or[All/Center/Dynamic/Extents/
Previous/Scale/ Window]

<real time>: _s

Enter a scale factor (nX or nXP): **2** ↵

5. 中心点放大(用于三维)

视图→缩放→中心(View→Zoom→Center)

命令: '_zoom

指定窗口角点, 输入比例因子(nX 或
nXP), 或[全部(A)/中心点(C)/动态(D)/范围
(E)/上一个(P)/比例(S)/窗口(W)]

<实时>: _c

指定中心点: 0,0 ↵

输入比例或高度 <159.0>:100 ↵

Command: '_zoom

Specify corner of window, enter a scale factor (nX or
nXP),or[All/Center/Dynamic/Extents/
Previous/Scale/Window]

<real time>: _c

Specify center point: **0,0** ↵

Enter magnification or height <159.0>: **100** ↵

6. 将图形区放大至全屏

视图→缩放→最大(View→Zoom→Extents)

命令: '_zoom

指定窗口角点, 输入比例因子(nX 或 nXP),
或[全部(A)/中心点(C)/动态(D)/范围(E)/
上一个(P)/比例(S)/窗口(W)]

<实时>: _e

Command: '_zoom

Specify corner of window, enter a scale factor
(nX or nXP), or[All/Center/Dynamic/Extents/
Previous/Scale/Window]

<real time>: _e

2.9　平移(Pan)

不改变视窗内图形大小及图形坐标, 用鼠标拖动屏幕移动, 观察屏幕上不同位置的图形。平移命令的下拉菜单如图 2-7 所示。

图 2-7　平移下拉菜单

视图→平移→实时(View→Pan)

命令: '_pan:(用鼠标拖动屏幕移动)　　　　Command: '_pan

按 Esc 或 Enter 键退出，或单击右键显示快捷菜单。

2.10　航空(鸟瞰)视图(Aerial View)

打开航空视窗，如图 2-8 所示。其窗口内始终显示全图，而粗线框内则为当前绘图视窗的位置。

视图→鸟瞰视图(View→Aerial View)

命令：'_dsviewer　　　　　　　　　　Command: '_dsviewer

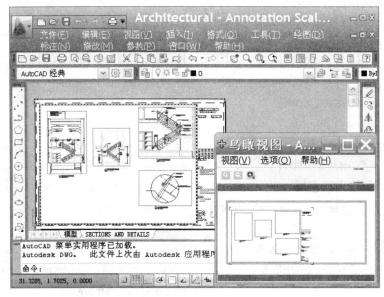

图 2-8　鸟瞰视图

2.11　重画(Redraw)

刷新屏幕，将屏幕上遗留的作图痕迹擦去。

视图→重画(View→Redraw)

命令：'_redrawall　　　　　　　　　　Command: '_redrawall

2.12　重生成(Regen)

刷新屏幕并重新进行几何计算。当圆在屏幕上显示成多边形时，使用该命令，即可恢复光滑度。

视图→重生成(View→Regen)

命令：_regen 正在重生成模型。　　　　Command: _regen Regenerating model.

2.13 全部重生成(Regen All)

多窗口同时刷新屏幕，并重新进行几何计算。

视图→全部重生成(View→Regenall)

命令: _regenall 正在重生成模型。 　　　Command: _regenall Regenerating model.

2.14 图层(Layer)

为了便于绘图，AutoCAD 2010 允许设置多个图层组，在每个图层组下又可设置多个图层。图层相当于在多层透明纸上将绘制的图形重叠在一起。在如图 2-9 所示的对话框中，可以设置当前图层、添加新图层、可以指定图层特性、打开或关闭图层、全局或按视口解冻或冻结图层、锁定或解锁图层、设置图层的打印样式，以及打开或关闭图层打印。只要用鼠标点击图标，即可设置不同的状态，将某层设置为关闭(不可见)、冻结(不可见且不可修改)、锁定(可见但不可修改)。绘制复杂图形时，还可以给每层设置不同的颜色和线型，点击颜色或线型时，会出现下一级颜色或线型对话框，可以选择颜色或线型。

可以从图形文件定义中清除选定的图层。只有那些没有以任何方式参照的图层才能被清除。参照图层包括 0 图层和 DEFPOINTS 图层、包含对象(包括块定义中的对象)的图层、当前图层和依赖外部参照的图层，这些图层均不能被清除。

格式→图层(Format→Layer)

命令: '_layer 　　　Command: '_layer

打开图层设置对话框，可对图层进行操作。

例如要创建一个新图层，可选择 图标，"图层 1"即显示在列表中，此时可以立即对它进行编辑，并可将其选定为当前图层。

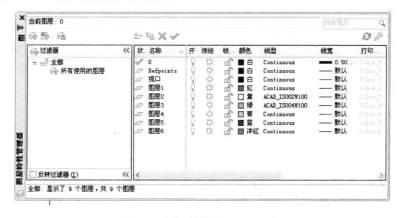

图 2-9 图层特性管理器对话框

格式→图层状态管理器

在如图 2-10 所示的图层状态管理器中，可以保存新建图、编辑图层或重命名现有图层，还可以保持图层状态。

图 2-10　图层状态管理器对话框

格式→图层工具

在如图 2-11 所示的图层工具的下拉菜单中，可以对图层进行各种编辑及保持图层状态。

图 2-11　图层工具下拉菜单

2.15　颜色(Color)

为了便于绘图，AutoCAD 提供颜色设置。在如图 2-12(a)所示的选择颜色对话框中可设置 256 种颜色。在如图 2-12(b)所示的选择颜色对话框中可以使用调色板自行调色。

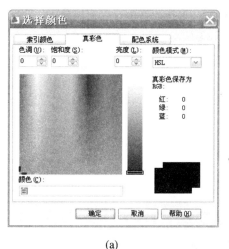 

　　　　　(a)　　　　　　　　　　　　　　　　　(b)

图 2-12　选择颜色对话框

格式→颜色(Format→Color)

命令: _color　　　　　　　　　　　　　Command: _color

　　用鼠标点选所需颜色，则绘制的图即为该种颜色。一般不单独设置颜色，而是将颜色设为随层，即在层中设置颜色，让颜色随层而变，这样使用起来较为方便，还可以在出图时按颜色设置线宽。常用颜色尽量选用标准颜色，便于观察。

2.16　线型(Linetype)

格式→线型(Format→Linetype)

　　在图 2-13 所示线型管理器对话框中，系统默认的线型只有"随层"、"随块"和"实线"。点击"加载"按钮，出现图 2-14 所示的加载或重载线型对话框，通过点击即可选取加载线型。与颜色设置一样，一般不单独设置线型。用户可将线型设为随层，在层中设置线型，让线型随

图 2-13　线型管理器对话框

层及颜色而变。当绘制一幅较大的图样时，虚线等线型会聚拢，在屏幕上难以分辨，而颜色在屏幕上则极易区分。国家标准(见附录)中规定了不同线型所对应的不同颜色。

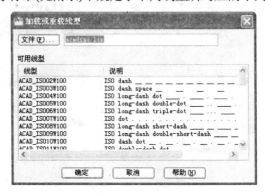

图 2-14   加载或重载线型对话框

2.17   线型比例(Ltscale)

设置绘图线型的比例系数可改变点划线等线型长短线的长度比例。用户可在图 2-13 所示的线型管理器对话框中点击"显示细节"按钮(按"隐藏细节"按钮后会变为"显示细节"按钮)，通过修改全局比例因子来设置线型比例。

命令: ltscale ↵(键入命令)   Command: ltscale ↵

输入新线型比例因子 <1.0>: **2** ↵   Enter new linetype scale factor <1.0>: **2** ↵

2.18   线型宽度(Lineweight)

格式→线宽(Format→Lineweight)

命令: '_lweight   Command: '_lweight

线宽设置对话框如图 2-15 所示，用户在该对话框中可设置当前线宽、线宽单位、缺省线宽值，控制"模型"选项卡中线宽的显示及其显示比例。注意勾选"显示线宽"，或在状态行中按下线宽，即可在屏幕上看出宽度。

图 2-15   线宽设置对话框

在 AutoCAD 中，图层、线型、颜色被统称为物体属性(对象特性)，其工具条如图 2-16 所示。

图 2-16 对象特性及图层工具条

绘图时要经常变换图层及颜色等，其常用的方法有：

(1) 点住工具条中层状态显示框后的"⬇"，在下拉菜单中选一层，并点击相应图标，改变层的状态。

(2) 点住图层工具条中选图素换层图标，再点取相应图素，该图素所在层即为当前层。

(3) 点住对象特性工具条中颜色、线型及线宽后的"⬇"，选一种作为当前的颜色、线型或线宽。一般颜色、线型设为随层(ByLayer)，线宽设为随颜色(ByColor)。出图时，可按颜色方便地设置或更改线宽。

2.19 单位(Units)

为了方便使用，AutoCAD 提供了绘图单位及其精度的设置方法，如图 2-17 所示。我们可以设置小数、英寸、建筑等进制(默认为十进制)，同时还可设置绘图单位和精度。

格式→单位(Format→Units)

命令: '_units   **Command**: '_units

图 2-17 图形单位对话框

2.20 AutoCAD 2010 界面的多窗口功能

用户可将多个文件同时打开，在不同的窗口中显示，并可在主菜单窗口(Windows)的下拉菜单中选取窗口的排列方式：水平(Hor)或垂直(Ver)。用户还可选择排列多个窗口，如图2-18 所示。

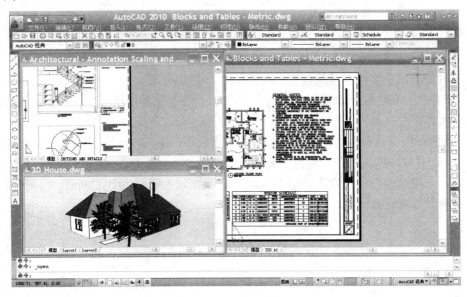

图 2-18   多窗口的排列

第 3 章　绘图命令

本章主要介绍绘图及相关命令：绘制直线(Line)、射线(Ray)、构造线(C-Line)、矩形(Rectangle)、正多边形(Polygon)、圆弧(Arc)、圆(Circle)、圆环(Donut)、椭圆(Ellipse)和螺旋线(Helix)，制作图块(Block)以及插入(Insert)图块等。

在 AutoCAD 的主菜单中，选取绘图(Draw)菜单项，可打开其下拉菜单，如图 3-1 所示。在图形工具条中也有绘图(Draw)工具条，如图 3-2 所示。下拉菜单中的内容与工具条中的内容不完全相同，有些命令在默认的图形工具条中没有图标，用户可以自制。

图 3-1　绘图下拉菜单　　　　　　　　图 3-2　绘图工具条

3.1　直线(Line)

先指定起点，再给出一个或几个终点，即可画出直线或折线。任何点均可用鼠标点出或给出准确的坐标或长度，结束时按回车键，画错时键入 U 放弃，与起点闭合输入 C。

绘图→直线(Draw→Line)

(1) 画一条竖线(如图 3-3(a)所示)。

命令: _line	**Command**: _line
指定第一点: **10,30**↵(坐标)	Specify first point: **10,30**↵

指定下一点或[放弃(U)]: @0,20↵	Specify next point or [Undo]: @0,20↵
指定下一点或[放弃(U)]: ↵	Specify next point or [Undo]: ↵

(2) 画一条水平线(如图 3-3(b)所示)。

命令: _line	Command: _line
指定第一点: 22,78	Specify first point: 22,78↵
指定下一点或[放弃(U)]: @20,0↵	Specify next point or [Undo]: @20,0↵
指定下一点或[放弃(U)]: ↵	Specify next point or [Undo]: ↵

(3) 画一条斜线(如图 3-3(c)所示)。

命令: ↵(重复命令)	Command: ↵
LINE 指定第一点:(鼠标点出)	LINE Specify first point:
指定下一点或[放弃(U)]: @20<45↵	Specify next point or [Undo]: @20<45↵
指定下一点或[放弃(U)]: ↵	Specify next point or [Undo]: ↵

(4) 画一条连续的折线(如图 3-3(d)所示)。

命令: ↵	Command: ↵
LINE 指定第一点:90,210↵	LINE Specify first point: 90,210↵
指定下一点或[放弃(U)]: @20<75↵	Specify next point or [Undo]: @20<75↵
指定下一点或[闭合(C)/放弃(U)]: @0,10↵	Specify next point or [Undo]: @0,10↵
指定下一点或[闭合(C)/放弃(U)]: u↵	Specify next point or[Close/Undo]: u↵
指定下一点或[闭合(C)/放弃(U)]: @10,0↵	Specify next point or [Undo]: @10,0↵
指定下一点或[闭合(C)/放弃(U)]: @5<330↵	Specify next point or[Close/Undo]: @5<-30↵
指定下一点或[闭合(C)/放弃(U)]: @0,-20↵	Specify next point or [Close/Undo]: @0,-20↵
指定下一点或[闭合(C)/放弃(U)]: ↵	Specify next point or [Close/Undo]: ↵

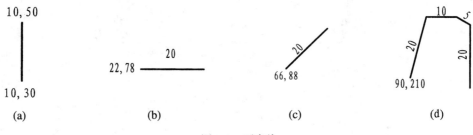

图 3-3 画直线

3.2 射线(Ray)

以某一点为起点，通过第二点确定方向，画出一条或几条无限长的线(如图 3-4 所示)。射线一般用作辅助线，无用时可将其所在层关闭。

绘图→射线(Draw→Ray)

命令: _ray	Command: _ray
指定起点:(任意点)	Specify start point:
指定通过点: @20,0 ↵(水平射线)	Specify through point: @20,0 ↵

指定通过点: @0,20 ↵(垂直射线)	Specify through point: @0,20 ↵
指定通过点: @5,5 ↵(45° 射线)	Specify through point: @5,5 ↵
指定通过点: @5,3 ↵(过任意点的射线)	Specify through point: @5,3 ↵
指定通过点: ↵	Specify through point: ↵

任意点

图 3-4　射线

3.3　构造线(Construction Line)

通过某一点，画出一条或几条无限长的线。构造线一般用作辅助线。因构造线无限长，故删除时不能窗选，每次只能选一条。

绘图→构造线(Draw→Construction Line)

(1) 过点绘制构造线(如图 3-5(a)所示)。

命令: _xline	Command: _xline
指定点或[水平(H)/垂直(V)/	Specify a point or [Hor/Ver/
角度(A)/二等分(B)/偏移(O)]: 45,100 ↵	Ang/Bisect/Offset]: 45,100 ↵
指定通过点: 50,100 ↵	Specify through point: 50,100 ↵
指定通过点: 45,110 ↵	Specify through point: 45,110 ↵
指定通过点: 100,200 ↵	Specify through point: 100,200 ↵
指定通过点: ↵	Specify through point: ↵

(2) 绘制一条或几条水平构造线(如图 3-5(b)所示)。

命令: _xline	Command: _xline
指定点或[水平(H)/垂直(V)/	Specify a point or [Hor/Ver/
角度(A)/二等分(B)/偏移(O)]: h↵	Ang/Bisect/Offset]: h↵
指定通过点: (任选一点)	Specify through point:
指定通过点: (任选一点)	Specify through point:
指定通过点: ↵	Specify through point: ↵

(3) 绘制一条或几条垂直构造线(如图 3-5(c)所示)。

命令: :↵ xline	Command: ↵ xline
指定点或[水平(H)/垂直(V)/	Specify a point or [Hor/Ver/
角度(A)/二等分(B)/偏移(O)]: v↵	Ang/Bisect/Offset]: v↵
指定通过点:(任选一点)	Specify through point:
指定通过点:(任选一点)	Specify through point:
指定通过点: ↵	Specify through point: ↵

(4) 绘制一条或几条已知角度的构造线(如图 3-5(d)所示)。

命令: _xline

Command: _xline

指定点或[水平(H)/垂直(V)/

Specify a point or [Hor/Ver/

角度(A)/二等分(B)/偏移(O)]: **a**↵

Ang/Bisect/Offset]: **a**↵

参考/<角度(0)>:**45**↵

Enter angle of xline (0) or [Reference]: **45** ↵

指定通过点:(任选一点)

Specify through point:

指定通过点:(任选一点)

Specify through point:

指定通过点: ↵

Specify through point: ↵

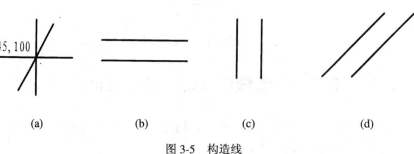

(a)　　　　　　　　(b)　　　　　　　　(c)　　　　　　　　(d)

图 3-5　构造线

3.4　矩形(Rectangle)

指定两个对角点绘出矩形。通过选项设置，可以绘制带有倒角或圆角的矩形。

绘图→矩形(Draw→Rectangle)▢

(1) 绘制一般矩形(如图 3-6(a)所示)。

命令: _rectang

Command: _rectang

指定第一个角点或[倒角(C)/标高(E)/圆

Specify first corner point or [Chamfer/Elevation/

角(F)/厚度(T)/宽度(W)]:(任选一点)

Fillet/Thickness/Width]:

指定另一个角点或[尺寸]: **@50,25** ↵(或用鼠标点)

Specify other corner point or[Dimensions]: **@50,25** ↵

(2) 绘制正方形(如图 3-6(b)所示)。

命令: _rectang

Command: _rectang

指定第一个角点或[倒角(C)/标高(E)/圆

Specify first corner point or [Chamfer/Elevation/

角(F)/厚度(T)/宽度(W)]:(任选一点)

Fillet/Thickness/Width]:

指定另一个角点或[尺寸]: **@40,40** ↵

Specify other corner point or[Dimensions]: **@40,40** ↵

(X、Y 的值相等为正方形)

(3) 绘制具有倒角的矩形(如图 3-6(c)所示)。

命令: _rectang

Command: _rectang

指定第一个角点或[倒角(C)/标高(E)/圆角

Specify first corner point or [Chamfer/Elevation/

(F)/厚度(T)/宽度(W)]: **c**↵(倒角)

Fillet/Thickness/Width]: **c**↵

指定矩形的第一个倒角距离 <0.0>: **6**↵

Specify first chamfer distance for rectangles <0.0>: **6**↵

指定矩形的第二个倒角距离 <6.0>:↵

Specify second chamfer distance for rectangles <6.0>:↵

指定第一个角点或[倒角(C)/标高(E)/圆角

Specify first corner point or[Chamfer /Elevation/

(F)/厚度(T)/宽度(W)]:(任选一点)

Fillet/Thickness/Width]:

指定另一个角点或[尺寸]: @**40,30** ↵	Specify other corner point or [Dimensions]:@**40,30**↵

(4) 绘制具有圆角的矩形(如图 3-6(d)所示)。

命令: _rectang	Command: _rectang
当前矩形模式: 倒角=6.0 x 6.0	Current rectangle modes: Chamfer=6.0 x 6.0
指定第一个角点或 [倒角(C)/标高(E)/	Specify first corner point or [Chamfer/Elevation/
圆角(F)/厚度(T)/宽度(W)]: **f** ↵(圆角)	Fillet/Thickness/Width]: **f** ↵
指定矩形的圆角半径 <6.0>: ↵	Specify fillet radius for rectangles <6.0>:↵
指定第一个角点或[倒角(C)/标高(E)/圆	Specify first corner point or [Chamfer/Elevation/
角(F)/厚度(T)/宽度(W)]:(任选一点)	Fillet/Thickness/Width]:
指定另一个角点或[尺寸]: @**40,30** ↵	Specify other corner point or [Dimensions]: @**40,30** ↵

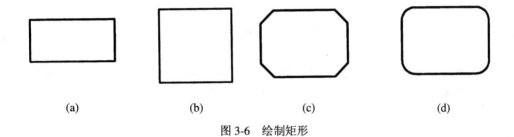

(a)   (b)   (c)   (d)

图 3-6 绘制矩形

3.5 正多边形(Polygon)

此命令用来绘制各种正多边形。

绘图→正多边形(Draw→Polygon)⬠

(1) 已知外接圆半径绘制多边形(如图 3-7(a)所示)。

命令: _polygon	Command: _polygon
输入边的数目<4>: **6** ↵	Enter number of sides <4>: **6** ↵
指定多边形的中心点或[边(E)]:	Specify center of polygon or [Edge]:
输入选项 [内接于圆(I)/外切于圆(C)] <I>:↵	Enter an option [Inscribed in circle/
(默认内接多边形)	Circumscribed about circle] <I>:↵
指定圆的半径: **10** ↵	Specify radius of circle: **10** ↵

(2) 已知内切圆半径绘制多边形(如图 3-7(b)所示)。

命令: ↵	Command: ↵
POLYGON 输入边的数目 <6>:↵	POLYGON Enter number of sides <6>:↵
指定多边形的中心点或 [边(E)]:	Specify center of polygon or [Edge]:
输入选项 [内接于圆(I)/外切于	Enter an option [Inscribed in circle/
圆(C)] <I>: **c** ↵(外切多边形)	Circumscribed about circle] <I>: **c** ↵
指定圆的半径: **10** ↵	Specify radius of circle: **10** ↵

(3) 已知多边形的边长绘制多边形(如图 3-7(c)所示)。

命令: _polygon	Command: _polygon

输入边的数目 <6>:↵	Enter number of sides <6>:↵
指定多边形的中心点或[边(E)]: **e** ↵(边长)	Specify center of polygon or [Edge]: **e** ↵
指定边的第一个端点:(任选一点)	Specify first endpoint of edge:
指定边的第二个端点: **@10,0** ↵	Specify second endpoint of edge: **@10,0** ↵

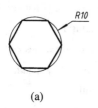 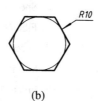

(a)   (b)   (c)

图 3-7 多边形

3.6 圆弧(Arc)

在绘制圆弧的下拉菜单中，按照不同的已知条件，有 11 种绘制圆弧的方法可供用户选择，如图 3-8 所示。下面介绍几种常用的绘制圆弧的方法。

图 3-8 绘制圆弧下拉菜单

绘图→圆弧(Draw→Arc)

(1) 已知三点绘制圆弧(如图 3-9(a)所示)。

命令: _arc	**Command:** _arc
指定圆弧的起点	Specify start point of arc
或[圆心(CE)]:(用鼠标任选一点)	or [Center]:
指定圆弧的第二点或[圆心(CE)/端点(EN)]:	Specify second point of arc or [Center/End]:
指定圆弧的端点:(选择第三点)	Specify end point of arc:

(2) 已知起点、圆心和角度绘制圆弧(如图 3-9(b)所示)。

命令: _arc	**Command:** _arc
指定圆弧的起点	Specify start point of arc
或[圆心(CE)]:(任选一点)	or [Center]:
指定圆弧的第二点或[圆心(CE)/端点(EN)]:	Specify second point of arc or [Center/End]:
_c 指定圆弧的圆心: (选弧心点)	_c Specity center point of arc:
指定圆弧的端点或[角度(A)/弦长(L)]:	Specify end point of arc or [Angle/chord Length]:

_a 包含角: **90** ┘

_a Specify included angle: **90** ┘

(3) 已知起点、端点和半径绘制圆弧(如图 3-9(c)所示)。

命令: _arc	Command: _arc
指定圆弧的起点或[圆心(CE)]: (任选一点)	Specify start point of arc or [Center]:
指定圆弧的第二点或[圆心(CE)/端点(EN)]:	Specify second point of arc or [Center/End]:
_e 指定圆弧的端点:(选端点)	_e Specify end point of arc:
指定圆弧的圆心或[角度(A)/方向(D)/	Specify center point of arc or [Angle/Direction/
半径(R)]: _r	Radius]: _r
指定圆弧的半径: **20** ┘	Specify radius of arc: **20** ┘

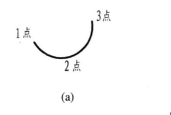

(a)　　　　　　　　　　　(b)　　　　　　　　　　　(c)

图 3-9　圆弧

3.7　圆(Circle)

在绘制圆的下拉菜单中，按照不同的已知条件，有 6 种绘制圆的方法可供用户选择，如图 3-10 所示。以下介绍几种常用的方法。

圆心、半径(R)
圆心、直径(D)

两点(2)
三点(3)

相切、相切、半径(T)
相切、相切、相切(A)

图 3-10　绘制圆下拉菜单

绘图→圆(Draw→Circle) ⊘

(1) 已知圆心、半径绘制圆(默认的画圆方法，如图 3-11(a)所示)。

绘图→圆→圆心、半径(Draw→Circle→Center, Radius)

命令: _circle	Command: _circle
指定圆的圆心或[三点(3P)/	Specify center point for circle or [3P/
两点(2P)/相切、相切、半径(T)]: **20,20** ┘	2P/Ttr (tan tan radius)]: **20,20** ┘
指定圆的半径或: **10** ┘	Specify radius of circle or [Diameter]: **10** ┘

(2) 已知圆心、直径绘制圆(如图 3-11(b)所示)。

绘图→圆→圆心、直径(Draw→Circle→Center, Diameter)

命令: _circle	Command: _circle
指定圆的圆心或[三点(3P)/	Specify center point for circle or [3P/
两点(2P)/相切、相切、半径(T)]:	2P/Ttr (tan tan radius)]:
指定圆的半径或[直径(D)]: _d	Specify radius of circle or [Diameter] : _d

指定圆的直径: **12.**↵	Specify diameter of circle : **12.**↵

(3) 已知两点绘制圆(如图 3-11(c)所示)。

绘图→圆→两点(Draw→Circle→2Points)

命令: _circle	Command: _circle
指定圆的圆心或[三点(3P)/	Specify center point for circle or [3P/
两点(2P)/相切、相切、半径(T)]: _2p	2P/Ttr (tan tan radius)]: _2p
指定圆直径的第一个端点:(任选一点)	Specify first end point of circle's diameter:
指定圆直径的第二个端点:(任选第二点)	Specify second end point of circle's diameter:

(4) 与两线相切且已知半径绘制圆(如图 3-11(d)所示)。

绘图→圆→相切、相切、半径(Draw→Circle→Tan, Tan, Radius)

命令: _circle	Command: _circle
指定圆的圆心或[三点(3P)/	Specify center point for circle or [3P/
两点(2P)/相切、相切、半径(T)]: _ttr	2P/Ttr (tan tan radius)]: _ttr
指定第一条切线:	Specify point on object for first tangent
(用鼠标自动捕捉第一条线的切点)	of circle:
指定第二条切线:	Specify point on object for second tangent
(用鼠标自动捕捉第二条线的切点)	of circle:
指定圆的半径 <60.0>: **8.**↵	Specify radius of circle <60.0>: **8.**↵

(5) 与三线相切绘制圆(如图 3-11(e)所示)。

绘图→圆→相切、相切、相切(Draw→Circle→Tan, Tan, Tan)

命令: _circle	Command: _circle
指定圆的圆心或[三点(3P)/	Specify center point for circle or [3P/
两点(2P)/相切、相切、半径(T)]: _3p	2P/Ttr (tan tan radius)]: _3p
指定圆上的第一点: _tan 到(捕捉切点)	Specify first point on circle: _tan to
指定圆上的第二点: _tan 到(捕捉切点)	Specify second point on circle: _tan to
指定圆上的第三点: _tan 到(捕捉切点)	Specify third point on circle: _tan to

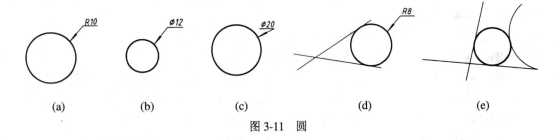

图 3-11 圆

3.8 圆环(Donut)

该命令用于绘制填充的环、有宽度的圆及实心的圆。

绘图→圆环(Draw→Donut) ◎

(1) 绘制一般圆环(如图 3-12(a)所示)。

命令：_donut　　　　　　　　　　　　　　Command: _donut

指定圆环的内径<10>: **16** ↵　　　　　　Specify inside diameter of donut <10>: **16** ↵

指定圆环的外径<20>: **26** ↵　　　　　　Specify outside diameter of donut <20>: **26** ↵

指定圆环的中心点<退出>:(任选一点)　　　Specify center of donut or <exit>:

指定圆环的中心点<退出>: ↵　　　　　　Specify center of donut or <exit>: ↵

(2) 绘制实心圆(如图 3-12(b)所示)。

命令：_donut　　　　　　　　　　　　　　Command: _donut

指定圆环的内径<2.0>: **0** ↵　　　　　　Specify inside diameter of donut <2.0>:**0** ↵

指定圆环的外径<6.0>: **8** ↵　　　　　　Specify outside diameter of donut <6.0>: **8** ↵

指定圆环的中心点<退出>:(任选一点)　　　Specify center of donut or <exit>:

指定圆环的中心点<退出>:(任选一点)　　　Specify center of donut or <exit>:

指定圆环的中心点<退出>:↵　　　　　　Specify center of donut or <exit>: ↵

(a)

(b)

图 3-12　圆环

3.9　椭圆(Ellipse)

根据椭圆的长短轴及中心等条件绘制椭圆或椭圆弧。

绘图→椭圆(Draw→Ellipse) ⬭

(1) 已知椭圆的两个端点绘制椭圆(如图 3-13(a)所示)。

命令：_ellipse　　　　　　　　　　　　　Command: _ellipse

指定椭圆的轴端点或[圆弧(A)/中心点(C)]:　Specify axis endpoint of ellipse

(用鼠标任选一点)　　　　　　　　　　　or [Arc/Center]:

指定轴的另一个端点: **@26,0** ↵　　　　　Specify other endpoint of axis: **@26,0** ↵

指定另一条半轴长度或　　　　　　　　　Specify distance to other axis or

[旋转(R)]: **@0,6** ↵　　　　　　　　　　[Rotation]: **@0,6** ↵

(2) 已知圆心及一个端点绘制椭圆(如图 3-13(a)所示)。

命令：_ellipse　　　　　　　　　　　　　Command: _ellipse

指定椭圆的轴端点或[圆弧(A)/中心点(C)]:　Specify axis endpoint of ellipse

_c (用鼠标任选一点)　　　　　　　　　　or [Arc/Center]: _c

指定椭圆的中心点:(任选一点)　　　　　　Specify center of ellipse:

指定轴的端点: **@13,0** ↵　　　　　　　　Specify endpoint of axis: **@13,0** ↵

指定另一条半轴长度或　　　　　　　　　Specify distance to other axis or

[旋转(R)]: **@0,6** ↵　　　　　　　　　　[Rotation]: **@0,6** ↵

(3) 绘制椭圆弧(如图 3-13(b)所示)。

命令: _ellipse	Command: _ellipse
指定椭圆的轴端点或[圆弧(A)/ 中心点(C)]: _a	Specify axis endpoint of ellipse or [Arc/Center]: _a
指定椭圆弧的轴端点或 [中心点(C)]:	Specify axis endpoint of elliptical arc or
(任选一点)	[Center]:
指定轴的另一个端点: @26,0 ↵	Specify other endpoint of axis: @26,0 ↵
指定另一条半轴长度或	Specify distance to other axis or [Rotation]:
[旋转(R)]: @ 0,6 ↵	@0,6 ↵
指定起始角度或 [参数(P)]: 120 ↵	Specify start angle or [Parameter]: 120 ↵
指定终止角度或 [参数(P)/	Specify end angle or [Parameter/Included
包含角度(I)]: 290 ↵	angle]: 290

(a)   (b)

图 3-13　椭圆

3.10　图块(Block)

该命令用于将一些常用的图形制作成图块。使用时，在插入命令中选择插入块，即可重复使用所定义的图块。定义图块对话框如图 3-14 所示。块只能在当前图中使用，要想在其他图中使用，需将图块制作成文件。通过设计中心，也可以相互复制图块。

图 3-14　定义图块对话框

绘图→块→创建(Draw→Block→Make)

在对话框中先起名，并指定插入基点，然后全选欲做块的物体。

命令:_block   Command: _block

选择对象: 指定对角点:(全选物体)	Select objects: Specify opposite corner:
找到一个	1 found
选择对象: ↵	Select objects: ↵

3.11　插入(Insert)

插入→块(Insert→Block)

为了便于快速绘图，可利用插入命令，将绘制好的图或图块插入。如果取消"在屏幕上指定"前的小钩，就可准确地设置插入点的坐标、比例和旋转角度，如图 3-15 所示。如果不取消"在屏幕上指定"前的小钩，可以用鼠标点出插入点，或在命令行中设置相关参数。

| 命令: _insert | Command: _insert |
| 指定插入点或[比例(S)/X/Y/Z/旋转(R)/预览比例(PS)/PX/PY/PZ/预览旋转(PR)]: | Specify insertion point or [Scale/X/Y/Z/Rotate/PScale/PX/PY/PZ/PRotate]: |

图 3-15　插入对话框

3.12　螺旋(Helix)

(1) 已知中心点、直径绘制螺旋线(如图 3-16 所示)。

绘图→螺旋(Draw→Helix)

命令: _helix	Command: Helix
圈数 = 3.0000　　扭曲=CCW	Number of truns=3.0000　　Twist=CCW
指定底面的中心点:	Specify center point of base:
指定底面半径或[直径(D)] <20.0000>:**20**↵	Specify base radius or [Diameter]<20.0000>:**20**↵
指定顶面半径或[直径(D)] <20.0000>:**5**↵	Specify top radius or [Diameter]<20.0000>:**5**↵
指定螺旋高度或[轴端点(A)/圈数(T)/圈高(H)/扭曲(W)] <40.0000>:**40**↵	Specify helix height or [Axis endpoint/Turns/turn Height/tWist]<40.0000>:**40**↵

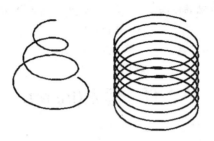

图 3-16　螺旋线

(2) 已知中心点、修改圈数、螺距绘制螺旋线(如图 3-16 所示)。

绘图→螺旋(Draw→Helix)

命令: _helix

圈数 = 3.0000　　扭曲=CCW

指定底面的中心点: (用鼠标选一点)

指定底面半径或[直径(D)] <20.0000>:↵

指定顶面半径或[直径(D)] <20.0000>:↵

指定螺旋高度或[轴端点(A)/圈数(T)/

圈高(H)/扭曲(W)] <40.0000>: t↵

输入圈数 <3.0000>: 8↵

指定螺旋高度或[轴端点(A)/圈数(T)/

圈高(H)/扭曲(W)] <40.0000>: h↵

指定圈间距 <12.0000>: 5↵

Command: _Helix

Number of turns = 3.0000　　Twist=CCW

Specify center point of base:

Specify base radius or [Diameter] <20.0000>:↵

Specify top radius or [Diameter] <>20.0000: ↵

Specify helix height or [Axis endpoint/Turns/

turn Height/tWist] <1.0000>: t↵

Enter number of turns <3.0000>: 8↵

Specify helix height or [Axis endpoint/Turns/

turn Height/tWist] <40.0000>: h↵

Specify distance between turns <12.0000>: 5↵

第 4 章　编辑修改命令

　　本章主要介绍编辑修改命令：删除(Erase)、复制(Copy)、镜像(Mirror)、偏移(Offset)、阵列(Array)、移动(Move)、旋转(Rotate)、比例缩放(Scale)、拉伸(Stretch)、拉长(Lengthen)、修剪(Trim)、延伸(Extend)、打断(Break)、倒角(Chamfer)、圆角(Fillet)、特性(Properties)、特性匹配(Match)及分解(Explode)等。

　　在 AutoCAD 的主菜单中，选取修改(Modify)菜单项，就可打开其下拉菜单，如图 4-1 所示。在图形工具条中也有修改(Modify)工具条，如图 4-2 所示。两者的内容不完全相同。所有编辑修改命令均用于对已绘制图素进行修改，因此首先要选择对象(Select objects)，即用鼠标(此时光标变成一个小方块)在要选的目标图素上点击。图素可以单选，也可以多选，还可以用开窗口的办法一次多选。在一些命令中要求相对基准点，可用鼠标点选，也可以给出准确的坐标点，还可以利用目标捕捉找出所需的准确位置。

图 4-1　修改的下拉菜单

图 4-2　修改的工具条

4.1　删除(Erase)

　　该命令用于将不需要的图形删除。

修改→删除(Modify→Erase) ✐

命令: _erase   **Command**: _erase

选择对象: 找到 1 个(鼠标选取图素)   Select objects: 1 found

选择对象: 找到 1 个，总计 2 个   Select objects: 1 found, 2 total

选择对象: ↵(不再选时，回车)   Select objects: ↵

4.2　复制(Copy)

该命令用于将图形复制一个或多个。

修改→复制(Modify→Copy) ☋

(1) 复制一个(如图 4-3(a)所示)。

命令: _copy   **Command**: _copy

选择对象: 找到 1 个   Select objects: 1 found

选择对象: ↵(可连续选取，不选时按回车键)   Select objects: ↵

指定基点或位移，或者[重复(M)]:   Specify base point or displacement,

(相对基准点：鼠标点击 1)   or [Multiple]:

指定位移的第二点或<用第一点作位移>:   Specify second point of displacement or

(复制图素的第二点：鼠标点击 2)   <use first point as displacement>:

(2) 多次连续复制(如图 4-3(b)所示)。

命令: _copy   **Command**: _copy

选择对象: 找到 1 个   Select objects: 1 found

选择对象: ↵(可连续选取，不再选时按回车键)   Select objects: ↵

指定基点或位移，或者[重复(M)]: **m** ↵(多次复制)   Specify base point or displacement, or [Multiple]: **m** ↵

指定基点: (鼠标点击 1)   Specify base point: displacement>:

指定位移的第二点或<用第一点作位移>:   Specify second point of displacement or

(第一个复制图素的位置 2 点)   <use first point as displacement>:

指定位移的第二点或<用第一点作位移>:   Specify second point of displacement or

(第二个复制图素的位置 3 点)   <use first point as displacement>:

指定位移的第二点或<用第一点作位移>:   Specify second point of displacement or

(第三个复制图素的位置 4 点)   <use first point as displacement>:

指定位移的第二点或<用第一点作位移>:   Specify second point of displacement or

↵(不再复制，回车)   <use first point as displacement>: ↵

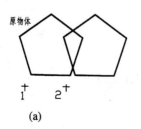

(a)

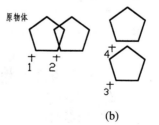

(b)

图 4-3　复制

4.3　镜像(Mirror)

设定两点的连线为对称轴，将所选图形对称复制或翻转。

修改→镜像(Modify→Mirror)

(1) 对称复制已有图形(如图 4-4(a)所示)。

命令: _mirror	Command: _mirror
选择对象: 找到 1 个	Select objects: 1 found
选择对象: 找到 1 个，共 2 个	Select objects: 1 found, 2 total
选择对象: 找到 1 个，共 3 个	Select objects: 1 found, 3 total
选择对象: ↵	Select objects: ↵
指定镜像线的第一点:(对称轴上的第一点: 鼠标点击 1)	Specify first point of mirror line:
指定镜像线的第二点:(第二点: 点击 2)	Specify second point of mirror line:
是否删除源对象? [是(Y)/否(N)] <N>: ↵	Delete source objects? [Yes/No] <N>:↵

(2) 将已有图形翻转方向(如图 4-4(b)所示)。

命令: _mirror	Command: _mirror
选择对象: 指定对角点: 找到 3 个(窗选)	Select objects: Specify opposite corner: 3 found
选择对象: ↵	Select objects: ↵
指定镜像线的第一点:(对称轴上的第一点: 鼠标点击 1)	Specify first point of mirror line:
指定镜像线的第二点:(对称轴上的第二点: 鼠标点击 2)	Specify second point of mirror line:
是否删除源对象? [是(Y)/否(N)] <N>: **Y** ↵	Delete source objects? [Yes/No] <N>: **Y** ↵
(原图是否删除: 是)	

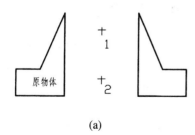　　　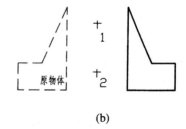

(a)　　　　　　　　　　　　　　　　　　(b)

图 4-4　镜像

4.4　偏移(Offset)

将所选图形按设定的点或距离再等距地复制一个，复制的图形可以和原图形一样，也可以放大或缩小，即复制的图形是原图形的相似形。

修改→偏移(Modify→Offset) 🔒

(1) 通过点偏移(如图 4-5(a)所示)。

命令: _offset	**Command:** _offset
指定偏移距离或[通过(T)/删除(E)/图层(L)]	Specify offset distance or [Through/Erase/Layer]
<1.0>: t↵(通过给定的点)	<1.0>: t↵
选择要偏移的对象或[退出(E)/放弃(U)]	Select object to offset or [Exit/Undo]<Exit>:
<退出>:(选图形)	
指定点以确定偏移所在一侧:	Specify through point:
(通过给定的 1 点)	
选择要偏移的对象或[退出(E)/放弃(U)]	Select object to offset or [Exit/Undo]<Exit>:↵
<退出>: ↵(不选，回车)	

(2) 设置距离偏移(如图 4-5(b)所示)。

命令: _offset	**Command:** _offset
指定偏移距离或[通过(T)/删除(E)/图层(L)]	Specify offset distance or [Through/]
<1.0>:5 ↵(距离)	<1.0>: 5 ↵
选择要偏移的对象或[退出(E)/放弃(U)]	Select object to offset or [Exit/Undo]<Exit>:
<退出>:(选取直线)	
指定点以确定偏移所在一侧: (鼠标点击 2)	Specify point on side to offset:
选择要偏移的对象或[退出(E)/放弃(U)] <退出>:↵	Select object to offset or [Exit/Undo]<Exit>:↵

(3) 可连续复制距离相同的图形(如图 4-5(c)所示)。

命令: _offset	**Command:** _offset
指定偏移距离或[通过(T)/删除(E)/图层(L)]	Specify offset distance or [Through/Erase/Layer]
<1.0>: 6↵	<1.0>: 6↵
选择要偏移的对象或[退出(E)/放弃(U)] <退出>:	Select object to offset or [Exit/Undo]<Exit>:
(选取中间原有的六边形)	
指定点以确定偏移所在一侧: (偏距的方向:	Specify point on side to offset:
向里点得到里边的小六边形)	
选择要偏移的对象或[退出(E)/放弃(U)]	Select object to offset or [Exit/Undo]<Exit>:
<退出>: (选取中间原有的六边形)	
指定点以确定偏移所在一侧: (偏距的方向:	Specify point on side to offset:
向外点得到外边的大六边形)	
选择要偏移的对象或[退出(E)/放弃(U)]	Select object to offset or [Exit/Undo]<Exit>:
<退出>: (选取中间原有的直线)	
指定点以确定偏移所在一侧: (向上点)	Specify point on side to offset:
选择要偏移的对象或[退出(E)/放弃(U)]	Select object to offset or [Exit/Undo]<Exit>:
<退出>:(选取中间原有的直线)	
指定点以确定偏移所在一侧: (向下点)	Specify point on side to offset:
选择要偏移的对象或[退出(E)/放弃(U)]	Select object to offset or [Exit/Undo]<Exit>: ↵
<退出>: ↵	

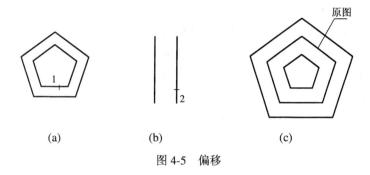

图 4-5　偏移

4.5　阵列(Array)

　　该命令将所选图形按设定的数目和距离一次复制多个。矩形阵列复制的图形和原图形一样，按行列排列整齐，如图 4-6(a)所示。环形阵列复制的图形可以和原图形一样(见图 4-6(b))，也可以改变方向(见图 4-6(c))。通过阵列对话框，用户可选择矩形阵列或环形阵列，并填写相应数据，然后选择对象进行阵列复制。

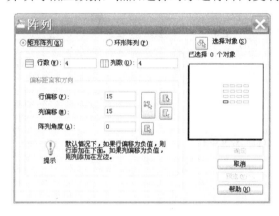

(a)

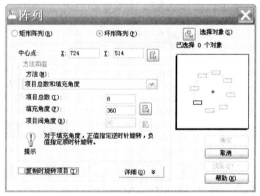

(b)

(c)

图 4-6　阵列对话框

修改→阵列(Modify→Array) ▦

(1) 给定行数和列数，按矩形阵列复制多个图形(如图 4-7(a)所示)。

命令: _array   **Command:** _array

选择对象: 找到 1 个   Select objects: 1 found

选择对象: ↵   Select objects: ↵

(2) 给定数目，按环形阵列复制多个图形且改变图形方向(如图 4-7(b)所示)。

命令: _array   **Command:** _array

选择对象: 找到 1 个   Select objects: 1 found

选择对象: ↵   Select objects: ↵

(3) 给定数目，按环形阵列复制多个图形且不改变图形方向(如图 4-7(c)所示)。

命令: _array   **Command:**_array

选择对象: 找到 1 个   Select objects: 1 found

选择对象: ↵   Select objects: ↵

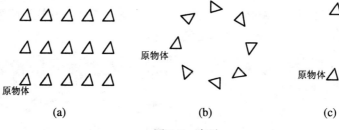

(a)   (b)   (c)

图 4-7 阵列

4.6 移动(Move)

该命令用于将图形移动到新位置，如图 4-8 所示。

修改→移动(Modify→Move) ✛

命令: _move   **Command:** _move

选择对象: 找到 1 个   Select objects: 1 found

选择对象: ↵   Select objects: ↵

指定基点或位移:(鼠标点击 1)   Specify base point or displacement:

指定位移的第二点或<用第一点作位移>:   Specify second point of displacement or

(鼠标点击 2)   <use first point as displacement>:

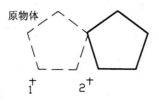

图 4-8 移动

4.7　旋转(Rotate)

该命令用于将图形旋转一个角度，如图 4-9 所示。

修改→旋转(Modify→Rotate) ⟳

命令: _rotate

UCS 当前的正角方向:

ANGDIR=逆时针 ANGBASE=0

选择对象: 指定对角点: 找到 3 个

选择对象: ↵

指定基点: (图形转动的圆心点: 1)

指定旋转角度或[参照(R)]: **90** ↵

(图形转动的角度)

Command: _rotate

Current positive angle in UCS:

ANGDIR=counterclockwise　　ANGBASE=0

Select objects: Specify opposite corner: 3 found

Select objects: ↵

Specify base point:

Specify rotation angle or [Reference]: **90** ↵

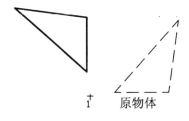

↑
1　　原物体

图 4-9　旋转

4.8　比例缩放(Scale)

该命令用于将图形放大或缩小，如图 4-10 所示。

修改→比例(缩放) (Modify→Scale)

命令: _scale

选择对象: 找到 1 个

选择对象: ↵

指定基点: (给定基准点或鼠标点选)

指定比例因子或 [参照(R)]: 1.5 ↵

(比例系数: 大于 1 为放大，小于 1 为缩小)

Command: _scale

Select objects: 1 found

Select objects: ↵

Specify base point:

Specify scale factor or [Reference]: **1.5**↵

图 4-10　比例缩放

4.9　拉伸(Stretch)

该命令用于将图形拉伸变形，如图 4-11 所示。

修改→拉伸(Modify→Stretch)

命令: _stretch

选择需拉伸的目标…

Command: _stretch

Select objects to stretch by crossing-window or

选择对象: 找到 1 个(先选取图形)

Select objects: 1 found

选择对象:(再用窗口选取图形上要改变的
一个或几个点)

Select objects:

指定对角点: 找到 0 个(必须用交叉窗口
选择图形来拉伸变形)

Specify opposite corner: 0 found

选择对象: ↵

Select objects: ↵

指定基点或位移:(基准点: 1 点)

Specify base point or displacement:

指定位移的第二点或<使用第一个
点作为位移>:(图形被移
到的第二点: 2 点)

Specify second point of displacement or<use first
point as displacement>:

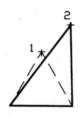

图 4-11 拉伸

4.10 拉长(Lengthen)

该命令用于将一段线加长或缩短。选线的位置就是线要改变的一端。

修改→拉长(Modify→Lengthen)

(1) 任意改变长度(如图 4-12 所示)。

命令: _lengthen

Command: _lengthen

选择对象或 [增量(DE)/百分数(P)/
全部(T)/动态(DY)]: **dy** ↵

Select an object or [DElta/Percent/
Total/DYnamic]: **dy** ↵

选择要修改的对象或[放弃(U)]:
(点取要加长的线段并拖动)

Select an object to change or [Undo]:

指定新端点: (到新位置后点左键)

Specify new end point:

选择要修改的对象或[放弃(U)]: ↵

Select an object to change or [Undo]: ↵

(2) 将线段总长增加或减小。

命令: ↵

Command: ↵

LENGTHEN

LENGTHEN

选择对象或[增量(DE)/百分数(P)/全部(T)
/动态(DY)]: t ↵

Select an object or [DElta/Percent/Total/
DYnamic]: t ↵

指定总长度或[角度(A)] <1.0>: **20** ↵

Specify total length or [Angle] <1.0>:**20**↵

(将线段总长改为 20)

选择要修改的对象或[放弃(U)]:

(点取要改变的线段)

选择要修改的对象或[放弃(U)]: ↵

(3) 按线段总长的百分比加长或缩短。

命令: ↵

LENGTHEN

选择对象或[增量(DE)/百分数(P)/全部(T)/
动态(DY)]: p ↵

输入长度百分数<100.0>: 150 ↵

(大于 100 为加长, 小于 100 为减少)

选择要修改的对象或[放弃(U)]:

(点取要改变的线段)

选择要修改的对象或[放弃(U)]: ↵

(4) 按增量加长或缩短。

命令: ↵

LENGTHEN

选择对象或[增量(DE)/百分数(P)/全部(T)/
动态(DY)]: de ↵

输入长度增量或[角度(A)] <0.0>: 10↵

选择要修改的对象或[放弃(U)]:

(点取要改变的线段)

选择要修改的对象或[放弃(U)]: ↵

Select an object to change or [Undo]:

Select an object to change or [Undo]: ↵

Command: ↵

LENGTHEN

Select an object or [DElta/Percent/Total/
DYnamic]: **p** ↵

Enter percentage length <100.0>: **150**↵

Select an object to change or [Undo]:

Select an object to change or [Undo]: ↵

Command: ↵

LENGTHEN

Select an object or [DElta/Percent/Total/
DYnamic]: **de.**↵

Enter delta length or [Angle] <0.0>: **10**↵

Select an object to change or [Undo]:

Select an object to change or [Undo]: ↵

原物体

图 4-12 拉长

4.11 修剪(Trim)

用一条线或几条线作剪刀, 将与其相交的一条线或几条线剪去一部分, 如图 4-13 所示。

修改→修剪(Modify→Trim)

重复命令, 剪不同的图形。

命令: _trim

当前设置: 投影=UCS 边=无

选择剪切边 ...

选择对象: (先选取作剪刀图素)找到 1 个

Command: _trim

Current settings: Projection=UCS, Edge=None

Select cutting edges ...

Select objects: 1 found

选择对象: 找到 1 个，总计 2 个　　　　　　　　Select objects: 1 found, 2 total

选择对象: 找到 1 个，总计 3 个　　　　　　　　Select objects: 1 found, 3 total

选择对象: 找到 1 个，总计 4 个　　　　　　　　Select objects: 1 found, 4 total

选择对象: ↵　　　　　　　　　　　　　　　　　Select objects: ↵

选择要修剪的对象或按 Shift 选取延长或　　　Select object to trim or Shift-select to extend or
[栏选(F)/窗交(C)/投影(P)/边(E)/删除(R)/　　　[Fence/Crossing/Project/Edge/eRase/Undo]:
放弃(U)]: (选取被剪切的图素)

选择要修剪的对象或按 Shift 选取延长或　　　Select object to trim or Shift-select to extend or
[栏选(F)/窗交(C)/投影(P)/边(E)/删除(R)/　　　[Fence/Crossing/Project/Edge/eRase/Undo]:
放弃(U)]: (选取被剪切的图素)

选择要修剪的对象或按 Shift 选取延长或　　　Select object to trim or Shift-select to extend or
[栏选(F)/窗交(C)/投影(P)/边(E)/删除(R)/　　　[Fence/Crossing/Project/Edge/eRase/Undo]:
放弃(U)]: (选取被剪切的图素)

选择要修剪的对象或按 Shift 选取延长或　　　Select object to trim or Shift-select to extend or
[栏选(F)/窗交(C)/投影(P)/边(E)/删除(R)/　　　[Fence/Crossing/Project/Edge/eRase/Undo]:
放弃(U)]: (选取被剪切的图素)

选择要修剪的对象或按 Shift 选取延长或　　　Select object to trim or Shift-select to extend or
[栏选(F)/窗交(C)/投影(P)/边(E)/删除(R)/　　　[Fence/Crossing/Project/Edge/eRase/Undo]: ↵
放弃(U)]: ↵

原图形

图 4-13　修剪

4.12　延伸(Extend)

用一条线或几条线作边界，将一条线或几条线延伸至该边界，如图 4-14 所示。

修改→延伸(Modify→Extend)

命令: _extend　　　　　　　　　　　　　　　**Command:** _extend

当前设置: 投影=UCS 边=无　　　　　　　　　Current settings:Projection=UCS, Edge=None

选择边界的边 ...　　　　　　　　　　　　　　Select boundary edges ...

选择对象: 找到 1 个(选取作边界图素)　　　　Select objects: 1 found

选择对象: ↵　　　　　　　　　　　　　　　　Select objects: ↵

选择要延伸的对象或按选择修剪或[投影(P)/　　Select object to extend or shift-select to trim
边(E)/放弃(U)]: (选取被延伸的图素)　　　　　or [Project/Edge/Undo]:

选择要延伸的对象或按选择修剪或[投影(P)/　　Select object to extend or shift-select to trim
边(E)/放弃(U)]: (选取被延伸的图素)　　　　　or [Project/Edge/Undo]:

选择要延伸的对象或按选择修剪或[投影(P)/
边(E)/放弃(U)]:↵

Select object to extend or shift-select to trim
or [Project/Edge/Undo]:

原图形

图 4-14　延伸

4.13　打断(Break)

该命令用于将图线断开。

修改→打断(Modify→Break)

(1) 两选断开▢ (如图 4-15(a)所示)。

命令: _break

选择对象: (先选取图素要被去除的起始点: 1 点)

指定第二个打断点或[第一点(F)]: (再选取

图素要被去除的终止点: 2 点)

(2) 三选断开(如图 4-15(b)所示)。

命令: _break

选择对象: (选取要断开的图素: 如 1 点选线)

指定第二个打断点或[第一点(F)]: f ↵

指定第一个打断点: (选取图素要被

去除的起始点: 2 点)

指定第二个打断点: (选取图素要被

去除的终止点: 3 点)

(3) 点一次将线段断开,不去除线段▢。

命令: ↵

BREAK 选择对象:(选取图素要被断开的点)

指定第二个打断点或[第一点(F)]: @ ↵ (再键入@)

Command: _break

Select object:

Specify second break point or [First point]:

Command: _break

Select object:

Specify second break point or [First point]: f.↵

Specify first break point:

Specify second break point:

Command: ↵

BREAK Select object:

Specify second break point or [First point]: @.↵

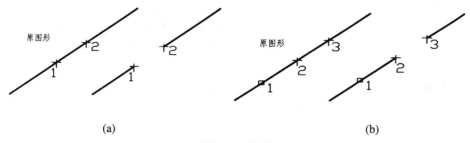

(a)　　　　　　　　　　　　　　　　　　　(b)

图 4-15　打断

4.14　倒角(Chamfer)

该命令用于将两条处于相交位置的线段倒角。

注意：当设定的倒角距离或圆角的半径大于线段时，命令无法执行；当设定的倒角距离或圆角的半径很小、线段很长时，屏幕上看不出倒角或圆角。

修改→倒角(Modify→Chamfer) ⌐

(1) 按距离倒角(如图 4-16(a)所示)。

命令: _chamfer

("修剪"模式)当前倒角　距离 1 = 0.0,
距离 2 = 0.0

选择第一条直线或[多段线(P)/距离(D)/
角度(A)/修剪(T)/方法(M)]: **d**⏎

指定第一个倒角距离<0.0>: **5**⏎

指定第二个倒角距离<5.0>: ⏎(第二条边
倒角距离；可不相等)

选择第一条直线或[多段线(P)/距离(D)/
角度(A)/修剪(T)/方法(M)]:

选择第二条直线:

Command: _chamfer

(TRIM mode) Current chamfer Dist1 = 0.0,
Dist2 =0.0

Select first line or [Polyline/Distance
/Angle/Trim/Method]: **d**⏎

Specify first chamfer distance <0.0>: **5**⏎

Specify second chamfer distance <5.0>:⏎

Select first line or [Polyline/Distance
/Angle/Trim/Method]:

Select second line:

(2) 按角度倒角(如图 4-16(b)所示)。

命令: ⏎

CHAMFER

("修剪"模式)当前倒角距离 1 = 5.0,
距离 2 = 5.0

选择第一条直线或[多段线(P)/距离(D)/
角度(A)/修剪(T)/方法(M)]:**a**⏎(角度)

指定第一条直线的倒角长度<30.0>: **6**⏎

指定第一条直线的倒角角度<0>: **30**⏎

选择第一条直线或[多段线(P)/距离(D)/
角度(A)/修剪(T)/方法(M)]:

选择第二条直线:

Command: ⏎

CHAMFER

(TRIM mode) Current chamfer Dist1 = 5.0,
Dist2 = 5.0

Select first line or [Polyline/Distance/
Angle/Trim/Method]: **a**⏎

Specify chamfer length on the first line <30.0>: **6**⏎

Specify chamfer angle from the first line <0>: **30**⏎

Select first line or [Polyline/Distance/
Angle/Trim/Method]:

Select second line:

(3) 给复合线倒多个角(如图 4-16(c)所示)。

命令: _chamfer

("修剪"模式)当前倒角长度= 6.0,
角度= 30

选择第一条直线或[多段线(P)/距离(D)/
角度(A)/修剪(T)/方法(M)]: **p**⏎(复合线)

选择二维多段线:

6 条直线已被倒角

Command: _chamfer

(TRIM mode) Current chamfer Length = 6.0,
Angle = 30

Select first line or [Polyline/Distance
/Angle/Trim/Method]: **p**⏎

Select 2D polyline:

6 lines were chamfered

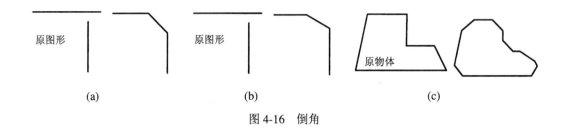

图 4-16　倒角

4.15　圆角(Fillet)

该命令用于将两条处于相交位置的线段倒圆角。

修改→圆角(Modify→Fillet) ⌒

(1) 给线倒圆角(如图 4-17(a)所示)。

命令: _fillet	Command: _fillet
当前模式: 模式=修剪，半径= 0.0	Current settings: Mode = TRIM, Radius = 0.0
选择第一个对象或[多段线(P)/半径(R)/	Select first object or [Polyline/Radius/
修剪(T)]: **r** ↲(设置圆角半径)	Trim]: **r** ↲
指定圆角半径 <0.0>: **6** ↲	Specify fillet radius <0.0>: **6** ↲
选择第一个对象或[多段线(P)/半径(R)/	Select first object or [Polyline/Radius/Trim]:
修剪(T)]: (选取第一条边)	
选择第二个对象: (选取第二条边)	Select second object:

(2) 不修剪圆角(如图 4-17(b)所示)。

命令: _fillet	Command: _fillet
当前模式: 模式=修剪，半径=6.0	Current settings: Mode = TRIM, Radius = 6.0
选择第一个对象或[多段线(P)/	Select first object or [Polyline/Radius/Trim]: **t**↲
半径(R)/修剪(T)]: **t** ↲	
输入修剪模式选项[修剪(T)/	Enter Trim mode option [Trim/No trim]
不修剪(N)] <修剪>: **n** ↲	<Trim>: **n.**↲
选择第一个对象或[多段线(P)/	Select first object or [Polyline/Radius/Trim]:
半径(R)/修剪(T)]:	
选择第二个对象:	Select second object:

(3) 给复合线倒多个圆角(如图 4-17(c)所示)。

命令: _fillet	Command: _fillet
当前模式: 模式=不修剪，半径= 6.0	Current settings: Mode = NOTRIM, Radius = 6.0
选择第一个对象或 [多段线(P)/	Select first object or [Polyline/Radius/
半径(R)/修剪(T)]: **t** ↲	Trim]: **t** ↲
输入修剪模式选项 [修剪(T)/	Enter Trim mode option [Trim/No trim]
不修剪(N)] <修剪>: **t** ↲	<No trim>: **t** ↲
选择第一个对象或[多段线(P)/半径(R)/	Select first object or [Polyline/Radius/Trim]: **p** ↲

修剪(T)]: **p** ↵(将 Pline 线圆多个角)

选择二维多段线: Select 2D polyline:

3 条直线已被圆角   3 lines were filleted

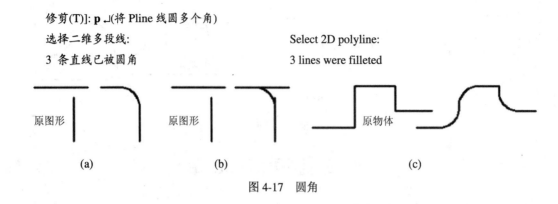

原图形   原图形   原物体

(a)   (b)   (c)

图 4-17 圆角

4.16 特性(Properties)

修改→对象特性(Modify→Property) 🖼

  选取该命令后，出现如图 4-18 所示对话框。在此我们可以改变图素的层、颜色、线型或点等特性，还可以更改尺寸的数值及公差等。根据所选图素的不同特性，可改变的参数也不同。

图 4-18 特性对话框

命令: _propertes   **Command:** _properties

  选取要修改的图素，调入对话框，然后选择特性进行修改。结束修改后可按"Esc"键取消所选对象。

4.17 特性匹配(Match)

  利用已有图素的特性，改变图形的层、颜色、线型，使后选取的图素特性改成与先选取的图素特性一致。

修改→特性匹配(Modify→Match) 🖳

命令：'_matchprop

选择源对象：

当前活动设置:颜色 图层 线型比例

厚度 文字 标注 图案填充

选择目标对象或[设置(S)]：

(选取要改变的图素，可多选)

选择目标对象或[设置(S)]：↵

Command: '_matchprop

Select Source Object:

Current active settings=color layer ltseale

thickness text dim hatch

Select Destination Object[Settings]:

Select Destination Object[Settings]: ↵

4.18   分解(Explode)

该命令用于将图形分解。可分解的图形有多段线、矩形、多边形、块、填充的图案、尺寸块及插入的图形等。用该命令点击图形后，图线即变成各自独立的部分。

修改→分解(Modify→Explode) 📦

命令：_explode

选择对象:找到 1 个(选取要分解的图形)

选择对象：↵

Command: _explode

Select objects: 1 found

Select objects: ↵

第5章　设置命令

　　本章主要介绍需要进行相关设置的绘图命令及设置命令，包括设置文字样式(Text Style)、绘制文字及其修改(Text、Textedit)、设置点的样式(Point Style)、绘制点(Point)、定数等分(Devide)、定距等分(Measure)、设置多线的样式(M-Line Style)、绘制多线及其修改(M-Line、Mledit)、样条曲线及其修改(Spline、Splinedit)、复合线及其修改(Polyline、Pedit)、图案填充及其修改(Hatch、Hatchedit)等。

　　在 AutoCAD 的主菜单中，选取格式(Format)菜单项，可打开如图 5-1 所示的下拉菜单，进行格式设置。选取修改(Modify)菜单项，打开其下拉菜单，点出对象的下一级菜单，如图 5-2(a)所示，可选取修改命令。在图形工具条中也有修改Ⅱ(ModifyⅡ)工具条，如图 5-2(b)所示。两者的内容不完全相同。

图 5-1　格式下拉菜单

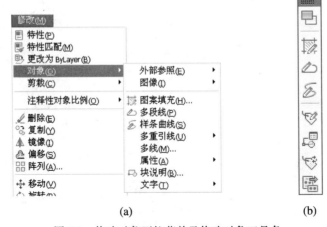

(a)　　　　　　　　　　　　　　(b)

图 5-2　修改对象下拉菜单及修改对象工具条

5.1　设置字体(Text Style)

　　在一幅图中常常要用多种字体，系统默认的标准字体是"txt.shx"，但这种字体不支持输入汉字。要输入汉字等其他字体时必须首先更换字体。打开字体设置对话框，如图 5-3 所示，点击"新建(New)"按钮并起新名，再点字体名下的"▼"，在其中选取所需字体即可。同时也可设置字体的方位、方向、宽度比例系数等。设置结束时点击"应用(Apply)"按钮。

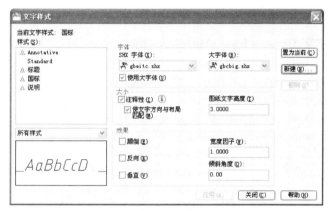

图 5-3　字体设置对话框

常用的字体有：

　　(1) 长仿宋体。点击"新建(New)"按钮，起名"长仿宋"，再点字体名下的"▼"，选取字体"仿宋 GB2312"，将宽度比例系数改为 0.8(或 0.7)，点击"应用(Apply)"按钮，最后点击"关闭(Close)"按钮。一般图纸上的汉字用长仿宋体，但不能标"Φ"等符号。

　　(2) Isocp.shx 字体。点击"新建(New)"按钮并起名，再点字体名下的"▼"，选取字体"Isocp.shx"，点击"应用(Apply)"按钮，最后点击"关闭(Close)"按钮。一般图纸上的数字用 Isocp.shx 字体，与我国的国标字体相似，但不能写汉字。

　　(3) 工程字体。点击"新建(New)"按钮，起名"国标"，再点字体名下的"▼"，选取字体"gbeitc.shx"，勾选使用大字体，再点大字体下的"▼"，选取字体"gbcbig.shx"，点击"应用(Apply)"按钮，最后点击"关闭(Close)"按钮。这是 Autodesk 公司专为中国用户设置的符合中国国标的字体，可同时书写汉字、数字、Φ 等符号。

格式→设置字体(Format→Text Style)

命令: '_style　　　　　　　　　　　　　　　Command: '_style

5.2　多行文字(Text)

　　该命令主要用于在表格或方框中输入文字。先选定要书写文字范围的两对角点，出现文字格式对话框，如图 5-4 所示。在输入汉字前注意更改输入法。AutoCAD 2010 的对话框带有像 Word 一样的功能，可设置文字在书写时的位置，如图 5-5 所示。

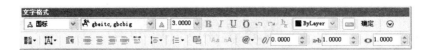

图 5-4　文字格式对话框

图 5-5　　字体的位置和不同字体

绘图→文字→多行文字(Draw→Text→Multiline Text) A

命令: _mtext	**Command:** _mtext
当前文字样式: "国标",	Current text style:
文字高度: 2.5	"Standard", Text height: 2.5
指定第一角点:	Specify first conener:
指定对角点或 [高度(H)/对正(J)/行距(L)/	Specify opposite corner or [Height/Justify
旋转(R)/样式(S)/宽度(W)]:	/Line spacing/Rotation/Style/Width]:

5.3　单行文字(Single Text)

书写位置较灵活，所点位置即为书写位置。

绘图→文字→单行文字(Draw→Text→Single Line Text)

命令: _dtext	**Command**: _dtext
当前文字样式: "样式 1", 文字高度: 2.5	Current text style: "Style 1", Text height: 2.5
指定文字的起点或 [对正(J)/样式(S)]:	Specify start point of text or [Justify/Style]:
指定高度 <2.5>: **3** ↵(文字高度)	Specify height <2.5>: **3** ↵
指定文字的旋转角度<0>:↵	Specify rotation angle of text <0>:↵
输入文字: 机械制图 **ABCD** ↵(打开汉字输入)	Enter text: 机械制图　　**ABCD**↵
输入文字: **1234567890**↵	Enter text: **1234567890**↵
输入文字: ↵(结束时，一定要用键盘回车)	Enter text: ↵

5.4　修改文字(Textedit)

修改文字的对话框与书写多行文字和单行文字的对话框相似，可改变文字及其位置。也可以在属性对话框中修改或编辑文字。

修改→文字(Modify→Text) A

命令: _ddedit	**Command:** _ddedit
选择注释对象或[放弃(U)]:(选要改的字)	Select an annotation object or [Undo]:

选择注释对象或[放弃(U)]: ↵　　　　　　　　　Select an annotation object or [Undo]: ↵

5.5　点的样式(Point Style)

AutoCAD 提供点的设置。可根据需要，在对话框中选取不同的点的样式，并按屏幕或绝对比例设置其大小，如图 5-6 所示。

格式→点的样式(Format→Point Style)

命令: '_ddptype　　　　　　　　　　　　Command: '_ddptype

正在初始化...已加载 DDPTYPE。

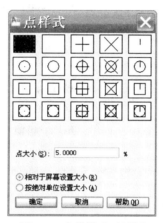

图 5-6　点的样式对话框

5.6　画点(Point)

按设置的类型画点。

绘图→点→单点(Draw→Point→Point)

命令: _point　　　　　　　　　　　　　　Command: _point

当前点模式: PDMODE=66　PDSIZE=0.0　　Current point style: PDMODE=66　PDSIZE=0.0

指定点:　　　　　　　　　　　　　　　　Specify a point:

5.7　定数等分(Divide)

可用设置后点的类型等分线、圆等一次绘制的图形，如图 5-7 所示。此外还可用块等分。

绘图→点→定数等分(Draw→Point→Divide)

命令: _divide　　　　　　　　　　　　　Command: _divide

选择要定数等分的对象:　　　　　　　　　Select object to divide:

输入线段数目或[块(B)]: **5** ↵　　　　　　Enter the number of segments or [Block]: **5** ↵

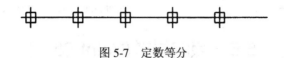

图 5-7　定数等分

5.8　定距等分(测量)(Measure)

与定数等分类似，定距等分是按长度测量等分。

绘图→点→定距等分(Draw→Point→Measure)

(1) 用点按长度测量等分(如图 5-8(a)所示)。

命令: _measure	Command: _measure
选择要定距等分的对象:	Select object to measure:
指定线段长度或 [块(B)]: **10** ↵	Specify length of segment or [Block]: **10** ↵

(2) 用块按长度测量等分(如图 5-8(b)所示)。

命令: ↵	Command: ↵
MEASURE	MEASURE
选择要定距等分的对象:	Select object to measure:
指定线段长度或[块(B)]: **b** ↵	Specify length of segment or [Block]: **b** ↵
输入要插入的块名: **cf** ↵(块名必须有块)	Enter name of block to insert: **cf** ↵
是否对齐块和对象？ [是(Y)/否(N)]	Align block with object? [Yes/No] <Y>:↵
<Y>: ↵(块沿物体分布)	
指定线段长度: **10** ↵(测量等分长度)	Specify length of segment: **10** ↵

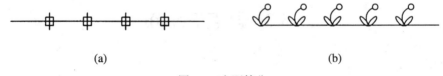

(a)　　　　　　　　　　　　　　　　(b)

图 5-8　定距等分

5.9　多线样式(Multilines Style)

AutoCAD 提供多线样式设置，通过该设置可改变平行结构线的线数、间距及线型。用户不能修改 STANDARD 多线或其他已经使用的多线。其对话框如图 5-9 所示。

格式→多线样式(Format→Multilines Style)

命令: _mlstyle	Command: _mlstyle

多线样式设置的步骤：

(1) 点击"新建"按钮，输入名称，如图 5-10 所示。

(2) 点击"继续"按钮，出现修改多线样式的对话框，如图 5-11 所示，可以设置"偏移"、"线型"、"颜色"等。

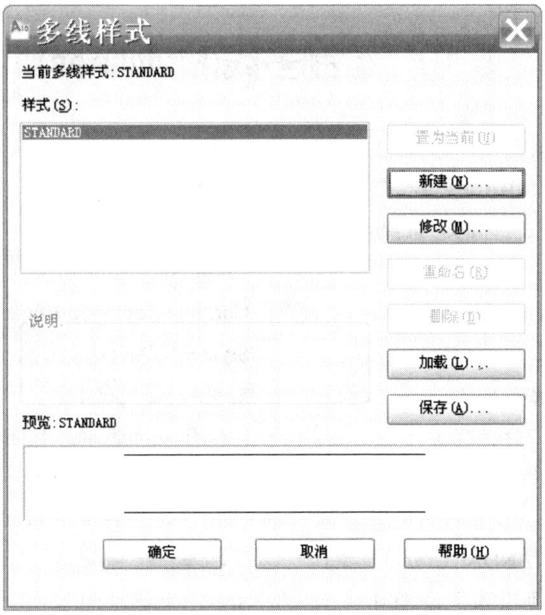

图 5-9　多线样式设置对话框

图 5-10　新建多线样式

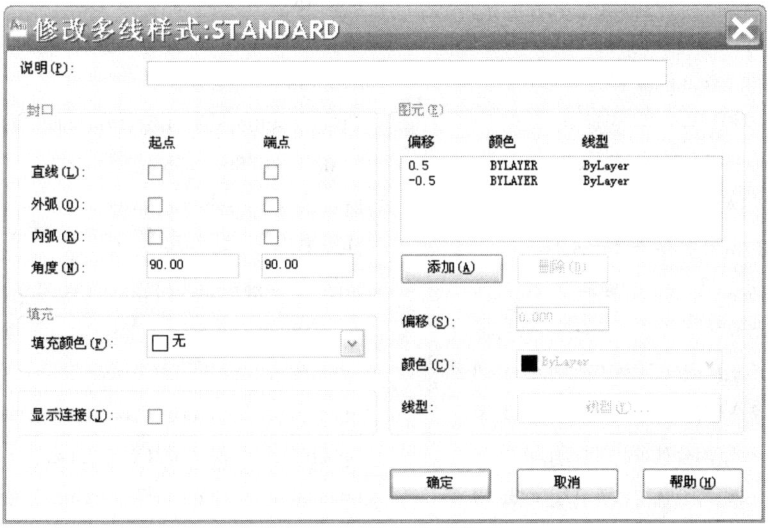

图 5-11　修改多线样式对话框

5.10 绘制多线(Multilines)

系统默认值为双结构线,多用于画建筑结构图。

绘图→多线(Draw→Multiline) ✎

(1) 设置双线间距,绘制一条结构线,如图 5-12(a)所示。

命令: _mline	Command: _mline
当前设置: 对正 = 上,比例= 20.0,	Current settings: Justification = Top, (Scale) = 20.0,
样式 = STANDARD	Style = STANDARD
指定起点或[对正(J)/比例(S)/	Specify start point or
样式(ST)]: **s** ↵(设置双线间距)	[Justification/Scale/STyle]: **s** ↵
输入多线比例 <20.0>: **3.**↵	Enter mline scale <20.0>: **3.**↵
当前设置: 对正 = 上,	Current settings: Justification = Top,
比例=3.0,样式 = STANDARD(标准类型)	Scale =3.00, Style=STANDARD
指定起点或[对正(J)/比例(S)/样式(ST)]:	Specify start point or [Justification/Scale
(任选一点)	/STyle]:
指定下一点:(任选一点)	Specify next point:
指定下一点或[放弃(U)]:(任选一点)	Specify next point or [Undo]:
指定下一点或[闭合(C)/放弃(U)]: ↵	Specify next point or [Close/Undo]: ↵

(2) 设置基准,绘制一条闭合结构线,如图 5-12(b)所示。

命令: _mline	Command: _mline
当前设置: 对正=上,	Current settings: Justification = Top,
比例= 3.0,样式=STANDARD	Scale = 3.0, Style = STANDARD
指定起点或[对正(J)/比例(S)	Specify start point or
/样式(ST)]: **j** ↵(设置基准)	[Justification/Scale/STyle]: **j** ↵
输入对正类型[上(T)/无(Z)	Enter justification type [Top/Zero
/下(B)]<上>:**b** ↵(以底部为基准)	/Bottom] <top>: **b** ↵
当前设置: 对正 = 下,	Current settings: Justification = Bottom,
比例= 3.0,样式= STANDARD	Scale = 3.0, Style = STANDARD
指定起点或[对正(J)/比例(S)	Specify start point or
/样式(ST)]:(用鼠标任选一点)	[Justification/Scale/STyle]:
指定下一点或[放弃(U)]: **@30,0** ↵	Specify next point or [Undo]: **@30,0**↵
指定下一点或[闭合(C)/放弃(U)]: **@0,25** ↵	Specify next point or [Close/Undo]: **@0,25** ↵
指定下一点或[闭合(C)/放弃(U)]:**@-10,0** ↵	Specify next point or[Close/Undo]:**@-10,0** ↵
指定下一点或[闭合(C)/放弃(U)]: **@0,20** ↵	Specify next point or [Close/Undo]: **@0,20** ↵
指定下一点或[闭合(C)/放弃(U)]: **u** ↵	Specify next point or [Close/Undo]: **u** ↵
指定下一点或[闭合(C)/放弃(U)]:**@0,-10** ↵	Specify next point or [Close/Undo]: **@0,-10** ↵
指定下一点或[闭合(C)/放弃(U)]:**@-20,0** ↵	Specify next point or [Close/Undo]: **@-20,0** ↵
指定下一点或[闭合(C)/放弃(U)]: **c** ↵	Specify next point or [Close/Undo]: **c** ↵

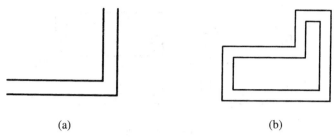

(a)   (b)

图 5-12   多线

5.11   修改多线(Mledit)

选取命令后，出现如图 5-13 所示对话框。用户可更改两条多线的相交情况，也可更改一条多线的节点断开情况。

在对话框中选取要修改的形式并选线，如图 5-14 所示。

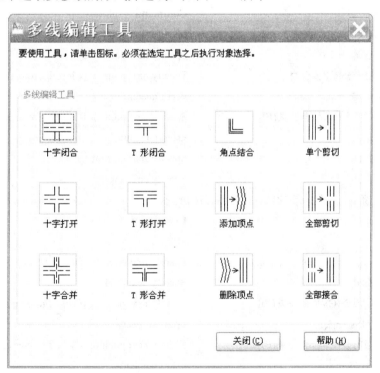

图 5-13   修改多线对话框

修改→对象→多线(Modify→Objects→Mline)

命令: _mledit	**Command:** _mledit
选择第一条多线: (选择一条)	Select first mline:
选择第二条多线或[放弃(U)]: (选择第二条)	Select second mline:
选择第一条多线或[放弃(U)]: ↵	Select first mline or [Undo]: ↵

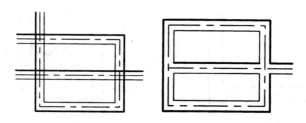

图 5-14　修改多线

5.12　样条曲线(Spline)

此命令用来绘制样条曲线。

绘图→样条曲线(Draw→Spline)

(1) 用鼠标绘制一条样条曲线(如图 5-15(a)所示)。

命令: _spline	**Command:** _spline
指定第一个点或[对象(O)]:(任选一点)	Specify first point or [Object]:
指定下一点:(任选一点)	Specify next point:
指定下一点或[闭合(C)/拟合公差(F)]	Specify next point or [Close/Fit tolerance]
<起点切向>:(任选一点)	<start tangent>:
指定下一点或[闭合(C)/拟合公差(F)]	Specify next point or [Close/Fit tolerance]
<起点切向>:↵	<start tangent>:
指定起点切向:↵	Specify start tangent: ↵
指定端点切向:↵	Specify end tangent: ↵

(2) 绘制一条闭合的样条曲线(如图 5-15(b)所示)。

命令:↵	**Command:** ↵
SPLINE	SPLINE
指定第一个点或[对象(O)]:(任选一点)	Specify first point or [Object]:
指定下一点:(任选一点)	Specify next point:
指定下一点或[闭合(C)/拟合公差(F)]	Specify next point or [Close/Fit tolerance]
<起点切向>:(任选一点)	<start tangent>:
指定下一点或[闭合(C)/拟合公差(F)]	Specify next point or [Close/Fit tolerance]
<起点切向>:(任选一点)	<start tangent>:
指定下一点或[闭合(C)/拟合公差(F)]	Specify next point or [Close/Fit tolerance]
<起点切向>:(任选一点)	<start tangent>:
指定下一点或[闭合(C)/拟合公差(F)]	Specify next point or [Close/Fit tolerance]
<起点切向>: c ↵(与起点闭合)	<start tangent>: **c** ↵
指定切向:	Specify tangent:

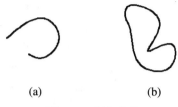

(a)   (b)

图 5-15   样条曲线

5.13   修改样条曲线(Splinedit)

该命令选取已绘制的样条曲线，通过键入选项，更改其图形。用户可将样条曲线闭合或改变节点。以下为移动样条曲线节点的例子。

修改→对象→样条曲线(Modify→Objects→Spline)

命令: _splinedit	Command: _splinedit
选择样条曲线:	Select spline:
输入选项[拟合数据(F)/闭合(C)/移动顶点(M)/	Enter an option [Fit data/Close/Move vertex/
精度(R)/反转(E)/放弃(U)]: **m↵**	Refine/rEverse/Undo]: **m↵**
指定新位置或[下一个(N)/上一个(P)/	Specify new location or [Next/Previous/
选择点(S)/退出(X)] <下一个>:↵	Select point/eXit] <N>:↵
指定新位置或[下一个(N)/上一个(P)/	Specify new location or [Next/Previous/
选择点(S)/退出(X)] <下一个>:(新位置)↵	Select point/eXit] <N>:↵
指定新位置或[下一个(N)/上一个(P)/	Specify new location or [Next/Previous/
选择点(S)/退出(X)] <下一个>: **x↵**	Select point/eXit] <N>: **x↵**
输入选项[闭合(C)/移动顶点(M)/精度(R)/	Enter an option [Close/Move vertex/
反转(E)/放弃(U)/退出(X)] <退出>:↵	Refine/rEverse/Undo/eXit] <eXit>:↵

5.14   多段线(Pline)

多段线命令用来绘制有宽度的线或圆弧，其绘制的几段线是连成一体的。

绘图→多段线(Draw→Polyline)

(1) 绘制宽度不同的线或圆弧，如图 5-16(a)所示。

命令: _pline	Command: _pline
指定起点:(任选一点)	Specify start point:
当前线宽为 0.0	Current line-width is 0.0
指定下一点或[圆弧(A)/闭合(C)/半宽(H)/	Specify next point or [Arc/Close/Halfwidth/
长度(L)/放弃(U)/宽度(W)]: **w↵**	Length/Undo/Width]: **w↵**
指定起点宽度<0.0>: **3↵**	Specify starting width <0.0>: **3↵**
指定端点宽度<3.0>: ↵	Specify ending width <3.0>:↵
指定下一点或[圆弧(A)/半宽(H)/	Specify next point or [Arc/Halfwidth/
长度(L)/放弃(U)/宽度(W)]: **@15,0↵**	Length/Undo/Width]: **@15,0↵**

指定下一点或[圆弧(A)/闭合(C)/半宽(H)/
长度(L)/放弃(U)/宽度(W)]: **w**↵

指定起点宽度<3.0>: ↵

指定端点宽度<3.0>: **0.**↵

指定下一点或[圆弧(A)/闭合(C)/半宽(H)/
长度(L)/放弃(U)/宽度(W)]: **@15,0.**↵

指定下一点或[圆弧(A)/闭合(C)/半宽(H)/
长度(L)/放弃(U)/宽度(W)]: ↵

Specify next point or [Arc/Close/Halfwidth/
Length/Undo/Width]: **w.**↵

Specify starting width <3.0>:↵

Specify ending width <3.0>:**0.**↵

Specify next point or [Arc/Close/Halfwidth/
Length/Undo/Width]: **@15,0.**↵

Specify next point or [Arc/Close/
Halfwidth/Length/Undo/Width]: ↵

(2) 绘制有宽度圆弧的线，如图 5-16(b)所示。

命令: _pline

指定起点:(任选一点)

当前线宽为 0.0

指定下一点或[圆弧(A)/闭合(C)/半宽(H)/
长度(L)/放弃(U)/宽度(W)]: **w.**↵

指定起点宽度<0.0>: **1.**↵

指定端点宽度<1.0>: ↵

指定下一点或[圆弧(A)/半宽(H)/
长度(L)/放弃(U)/宽度(W)]: **@15,0.**↵

指定下一点或[圆弧(A)/闭合(C)/半宽(H)/
长度(L)/放弃(U)/宽度(W)]: **a.**↵

指定圆弧的端点或[角度(A)/圆心(CE)/闭
合(CL)/方向(D)/半宽(H)/直线(L)/半径(R)/
第二点(S)/放弃(U)/宽度(W)]:(任选一点)

指定圆弧的端点或[角度(A)/圆心(CE)/闭
合(CL)/方向(D)/半宽(H)/直线(L)/半径(R)/
第二点(S)/放弃(U)/宽度(W)]:(任选一点)

指定圆弧的端点或[角度(A)/圆心(CE)/闭
合(CL)/方向(D)/半宽(H)/直线(L)/半径(R)/
第二点(S)/放弃(U)/宽度(W)]: ↵

Command: _pline

Specify start point:

Current line-width is 0.0

Specify next point or [Arc/Close/Halfwidth/
Length/Undo/Width]: **w.**↵

Specify starting width <0.0>: **1.**↵

Specify ending width <1.0>:↵

Specify next point or [Arc/Halfwidth/
Length/Undo/Width]: **@15,0.**↵

Specify next point or [Arc/Close/Halfwidth/
Length/Undo/Width]: **a.**↵

Specify endpoint of arc or[Angle/CEnter/
CLose/Direction/Halfwidth/Line/Radius/
Second pt/Undo/Width]:

Specify endpoint of arc or[Angle/CEnter/
CLose/Direction/Halfwidth/Line/Radius/
Second pt/Undo/Width]:

Specify endpoint of arc or[Angle/CEnter/
CLose/Direction/Halfwidth/Line/Radius/
Second pt/Undo/Width]: ↵

(a)

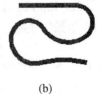

(b)

图 5-16　不同的多段线

5.15　修改多段线(Pedit)

该命令选取已绘制的多段线，通过键入选项，更改其图形。可将多段线闭合或打开；

将两条或多条头尾相接的多段线连接成一条；改变多段线的宽度或节点；将多段线圆弧拟合或 B 样条拟合；将拟合的多段线恢复成直线等。

修改→多段线(Modify→Polyline) ✎

(1) 多段线连接：将三条头尾相接的多段线连接成一条。

命令: _pedit	Command: _pedit
选择多段线:(先选取第一条线)	Select polyline:
输入选项[闭合(C)/合并(J)/宽度(W)/	Enter an option [Close/Join/Width/
编辑顶点(E)/拟合(F)/样条曲线(S)/	Edit vertex/Fit/Spline/
非曲线化(D)/线型生成(L)/放弃(U)]:	Decurve/Ltype gen/Undo]:
j↵(多段线连接)	j↵
选择对象: 找到 1 个(再选取第二条线)	Select objects: 1 found
选择对象: 找到 1 个, 总计 2 个	Select objects: 1 found, 2 total
(再选取第三条线)	
选择对象: ↵	Select objects: ↵
2 段线加入了多段线。	2 segments added to polyline.
输入选项 [闭合(C)/合并(J)/宽度(W)/	Enter an option [Close/Join/Width/
编辑顶点(E)/拟合(F)/样条曲线(S)/	Edit vertex/Fit/Spline/
非曲线化(D)/线型生成(L)/放弃(U)]: ↵	Decurve/Ltype gen/Undo]: ↵

(2) 拟合：将多段线 B 样条拟合(如图 5-17 所示)。

命令: _pedit	Command: _pedit
选择多段线:	Select polyline:
输入选项[闭合(C)/合并(J)/宽度(W)/	Enter an option [Close/Join/Width/
编辑顶点(E)/拟合(F)/样条曲线(S)/	Edit vertex/Fit/Spline/
非曲线化(D)/线型生成(L)/放弃(U)]: s↵	Decurve/Ltype gen/Undo]: s↵
输入选项[闭合(C)/合并(J)/宽度(W)/	Enter an option [Close/Join/Width/
编辑顶点(E)/拟合(F)/样条曲线(S)/	Edit vertex/Fit/Spline/
非曲线化(D)/线型生成(L)/放弃(U)]: ↵	Decurve/Ltype gen/Undo]: ↵

图 5-17 多段线 B 样条拟合

5.16 图案填充(Hatch)

图案填充命令是用于填充各种剖面(断面)图案、剖面线的命令。图案填充对话框如图 5-18 所示，它包括了设置图案类型、图案的角度和比例、用户自定义图案的间距、要填充图案的区域、区域的选择方式(可点选或选择物体)等。点选边界可交叉，但必须封闭。选择物体后，将在封闭的物体内进行填充。

图 5-18　图案填充对话框

绘图→图案填充(Draw→Hatch)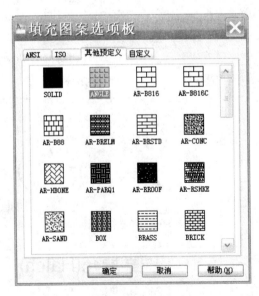

图案选取的方法如下：

● 在类型后选取预定义库存图案。点击图 5-18 中的"□"按钮，打开填充图案选项板，如图 5-19 所示。拖动滚动条在其中选取所需图案后，再设置图案的比例和角度。注意：若比例太大而区域又太小，可能会填不下一个图案；若比例太小，又可能填得过密以至于看不出图案。

图 5-19　填充图案选项板

● 在类型后选取用户定义图案，设置平行线的间距和角度。在填充非金属零件时，可勾选双向(Double)选项。一般机械类的用户多用此方法。

(1) 选择库存图案填充(如图 5-20 所示)。

命令：_bhatch(图案填充对话框载入)

选择内部点:(在要填充的区域内点一下)

正在选择所有对象...(自动计算边界)

正在选择所有可见对象...

正在分析所选数据...

正在分析内部孤岛...

选择内部点: ↵

Command: _bhatch

Select internal point:

Selecting everything...

Selecting everything visible...

Analyzing the selected data...

Analyzing internal islands...

Select internal point: ↵

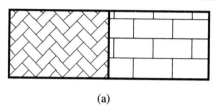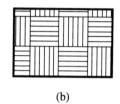

(a)   (b)

图 5-20   库存图案填剖面线示例

(2) 自定义填充(如图 5-21 所示)。在类型后选取用户定义图案或键入命令。

命令：hatch ↵(键入命令)

输入图案名或[?/实体(S)/用户定义(U)]
<ANGLE>: u↵

指定填充线的角度 <0>: 45 ↵

指定行距 <1.0>: 3 ↵

是否双向填充区域? [是(Y)/否(N)] <N>: ↵

选择定义填充边界的对象或<直接填充>:

选择对象: 找到 1 个(选择区域)

选择对象: ↵

Command: hatch ↵

Enter a pattern name or [?/Solid/User defined]
<ANGLE>: u↵

Specify angle for crosshatch lines <0>: 45 ↵

Specify spacing between the lines <1.0>:3 ↵

Double hatch area? [Yes/No] <N>:↵

Select objects to define hatch boundary or<direct hatch>:

Select objects: 1 found

Select objects: ↵

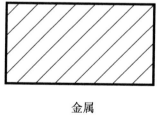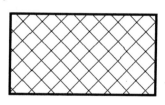

金属   非金属(勾选双向)

(a)   (b)

图 5-21   用户填剖面线图案示例

5.17   修改图案填充(Hatchedit)

执行该命令后，选取已绘制的剖面图案，出现图案填充编辑对话框，如图 5-22 所示。可更改其图案、间距等参数。以下为更改图 5-21 所绘制的剖面线图案的间距的例子，修改结果如图 5-23 所示。

修改→对象→图案填充(Modify→Object→Hatch)

命令:_hatchedit

选择关联填充对象:(选取已绘制的图案)

Command: _hatchedit

Select associative hatch object:

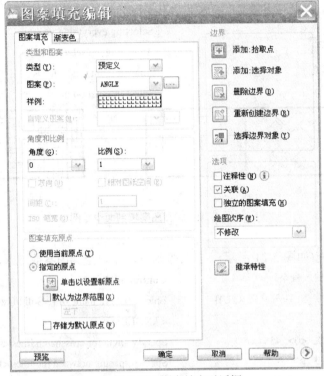

图 5-22 图案填充对话框

 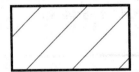

图 5-23 修改图案

第6章 尺寸标注

　　本章主要介绍尺寸标注及其修改命令：尺寸标注样式(Dim Style)、快速标注(QDIM)、线性尺寸标注(Linear)、对齐尺寸标注(Aligned)、坐标尺寸标注(Ordinate)、半径尺寸标注(Radius)、直径尺寸标注(Diameter)、角度标注(Angular)、基线尺寸标注(Baseline)、连续尺寸标注(Coutinue)、引线标注(Leader)、圆心标注(Center)、修改尺寸标注(Oblique)、修改尺寸文本位置(Dimedit)、更新尺寸样式(Update)、尺寸公差标注、形位公差标注(Tolerance)等。

　　尺寸标注分为三部分：尺寸样式设置、尺寸标注和修改尺寸。在 AutoCAD 的主菜单中，选取标注(Dimension)项，即可打开其下拉菜单，如图 6-1 所示。尺寸标注工具条如图 6-2 所示。

图 6-1　尺寸标注下拉菜单　　　　图 6-2　尺寸标注工具条

6.1　尺寸标注样式(Dim Style)

标注尺寸时，应按国家标准规定的尺寸样式预先设置尺寸数字的大小和方向、尺寸箭头的长短、尺寸界线、尺寸线等相关参数。

在标注(Dim)命令下键入 Status 即可显示全部尺寸样式(详见附录 D)。其最常用的尺寸标注样式列举如下：

命令: Dim ↵		**Command:** Dim ↵	
标注: Status ↵		Dim: Status ↵	
(自动显示如下)			
...			
DIMASZ	2.5	(箭头大小)	
DIMDLI	3.7	(尺寸线间距)	
DIMLFAC	1.0	(线性单位比例因子)	
DIMEXE	1.2	(尺寸界线延长长度)	
DIMEXO	0.6	(尺寸界线原点偏移)	
DIMTXT	2.5	(文字高度)	
...			

标注→标注样式(Dimension→Style)

　　命令: _ddim　　　　　　　　　　　　　　**Command: _ddim**

系统将显示如图 6-3 所示的标注样式管理器。在这里，我们可以选择将系统默认的 ISO-25 样式或国标样式作为基本模式进行修改，也可以新建尺寸标注样式。

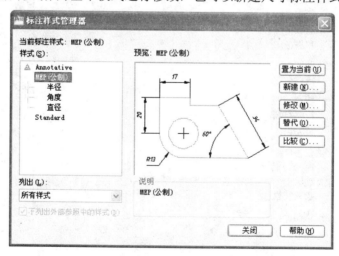

图 6-3　标注样式管理器

如果选择新建标注样式，则出现如图 6-4 所示的对话框。输入名称后，点击各选项，即可进行设置。在所有标注下设置的样式，对所有标注均有效。除此以外，我们也可以对每种标注分别独立地设置样式。

图 6-4 新建标注样式对话框

点击"继续"按钮，出现修改标注样式对话框，如图 6-5 所示。这里包括线、符号和箭头、文字、调整、主单位、换算单位、公差七大类的参数，每个参数设置都有一个相应的对话框。

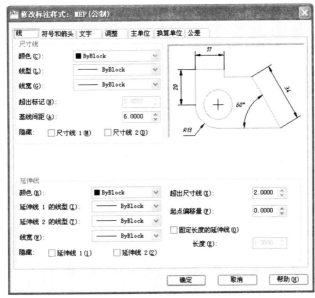

图 6-5 线对话框

为标注方便，AutoCAD 提供键盘上没有的特殊字符的输入：

● 输入%%c 表示输入"φ"；

● 输入%%d 表示输入"。"；

● 输入%%p 表示输入"±"。

以下根据我国机械制图国家标准的有关规定对这些变量进行设置。

1. 设置线

(1) 将尺寸线中的基线间距设置为 6～10。

(2) 将尺寸界线中的超出尺寸线设置为 2～3。

(3) 将尺寸界线中的起点偏移量设置为 0（建筑图为 5～10）。

2. 设置箭头

(1) 将箭头大小设置为 4～5。

(2) 在箭头后的"第一个"选择栏中点取所需箭头形式，如图 6-6 所示。一般机械图选取"实心闭合"(建筑图选"建筑标记")。当两端箭头不一致时，在箭头后的"第二个"选择栏中选取所需箭头形式，而第一个箭头不会改变。

(3) 因 AutoCAD 的箭头太粗，不符合中国国标，所以应将箭头设置为自定义箭头。自定义箭头见附录 C。

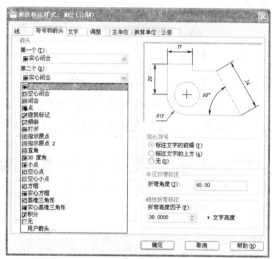

图 6-6　符号和箭头对话框

3. 设置文字

在这里可设置文字样式(字型)及文字大小、位置、方向等参数，如图 6-7 所示。

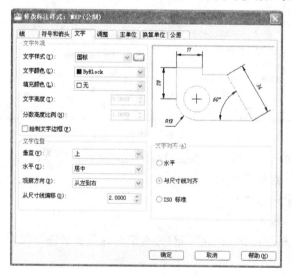

图 6-7　文字对话框

(1) 将文字样式设置为国标字体"gbeitc"(见字型设置)或默认的"txt"，或"isocp"字型，不能设成一般汉字，否则无法标注直径"φ"。

(2) 将文字高度设置为 3.5 或 5。

(3) 文字位置设为"上"。

(4) 文字对齐默认"与尺寸线对齐"，即随尺寸线方向变化；直径和半径设为"ISO 标准"，即数字在外时水平。而角度标注必须设置为"水平"，文字位置设为"外部"(机械制图国家标准)。

4．调整

在这里可调整文字位置，如图 6-8 所示。

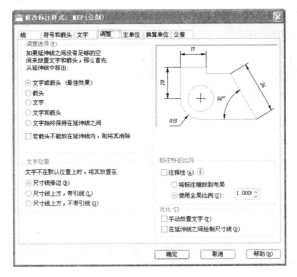

图 6-8 调整对话框

(1) 直径标注设置为"文字和箭头"，即强制箭头标注在尺寸界线内，否则只有一个箭头。

(2) 调整尺寸数字位置，设置为"手动放置文字"，这样文字可以按用户的要求随意拖放。

5．设置主单位

在这里可以设置尺寸数字的精度、比例因子等，如图 6-9 所示。

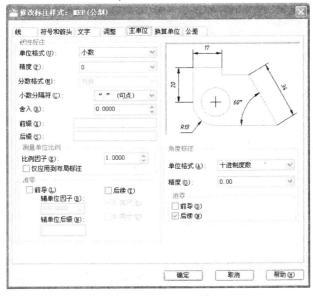

图 6-9 主单位对话框

（1）将尺寸数字的精度设置为"0"（一般精确到整数）。

（2）当图样不是按 1∶1 绘制时，改变比例因子以便自动标注的数值与实际尺寸一致。例如：当图样按 1∶100 绘制时，改变比例因子为 100；当图样按 2∶1 绘制时，改变比例因子为 0.5。

6. 设置换算单位

设置换算单位的精度、比例因子等，如图 6-10 所示。

勾选"显示换算单位"，将同时标注十进制尺寸与英制尺寸，一般不采用。

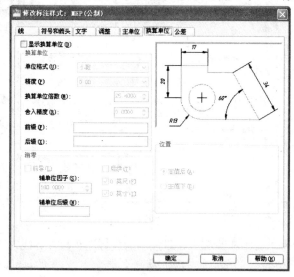

图 6-10　换算单位对话框

7. 设置尺寸公差

设置尺寸公差的方式、精度、高度比例等，如图 6-11 所示。

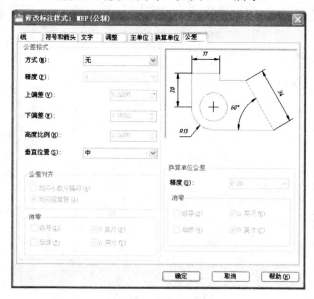

图 6-11　公差对话框

(1) 设置公差的标注方式为按极限偏差或极限尺寸。

(2) 设置公差的精度为 0.000。

(3) 设置公差文字的高度比例为 0.7。

(4) 需要时设置公差的前缀或后缀。

若使用公差，将对所有尺寸都加注同样的公差，必须逐个修改，很不方便。如需要加注公差的尺寸很少，可用文字标注。

注意: 将尺寸样式设置在样板图里，不用每次都进行设置。标注尺寸前打开捕捉交点，全部用鼠标准确点选标注位置。

6.2　快速标注(QDIM)

选择要标注的几何图形，快速标注水平尺寸或垂直尺寸。我们还可以同时标注一个物体的多个尺寸。

标注→快速标注(Dimension→QDIM)

命令: _qdim

选择要标注的几何图形:找到 1 个

选择要标注的几何图形: ↵

指定尺寸线位置或[连续(C)/并列(S)/基线(B)/坐标(O)/半径(R)/直径(D)/基准点(P)/编辑(E)] <连续>: （自动测定标注）

Command: _qdim

Select object: 1 found

Select object: ↵

Dimension line location [Continue/Side/Base/coordinate/Radious/Diameter/bPoint/Edit] <Continue>:

6.3　线性尺寸标注(Linear)

该命令用于标注水平尺寸或垂直尺寸，如图 6-12 所示。

标注→线性(Dimension→Linear)

(1) 标注水平尺寸。

命令: _dimlinear

指定第一条尺寸界线起点或 <选择对象>:

指定第二条尺寸界线起点:指定尺寸线位置或[多行文字(M)/文字(T)/角度(A)/水平(H)/垂直(V)/旋转(R)]:

标注文字 =60

Command: _dimlinear

First extension line origin or <select object>:

Second extension line origin: Dimension line location[Mtext/Text/Angle/Horizontal/Vertical/Rotated]:

Dimension text =60

(2) 标注垂直尺寸。

命令: ↵

DIMLINEAR

指定第一条尺寸界线起点或 <选择对象>:

指定第二条尺寸界线起点: 指定尺寸线位置或[多行文字(M)/文字(T)/角度(A)/水平(H)/垂直(V)/旋转(R)]: t↵

Command: ↵

DIMLINEAR

First extension line origin or <select object>:

Second extension line origin: Dimension line location or [Mtext/Text/Angle/Horizontal/Vertical/Rotated]: t↵

输入标注文字 <29>:**%%c40**↵   Dimension text <29>: **%%c40**↵

指定尺寸线位置或[多行文字(M)/文字(T)/   Dimension line location [Mtext/Text/

角度(A)/水平(H)/垂直(V)/旋转(R)]:   Angle/Horizontal/Vertical/Rotated]:

标注文字 =%%c40   Dimension text =%%c40

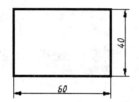　　　　　　　　　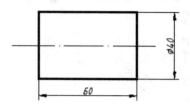

图 6-12   线性尺寸标注

6.4   对齐尺寸标注(Aligned)

该命令用于标注与任意两点平行的尺寸，主要用于标注倾斜的尺寸，如图 6-13 所示。

标注→对齐(Dimension→Aligned)

命令: _dimaligned   Command: _dimaligned

指定第一条尺寸界线起点或 <选择对象>:   First extension line origin or press ENTER to select:

指定第二条尺寸界线起点: Second extension line origin:

指定尺寸线位置或[多行文字(M)/文字(T)/角度(A)]:   Dimension line location [Mtext/Text/Angle]:

标注文字 =50   Dimension text =50

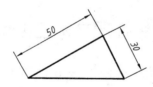

图 6-13   对齐尺寸标注

6.5   坐标尺寸标注(Ordinate)

该命令用于标注任意点的坐标差的尺寸，可用于标高，如图 6-14 所示。

标注→坐标(Dimension→Ordinate)

命令: _dimordinate   Command: _dimordinate

指定点坐标:(选取起点)   Select feature:

指定引线端点或[X 坐标(X)/Y 坐标(Y)/   Leader endpoint [Xdatum/Ydatum/

多行文字(M)/文字(T)/角度(A)]: **x**↵(x 向)   Mtext/Text/Angle]: **x**↵

指定引线端点或[X 坐标(X)/Y 坐标(Y)/   Leader endpoint [Xdatum/Ydatum/ Mtext/

多行文字(M)/文字(T)/角度(A)]:(选终点)   Text/Angle]:

标注文字 = 61   Dimension text =61

命令: ↵   **Command:** ↵

DIMORDINATE

指定点坐标:(选取起点)

指定引线端点或[X 坐标(X)/Y 坐标(Y)/

多行文字(M)/文字(T)/角度(A)]: **y**↵ (y 向)

指定引线端点或[X 坐标(X)/Y 坐标(Y)/

多行文字(M)/文字(T)/角度(A)]: (选终点)

标注文字 = 201

DIMORDINATE

Select feature:

Leader endpoint [Xdatum/Ydatum/

Mtext/Text/Angle]: **y**↵

Leader endpoint [Xdatum/Ydatum/

Mtext/ Text/Angle]:

Dimension text =201

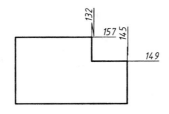

图 6-14　坐标尺寸标注

6.6　半径尺寸标注(Radius)

标注→半径(Dimension→Radius) ◎

　　该命令用于在圆或圆弧上标注半径尺寸，如图 6-15(a)所示。

命令: _dimradius

选择圆弧或圆:

标注文字 = 14

指定尺寸线位置或[多行文字(M)/文字(T)/角度(A)]:

Command: _dimradius

Select arc or circle:

Dimension text =14

Dimension line location [Mtext/Text/Angle]:

标注→折弯(Dimension→Jogged)

　　该命令用于在大圆弧上标注半径尺寸，如图 6-15(b)所示。

命令: _dimjogged

选择圆弧或圆:

指定图示中心位置:

标注文字 = 28

指定尺寸线位置或

[多行文字(M)/文字(T)/角度(A)]:

指定折弯位置:

Command: _dimjogged

Select arc or circle:

Specify center location override:

Dimension text = 28↵

Specify dimension line location or

[Mtext/Text/Angle]: ↵

Specify jog location: ↵

(a)　　　　　　　　(b)

图 6-15　半径尺寸标注

6.7 直径尺寸标注(Diameter)

该命令用于在圆或圆弧上标注直径尺寸，如图 6-16 所示。

标注→直径(Dimension→Diameter) ⊘

命令：_dimdiameter	Command: _dimdiameter
选择圆弧或圆：	Select arc or circle:
标注文字 = 23	Dimension text =23
指定尺寸线位置或 [多行文字(M)/文字(T)/角度(A)]:	Dimension line location [Mtext/Text/Angle]:

图 6-16 直径尺寸标注

6.8 角度标注(Angular)

该命令用于标注两条线之间的角度或圆弧的角度。

标注→角度(Dimension→Angular) △

(1) 在两条直线之间标注角度(如图 6-17(a)所示)。

命令：_dimangular	Command: _dimangular
选择圆弧、圆、直线或 <指定顶点>:	Select arc, circle,Line or press ENTER:
选择第二条直线：	Second line:
指定标注弧线位置或[多行文字(M)/	Dimension arc line location [Mtext/
文字(T)/角度(A)]:	Text/Angle]:
标注文字=60	Dimension text =60

注意：拖动鼠标，可以标注两条直线的对角、补角。

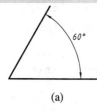

(a)

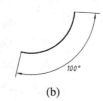

(b)

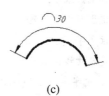

(c)

图 6-17 角度尺寸标注

(2) 标注弧的角度或圆的部分角度(如图 6-17(b)所示)。

命令：_dimangular	Command: _dimangular
选择圆弧、圆、直线或 <指定顶点>:	Select arc, circle,Line or press ENTER:
指定标注弧线位置或[多行文字(M)/	Dimension arc line location [Mtext/
文字(T)/角度(A)]:	Text/Angle]:
标注文字 =100	Dimension text =100

(3) 标注弧的长度(如图 6-17(c)所示)。

标注→弧长(Dimension→Arc)

命令: _dimarc

选择弧线段或多段线圆弧段:

指定弧长标注位置或

[多行文字(M)/文字(T)/角度(A)/部分(P)/引线(L)]:

标注文字 = 30

Command: _dimarc

Select arc or polyline arc segment:

Specify arc length dimension location or

[Mtext/Text/ Angle/Partial/Leader]:

Dimension text = 30

6.9 基线尺寸标注(Baseline)

在标注基线尺寸之前，要先标注一个水平尺寸、垂直尺寸或角度尺寸，然后才能使用基线尺寸命令。在标注时以第一个尺寸的第一条尺寸界线为基准，只选第二个尺寸的终点，从而连续地标注出同一方向的尺寸。

标注→基线(Dimension→Baseline)

(1) 标注一水平尺寸(如图 6-18(a)所示)。

命令: _dimlinear

指定第一条尺寸界线起点: (选取 1 点)

指定第二条尺寸界线起点:指定尺寸线位置

或[多行文字(M)/文字(T)/角度(A)/水平(H)/

垂直(V)/旋转(R)]:(选取 2 点)

标注文字 =20

Command: _dimlinear

First extension line origin:

Second extension line origin: Dimension line

location or [Mtext/Text/Angle/Horizontal/Vertical/

Rotated]:

Dimension text =20

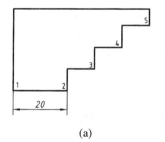

(a)

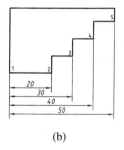

(b)

图 6-18 基线尺寸标注

(2) 标注基线尺寸(如图 6-18(b)所示)。

命令: _dimbaseline

指定第二条尺寸界线起点或[放弃(U)/

选择(S)] <选择>:(选取 3 点)

标注文字 =30

指定第二条尺寸界线起点或[放弃(U)/

选择(S)] <选择>:(选取 4 点)

标注文字 =40

指定第二条尺寸界线起点或[放弃(U)/

选择(S)] <选择>:(选取 5 点)

Command: _dimbaseline

Select a second extension line origin or

[Undo/Select] <Select>:

Dimension text =30

Select a second extension line origin or

[Undo/Select] <Select>:

Dimension text =40

Select a second extension line origin or

[Undo/Select] <Select>:

标注文字 =50	Dimension text =50
指定第二条尺寸界线起点或[放弃(U)/	Select a second extension line origin or
选择(S)] <选择>: ↵	[Undo/Select]<Select>:↵

6.10　连续尺寸标注(Continue)

与标注基线尺寸类似，要先标注一水平尺寸、垂直尺寸或角度尺寸，然后才能使用连续尺寸命令，即以第一个尺寸的第二条尺寸界线为基准，每次只选终点，从而连续地标注出同一方向的尺寸。

标注→连续(Dimension→Continue) ⊪

(1) 标注一水平尺寸(如图 6-19(a)所示)。

命令: _dimlinear	**Command:** _dimlinear
指定第一条尺寸界线起点:(选取 1 点)	First extension line origin:
指定第二条尺寸界线起点:指定尺寸线位置	Second extension line origin: Dimension line
或[多行文字(M)/文字(T)/角度(A)/水平(H)/	location or [Mtext/Text/Angle/Horizontal/Vertical/
垂直(V)/旋转(R)]:(选取 2 点)	Rotated]:
标注文字 =20	Dimension text =20

(2) 标注连续尺寸(如图 6-19(b)所示)。

命令: _dimcontinue	**Command:** _dimcontinue
指定第二条尺寸界线起点或[放弃(U)/	Select a second extension line origin or
选择(S)] <选择>:(选取 3 点)	Undo/Select]<Select>:
标注文字 =10	Dimension text =10
指定第二条尺寸界线起点或[放弃(U)/	Select a second extension line origin or
选择(S)] <选择>:(选取 4 点)	[Undo/Select]<Select>:
标注文字 =10	Dimension text =10
指定第二条尺寸界线起点或[放弃(U)/	Select a second extension line origin or
选择(S)] <选择>:(选取 5 点)	Undo/Select]<Select>:
标注文字 =10	Dimension text =10
指定第二条尺寸界线起点或[放弃(U)/	Select a second extension line origin or
选择(S)] <选择>: ↵	[Undo/Select]<Select>:↵

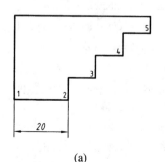

(a)

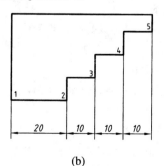

(b)

图 6-19　连续尺寸标注

6.11 引线标注(Leader)

用于引出标注一些注释、形位公差、装配图的序号等，其对话框如图 6-20(a)所示。如需将文字写在线上方，则点击"附着"选项，再勾选"最后一行加下划线"即可。

以下例子为采用引线标注装配图上零件序号的方法，如图 6-21 所示。

(a)

(b)

图 6-20   引线设置对话框

标注→引线(Dimension→Leader)

命令: _qleader	**Command:** _qleader
指定引线起点或[设置(S)] <设置>: **s.**↵	From point or [Set]<Set>: **s.**↵
指定引线起点或[设置(S)] <设置>:	From point or [Set]<Set>:
指定下一点:	To point:
指定下一点: ↵	To point: ↵
指定文字宽度 <0>:↵	Text width<0>:.↵
输入注释文字的第一行 <多行文字(M)>: **2.**↵	First line text<Mtext>: **2**
输入注释文字的下一行: ↵	Next line text: ↵

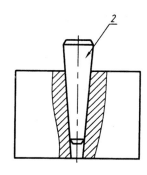

图 6-21   引线标注

6.12 圆心标注(Center)

该命令用于给圆或圆弧标注中心符号，其大小及形式在如图 6-5 所示的尺寸样式中设置。

标注→圆心标注(Dimension→Center) ⊕

命令: _dimcenter

选择圆弧或圆:

Command: _dimcenter

Select arc or circle:

6.13 修改尺寸标注(Oblique)

该命令主要用于修改尺寸数字或改变尺寸界线的方向。

标注→倾斜/(Dimension→Oblique/Htext)

(1) 改变尺寸界线的方向(如图 6-22(a)所示)。

命令: _dimedit

输入标注编辑类型[缺省(H)/新建(N)/

旋转(R)/倾斜(O)] <缺省>:o↵

选择对象: 找到 1 个(选取"25"的尺寸)

选择对象: ↵

输入倾斜角度: 30 ↵(键入倾斜角度)

Command: _dimedit

Dimension edit [Home/New/Rotated/Oblique]

<Home>: o↵

Select objects: 1 found

Select objects: ↵

Enter obliquing angle: 30 ↵

命令: ↵

DIMEDIT

输入标注编辑类型[缺省(H)/新建(N)/

旋转(R)/倾斜(O)] <缺省>: o↵

选择对象: 找到 1 个(选取"20"的尺寸)

选择对象: ↵

输入倾斜角度: 30 ↵(键入倾斜角度)

Command:

DIMEDIT

Dimension edit[Home/New/ Rotated/Oblique]

<Home>: o↵

Select objects: 1 found

Select objects: ↵

Enter obliquing angle: 30 ↵

(2) 修改尺寸数字(如图 6-22(b)所示)。

命令: _dimedit

输入标注编辑类型 [缺省(H)/新建(N)/

旋转(R)/ 倾斜(O)] <缺省>: n ↵

(在对话框中键入新的尺寸数字)

选择对象:找到 1 个(选要改的尺寸数字)

选择对象: ↵

Command: _dimedit

Dimension edit [Home/New/Rotated/

Oblique]<Home>: n ↵

Select objects: 1 found

Select objects: ↵

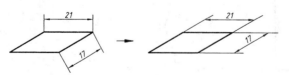

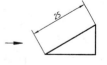

(a)   (b)

图 6-22 修改尺寸

6.14　修改尺寸文本位置(Dimtedit)

该命令主要用于移动尺寸数字或尺寸线的位置。选取要移动的尺寸，可多次重复移动多个尺寸。

标注→对齐尺寸(Dimension→Align Text) ✎

命令: _dimtedit	**Command:** _dimtedit
选择标注:	Select dimension:
指定标注文字的新位置或[左(L)/右(R)/	Enter text location [Left/Right/Center/
中心(C)/缺省(H)/角度(A)]:	Home/Angle]:

6.15　更新尺寸样式(Update)

该命令主要用于更新尺寸样式。当重新设置尺寸样式后，已标注过的尺寸样式不会改变，必须使用该命令，才可使其尺寸样式更新为重新设置的尺寸样式。AutoCAD 2004 版可自动更新尺寸样式。以下例子为更改尺寸文字大小的例子。

标注→更新(Dimension→Update) 🔁

命令: _-dimstyle	**Command:** _-dimstyle
当前标注样式: ISO-25	Current dimension style: ISO-25
输入尺寸样式选项[保存(S)/恢复(R)/状态	Select dimension style [Save/Restore/STate/
(ST)/变量(V)/应用(A)/?] <恢复>: _apply	Variable/Apply/?]< Restore >_apply
选择对象: 找到 1 个(选要修改的尺寸)	Select object: 1 found
选择对象: ↵	Select object: ↵

6.16　尺寸公差标注

标注尺寸公差时，其设置公差对话框如图 6-11 所示。点取要标注的尺寸偏差形式等内容，并输入上、下偏差值(上偏差值前自动冠以"＋"号，下偏差值前自动冠以"－"号)。设置好尺寸公差后再标注的尺寸，其后都自动标注已设置的尺寸公差。尺寸公差标注示例如图 6-23 所示。注意：在样式中设置的尺寸偏差值，将对所有尺寸有效，必须逐个修改数字。

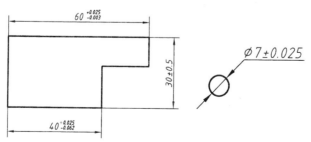

图 6-23　尺寸公差示例

6.17　形位公差标注(Tolerance)

标注→公差(Dimension→Tolerance) ⊞↓

　　执行此命令时，需在如图 6-24 所示的形位公差对话框中点击"符号"，在弹出的如图 6-25 所示的形位公差对话框中选取形位公差符号后，再设置形位公差数值及基准。形位公差标注示例如图 6-26 所示。在引出标注中选取形位公差标注，可直接带引出线。注意：基准符号需自行绘制。

命令: _tolerance	**Command:** _tolerance
输入公差位置:(点选形位公差放置位置)	Enter tolerance location:
(填写形位公差符号、形位公差数值及基准)	

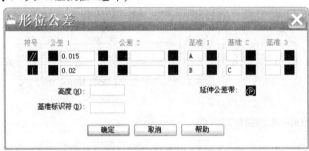

图 6-24　形位公差对话框

图 6-25　形位公差符号

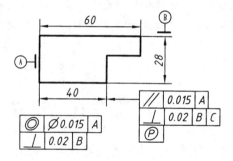

图 6-26　形位公差标注示例

第 7 章 辅 助 命 令

本章主要介绍绘图辅助命令：查询距离(Distance)、查询面积(Area)、查询质量特性(Mass Properties)、查询点的坐标(ID point)、查询列表(List)、查询时间(Time)、查询状态(Status)、查询设置变量(Setvar)、创建边界(Boudary)、创建面域(Region)、制作幻灯(Mslide)、观看幻灯(Vslide)、自动播放幻灯(Run Script)、拼写(Spell)、剪切(Cut)、复制(Copy)、粘贴(Paste)、设置捕捉和栅格(Snap and Grid)、设置极轴追踪(Polar Tracking)、设置对象捕捉(Osanp)、设置动态输入、设置快捷特性、运行捕捉(Snaping)、正交(Ortho)、坐标(Coords)、放弃(Undo)、重做(Redo)、打印(Plot)、输出(Export)等。

7.1　查询距离(Distance)

在主菜单工具中选取查询，显示下一级下拉菜单，可以看到有 11 个查询命令，如图 7-1 所示。在图形工具条中也有查询(Inquire)工具条，但仅有 4 个查询命令，如图 7-2 所示。

图 7-1　查询下拉菜单　　　　　　　　图 7-2　查询工具条

该命令用于查询两点之间的距离等信息。点击两点，屏幕显示两点间的距离如图 7-3 所示。

工具→查询→距离(Tools→Inquire→Distance)

命令：'_dist 指定第一点：　　　　　　Command: '_dist Specify first point:

指定第二点：　　　　　　　　　　　Specify second point:

距离 = 20.6,　　XY 平面中倾角 = 0,　与 XY 平面的夹角 = 0
X 增量 = 20.6,　　Y 增量 = 0.0,　　Z 增量 = 0.0

图 7-3　查询距离

7.2　查询面积(Area)

此命令用于查询几点间的面积或物体的面积。点击几点或选择物体，屏幕显示其面积等信息如图 7-4 所示。

工具→查询→面积(Tools→Inquire→Area) 📏

命令: _MEASUREGEOM	Command: _MEASUREGEOM
输入选项 [距离(D)/半径(R)/角度(A)/	Enter an option [Distance/Radius/Angle/
面积(AR)/体积(V)] <距离>: _area------中文加	ARea/Volume] <Distance>: _area
指定第一个角点或 [对象(O)/增加面积(A)/	Specify first corner point or [Object/Add
减少面积(S)/退出(X)] <对象(O)>:	area/Subtract area/eXit] <Object>:
指定下一个点或 [圆弧(A)/长度(L)/放弃(U)]:	Specify next point or [Arc/Length/Undo]:
指定下一个点或 [圆弧(A)/长度(L)/放弃(U)]:	Specify next point or [Arc/Length/Undo]:
指定下一个点或 [圆弧(A)/长度(L)/放弃(U)/	Specify next point or [Arc/Length/Undo/
总计(T)] <总计>:	Total] <Total>:
指定下一个点或 [圆弧(A)/长度(L)/放弃(U)/	Specify next point or [Arc/Length/Undo/
总计(T)] <总计>:	Total] <Total>:

```
面积 = 201.9, 周长 = 74.5
```

图 7-4   查询面积

7.3 查询质量特性(Mass Properties)

此命令用于查询实体质量特性。选取实体，屏幕显示其特性参数如图 7-5 所示。

工具→查询→质量特性(Tools→Inquire→Mass Properties) 📋

命令: _massprop	Command: _massprop
选择对象: 找到 1 个(例如: 选一个圆柱)	Select objects: 1 found
选择对象: ↵	Select objects: ↵

```
质量:              5114624.6878
体积:              5114624.6878
边界框:           X: 1328.9010  --  1487.1531
                  Y: 1216.6866  --  1374.9387
                  Z: 0.0000    --  260.0309
质心:             X: 1408.0271
                  Y: 1295.8127
按 ENTER 键继续:
                  Z: 130.0154
惯性矩:           X: 8.7114E+12
                  Y: 1.0263E+13
                  Z: 1.8744E+13
惯性积:           XY: 9.3318E+12
                  YZ: 8.6169E+11
                  ZX: 9.3631E+11
旋转半径:         X: 1305.0803
                  Y: 1416.5607
                  Z: 1914.3671
主力矩与质心的 X-Y-Z 方向:
按 ENTER 键继续:
                  I: 36824811373.0755 沿 [1.0000 0.0000 0.0000]
                  J: 36824811373.0745 沿 [0.0000 1.0000 0.0000]
                  K: 16011157464.9893 沿 [0.0000 0.0000 1.0000]
是否将分析结果写入文件? [是(Y)/否(N)] <否>:
```

图 7-5   查询实体特性

7.4 查询点的坐标(ID Point)

该命令用于查询点的坐标。指定一点，屏幕显示其坐标值如图 7-6 所示。

工具→查询→点坐标(Tools→Inquire→ID Point) ⬛

命令: _id	Command: '_id
指定点	Specify point:

X = 147.0	Y = 54.5	Z = 0.0

图 7-6 查询点的坐标

7.5 查询列表(List)

选取欲了解情况的图素，屏幕将显示其所有信息。图 7-7 列出了一个圆的信息。

工具→查询→列表显示(Tools→Inquire→List) ⬛

命令: _list	Command: _list
选择对象: 找到 1 个(例如: 选中一个圆)	Select objects: 1 found
选择对象: ↵	Select objects: ↵

CIRCLE 图层: 0
空间: 模型空间
句柄 = 8e
圆心点，X= 200.000   Y= 200.0000   Z= 0.0000
半径   100.0000
周长   628.3185
面积   31415.9265

图 7-7 列表

7.6 查询时间(Time)

该命令用于查询时间。屏幕显示该图与时间有关的信息，如图 7-8 所示。

工具→查询→时间(Tools→Inquire→Time)

命令: '_time	Command: '_time

当前时间: 星期日 2010 年 8 月 8 日   11:32:21:984
此图形的各项时间统计:
创建时间: 星期日 2010 年 8 月 8 日   11:11:13:656
上次更新时间: 星期日 2010 年 7 月 8 日   11:11:13:656
累计编辑时间: 0 days 00:21:08:516
消耗时间计时器(开):   0 days 00:21:08:359
下次自动保存时间: 0 days 00:05:27:531

图 7-8 查询时间

7.7   查询状态(Status)

该命令用于查询整图资料。屏幕显示整图的所有信息，如图 7-9 所示。

工具→查询→状态(Tools→Inquire→Status)

命令: '_ status   **Command: '_status**

模型空间图形界限	X: -9.0	Y: -9.0　(关)
	X: 300.0	Y: 220.0
模型空间使用	X: 0.0	Y: 0.0
	X: 297.0	Y: 210.0
显示范围	X: 77.9	Y: 58.4
	X: 237.4	Y: 144.6
…		

图 7-9　查询整图资料

7.8   查询设置变量(Setvar)

该命令用于查询设置变量。屏幕显示变量的所有信息(见附录 E)。

工具→查询→设置变量(Tools→Inquire→Setvar)

命令: '_setvar   **Command: '_setvar**

输入变量名或[?]:?↵   Enter variable name or[?]:**?** ↵

3DCONVERSIONMODE   1

3DDWFPREC   2

3DSELECTIONMODE   1

　　…

7.9   创建边界(Boundary)

用鼠标点击一封闭区域，其周围的边即成为一条边界，便于填充图案、制作面域及构成曲面。可参照图 7-10 所示的边界创建对话框进行操作。

图 7-10　边界创建对话框

绘图→边界(Draw→Boundary)

命令: _boundary	Command: _boundary
选择内部点: 正在选择所有对象…	Select internal point: Selecting everything…
正在选择所有可见对象…	Selecting everything visible…
正在分析所选数据…	Analyzing the selected data…
正在分析内部孤岛…	Analyzing internal islands…
选择内部点:	Select internal point:
BOUNDARY 已创建 1 个多段线	BOUNDARY created 1 polylines

7.10　创建面域(Region)

　　用鼠标选取一条或几条封闭的边界，构成面域，以便在三维建模时构成拉伸体及回转体。注意用边界拉伸构成的是空间面，用面域拉伸构成的是实体。

绘图→面域(Draw→Region) 🔲

命令: _region	Command: _region
选择对象: 找到 1 个	Select objects: 1 found
选择对象: ↵	Select objects: ↵
已提取 1 个环。	Picked-up 1 ring.
已创建 1 个面域。	Established 1 region.

7.11　制作幻灯(Mslide)

　　首先调整好要制作幻灯的窗口，将当前视窗制作成幻灯格式，起名存盘，后缀为"sld"。幻灯片不能修改。

命令: **mslide** ↵(键入命令)	Command: **mslide** ↵

7.12　观看幻灯(Vslide)

　　打开幻灯片，快速观看。

命令: **vslide** ↵(键入命令)	Command: **vslide** ↵

7.13　自动播放幻灯(Run Script)

　　将要连续播放的多张幻灯片做好后，用 Windows 中的记事本写成以下批处理文件，存储在 AutoCAD 的目录中，文件名为 Sldshow.scr。该文件可连续播放观看，速度由延时决定。

工具→运行批处理文件(Tools→Run Script)(选文件 sldshow.scr)

```
vslide s0     (播放幻灯片 S0，注意：S0、S1、S2、S3 …为幻灯片名)
vslide *s1    (预装幻灯片 S1)
delay 3000   (延时 3000)
```

vslide　　　(播放幻灯片 S1)

vslide *s2　(预装幻灯片 S2)

delay 5000　(延时 5000)

vslide　　　(播放幻灯片 S2)

vslide *s3　(预装幻灯片 S3)

delay 3000　(延时 3000)

vslide　　　(播放幻灯片 S3)

...

7.14　拼写(Spell)

与 Windows 的拼写功能一样，该命令可检查和修改文字的拼写错误。拼写检查对话框如图 7-11 所示。

工具→拼写(Tools→Spelling)

命令: '_spell   **Command:** '_spell

选择对象: 找到 1 个(选取要检查的文字)   Select objects: 1 found

选择对象: ↵   Select objects: ↵

图 7-11　拼写检查对话框

7.15　剪切(Cut)

与 Windows 的剪切功能一样，该命令可将所选取的图形剪切到 Windows 剪切板。

编辑→剪切(Edit→Cut)

命令: _cutclip   **Command:** _cutclip

选择对象: 找到 1 个   Select objects: 1 found

选择对象: ↵   Select objects: ↵

7.16 复制(Copy)

与 Windows 的复制功能一样，该命令可将所选取的图形复制到 Windows 剪切板。

编辑→复制(Edit→Copy) 🗐

命令: _copyclip	**Command:** _copyclip
选择对象: 找到 1 个	Select objects: 1 found
选择对象:↵	Select objects: ↵

7.17 粘贴(Paste)

与 Windows 的粘贴功能一样，该命令可将 Windows 剪切板中的图形复制到当前图中。

编辑→粘贴(Edit→Paste) 🗐

命令: _pasteclip	**Command:** _pasteclip
指定插入点:	Specify insertion point:

7.18 设置捕捉和栅格(Snap and Grid)

工具→草图设置→对象捕捉(Tools→Drafting→Settings)

命令: '_dsettings	**Command:** '_dsettings

点击草图设置命令后，进入草图设置对话框，如图 7-12 所示，勾选"启用捕捉"、和"启用栅格"，则该命令处于打开状态。与其对应的功能键为 F9、F7。

图 7-12　草图设置对话框

点击状态行中的"GRID"或按功能键 F7 打开栅格点，屏幕便成为一张带网格的坐标纸，便于绘图。栅格点的间距只能在草图设置对话框中设置。

点击状态行中的"SNAP"或按功能键 F9 打开栅格点捕捉，鼠标的光标始终捕捉在栅格点上，便于绘图。捕捉栅格点的间距在草图设置的对话框中设置，该设置最好与栅格点间距相等。注意：当栅格点关闭、栅格点捕捉打开时，其功能依然有效。当设置捕捉类型为"栅格"，捕捉样式为标准矩形捕捉模式时，光标对齐矩形捕捉栅格；当设置捕捉类型为"栅格"，捕捉样式为等轴测捕捉模式时，光标对齐等轴测捕捉栅格。

7.19 设置极轴追踪(Polar Tracking)

当捕捉类型设置为极轴捕捉(PolarSnap)并且"捕捉"模式打开时(按功能键 F10)，光标沿着在"极轴追踪"选项(如图 7-13 所示)里设定的相对极轴起点的极轴角捕捉。

图 7-13　极轴追踪选项

7.20 设置对象捕捉(Osnap)

捕捉物体的方式有多种，如图 7-14 所示，只要在其前面的方框中勾选即可。对象捕捉功能的关闭与打开可在其他命令的执行过程中进行，即在状态行中点击"OSNAP"予以实现，对应的功能键为 F3。当多个捕捉同时起作用时，按"Ctrl"键加鼠标右键可循环选取。勾选对象捕捉追踪，可使用点追踪功能。

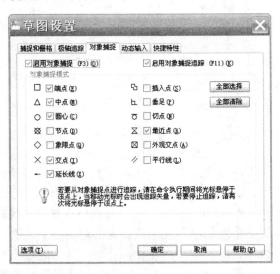

图 7-14　对象捕捉设置对话框

7.21　设置动态输入

动态输入对话框如图 7-15 所示，用户可根据个人习惯设置各参量。一般采取默认设置，即"启用指针输入"开启，在其设置中采用默认的"极轴格式"、"相对坐标"和可见性的"命令需要一个点时"；"可能时启用标注输入"开启，其设置中采用默认的"每次显示 2 个标注输入字段"；"在十字光标附近显示命令提示和命令输入"开启。

图 7-15　动态输入对话框

7.22　设置快捷特性

快捷特性对话框如图 7-16 所示，用户可根据习惯设置快捷特性，一般采取默认设置。

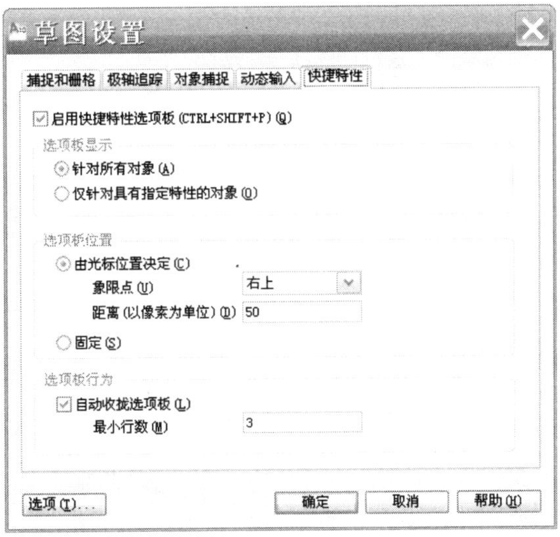

图 7-16　快捷特性对话框

7.23　运行捕捉(Snaping)

　　运行捕捉与物体捕捉的内容相同，但它只有图形工具条，如图 7-17 所示，并且只能在命令执行当中使用，不能单独使用，每次使用时必须先进行选取。

图 7-17　运行捕捉工具条

7.24　正交(Ortho)

　　点击状态行中的"ORTHO"或按功能键 F8，即可打开正交功能。在此功能下，所绘制的线或移动的位移始终与坐标轴保持平行。

7.25　坐标(Coords)

　　按功能键 F6，可打开或关闭坐标显示。打开坐标显示时，状态行中的坐标会随绘图区光标的移动而变化。

7.26　放弃(Undo)

　　当发现执行的命令是错误的时候，可以使用放弃命令取消输入的命令。该命令可以连续使用，可以取消一张新图的所有命令。

编辑→放弃(Edit→Undo)

　　命令: _u CIRCLE GROUP　　　　　　　　**Command:** _u LINE GROUP

7.27　恢复(Redo)

　　当刚进行的取消命令是错误的时候，可以使用恢复命令。AutoCAD 以前只能恢复一个取消命令，AutoCAD 2010 能恢复多个取消命令。

编辑→恢复(Edit→Redo)

　　命令: _redo　　　　　　　　　　　　　**Command:** _redo

7.28　打印(Plot)

文件→打印(File→Plot)

　　命令: _plot　　　　　　　　　　　　　**Command**: _plot

在图 7-18 打印-模型对话框中，提供了打印机/绘图机及打印式样的选择、图纸的单位及尺寸、出图的方向及原点、出图的比例、出图区域、出图预览等相关选项。

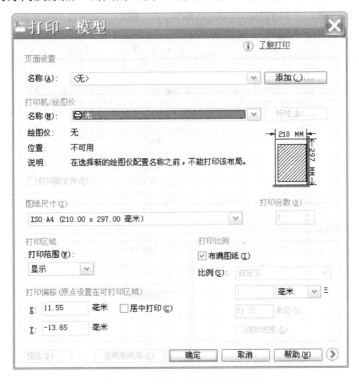

图 7-18　打印-模型设置对话框

(1) 选择绘图机、打印机型号，设置打印样式的其他参数。

(2) 设置图纸。选择用几号图打印及图形放置的方向。

(3) 设置出图区域。按界限出图时，在界限外的图形不出；按范围出图时，将绘有图形的区域占满图幅出图；按显示出图时，将绘出屏幕上显示的部分图形；按窗口出图时，只绘出窗选部分图形。用窗选可以拼图，即可在 A4 幅面的打印机上分别窗选两部分图形出图，然后黏贴成一幅 A3 幅面的图。

(4) 设置单位，一般选用毫米。

(5) 设置出图比例，可以按图纸自动进行比例缩放，即无论绘制的图形多大，都正好放在所选图幅里。用户可自定义出图比例。

(6) 设置打印偏移。在预览后可微调图形与图纸的相对位置，勾选居中打印可自动对中。

(7) 点击"预览"按钮，可直观地看到打印效果。

文件→打印式样管理器(File→Stylesmanager)

命令: _stylesmanager　　　　　　　　　　Command: _stylesmanager

在打印式样表编辑器对话框图中，提供了如何设置出图线宽等。用户可根据以下提示设置：

(1) 在"文件"中选择打印样式管理器, 选取"acad"，出现打印样式表编辑器对话框一，如图 7-19 所示。

(2) 在图 7-19 所示对话框中，将抖动设为"关"。

(3) 点击"表视图"选项卡，显示如图 7-20 所示的打印样式表编辑器对话框二，可以按颜色设置出图线宽等。将每种使用的颜色都设为"黑色"，则打印质量与绘图颜色无关，即在彩色打印机上也能打出深浅一致的图线。

(4) 若将线宽设为使用对象线宽，则可以按颜色设置出图线宽，而与绘图线宽无关。

图 7-19　打印样式编辑器对话框一

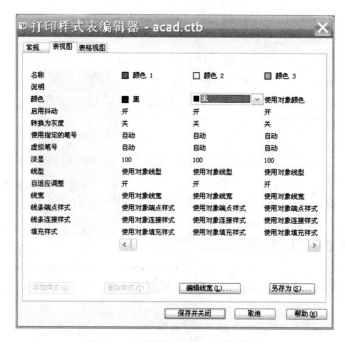

图 7-20　打印样式编辑器对话框二

7.29 输出(Export)

文件→输出(File→Export)

利用 Export 命令，可以将 AutoCAD 所绘制的图形输出成其他格式的文件，如*.3ds、*.bmp、*.dxf、*.dxx、*.eps、*.sat、*.stl、*.wmf 等，从而被其他软件所采用。

7.30 几何约束

在主菜单工具中选取参数，显示下一级下拉菜单，选取几何约束，显示 12 个约束类型，如图 7-21 所示。此为 AutoCAD 2010 版的新增功能。

图 7-21 几何约束下拉菜单

(1) 概述。几何约束可以确定对象之间或对象上的点之间的关系。创建几何约束后，它们可以限制可能会违反约束的所有更改。

此处对圆应用固定约束以锁定其位置，然后在圆和直线之间应用相切约束，如图 7-22 所示。

注意：使用夹点拉伸直线时，直线或其延长线仍与圆相切。

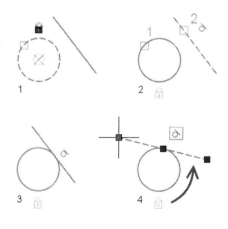

图 7-22 几何约束应用

(2) 应用多个约束。通常可以将多个约束应用于图形中的每个对象。此外，可以使用 Copy、Array 和 Mirror 等命令复制几何图形及其所有关联约束。可以从多种约束类型中进行选择，每种类型都具有独特的图标，如图 7-23 所示。

图 7-23 约束类型图标

(3) 使用约束栏。约束栏可显示一个或多个与图形中的对象关联的几何约束。将鼠标悬停在某个对象上可以亮显与对象关联的所有约束图标，将鼠标悬停在约束图标上可以亮显与该约束关联的所有对象，如图 7-24 所示。使用"约束设置"对话框可以为特定约束启用或禁用约束栏的显示。

(4) 自动约束对象。可以将几何约束自动应用于选定对象或图形中的所有对象。通过此功能，用户可以将几何约束快速应用于可能满足约束条件的对象。使用"约束设置"对话框可以指定以下各项：应用的约束类型、约束的应用顺序、计算的公差，如图 7-25 所示。

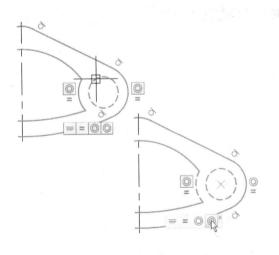

图 7-24 约束图标与对象

图 7-25 约束设置

第二篇

二维绘图实例

第 8 章　表格、图幅及几何作图

通过本章练习，主要学会绘制样(模)板图、图幅等各种表格以及常见几何图形，熟练使用常用的绘制及修改命令。

学习应用命令：新建(New)、设置图形界限(Limits)、缩放(Zoom)、存盘(Save)、另存(Save As)、插入(Insert)、画直线(Line)、画正多边形(Polygon)、画矩形(Rectangle)、画圆(Circle)、画圆弧(Arc)、画椭圆(Ellipse)、图案填充(Hatch)、设置字型(Text Style)、输入文字(Text)、删除(Erase)、复制(Copy)、镜像(Mirror)、偏移(Offset)、阵列(Array)、移动(Move)、修剪(Trim)、延伸(Extend)、特性(Properties)、颜色(Color)、特性匹配(Match)、物体捕捉(Osnap)、正交(Ortho)等。

8.1　标　题　栏

标题栏是工程图中不可缺少的内容。下面绘制一简易标题栏，如图 8-1 所示(不标注尺寸)。通过此例，用户可学会绘制各种表格，并掌握一般绘制图形的步骤。

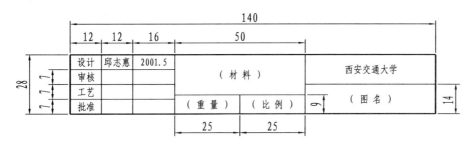

图 8-1　标题栏

1. 绘新图

文件→新建(File→New)

在对话框中点取"默认设置"按钮，然后单击"确定"按钮，此时就好像面前铺了一张新纸。用户学会自制符合我国标准的样板图后，即可选择样板图，这样可以大大提高绘图效率。

命令:_new　　　　　　　　　　　　　　　　Command: _new

2. 设置图形界限

格式→图形界限(Format→Drawing Limits)

设置图形界限(范围)是为了限定一个绘图区的大小，便于控制绘图及出图。图形界限应比所要绘制的图形四周大一点。设置时，先给定屏幕左下角，再给定屏幕右上角。注意输入坐标时，一定要关闭汉字输入法，因为 AutoCAD 不认汉字中的逗号。

命令: '_limits

重新设置模型空间界限:

指定左下角点或[开(ON)/关(OFF)]

<0.0000,0.0000>: **-9,-9**↵

指定右上角点

<420.0000,297.0000>: **150,30** ↵

Command: '_limits

Reset Model space limits:

Specify lower left corner or [ON/OFF]

<0.0000,0.0000>: **-9,-9**↵

Specify upper right corner

<420.0000,297.0000>:**150,30** ↵

3. 缩放

视图→缩放→全部(View→Zoom→All) 🔍

通过缩放命令，可在屏幕上任意地设置可见视窗的大小，便于观看图形。

命令: '_zoom

指定窗口角点, 输入比例因子(nX 或 nXP),

或[全部(A)/中心点(C)/动态(D)/范围(E)/上一个

(P)/比例(S)/窗口(W)/对象(O)]<实时>:

_all 正在重生成模型。

Command: '_zoom

Specify corner of window, enter a scale factor

(nX or nXP), or [All/Center/Dynamic/Extents

/Previous/Scale/Window/Object] <real time>: _all

> **注意**：命令的输入方式有多种，用户可按照方便、习惯的原则自选，本书一般提示下拉菜单路径及图形工具图标。系统自动显示作图过程，尖括号中的值是系统默认值，有时会不同。用户修改时，只要键入粗体字部分即可。"↵"表示回车。

4. 画直线

绘图→直线(Draw→Line) ✏

先指定起点，再给出一个或几个终点，然后画线。

(1) 画一条横线，如图 8-2 所示。

命令: _line

指定第一点: **0,0**↵

指定下一点或[放弃(U)]: **140,0**↵

指定下一点或[放弃(U)]: ↵

Command: _line

Specify first point: **0,0**↵

Specify next point or [Undo]: **140,0**↵

Specify next point or [Undo]: ↵

(2) 画一条竖线。

命令: ↵

LINE

指定第一点: **0,0** ↵

指定下一点或[放弃(U)]: **0,28** ↵

指定下一点或[放弃(U)]: ↵

Command: ↵

LINE

Specify first point: **0,0**↵

Specify next point or [Undo]: **0,28**↵

Specify next point or [Undo]: ↵

5. 偏移

修改→偏移(Modify→Offset) 🖐

(1) 将所选图形按设定的点或距离再等距地复制并偏移三条横线，如图 8-3 所示。

命令: _offset

指定偏移距离或[通过(T)] <1.0000>: **14** ↵

选择要偏移的对象或 <退出>: (选横线 A)

指定点以确定偏移所在一侧:

(将光标移到 A 线上方点出 3 线)

选择要偏移的对象或 <退出>: (选横线 3)

Command: _offset

Specify offset distance or[Through]<1>: **14**↵

Select object to offset or <exit>:

Specify point on side to offset:

Select object to offset or <exit>:

指定点以确定偏移所在一侧:	Specify point on side to offset:
(将光标移到 A 线上方点出 4 线)	
选择要偏移的对象或 <退出>:↵	Select object to offset or <exit>:↵

图 8-2　标题栏基准线 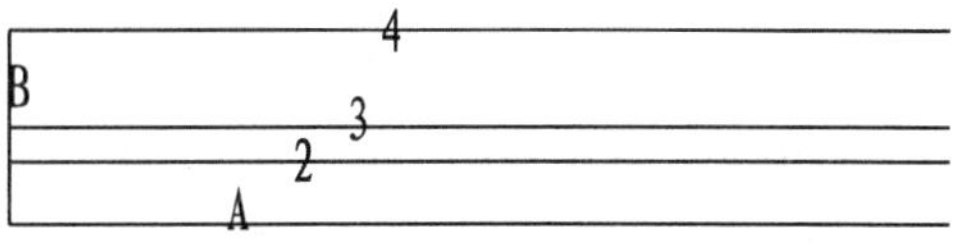　　　　　　　　　　图 8-3　标题栏横线

命令: ↵	Command: ↵
OFFSET	OFFSET
指定偏移距离或 [通过(T)] <14.0000>: **9** ↵	Specify offset distance or [Through]<14>: **9**↵
选择要偏移的对象或 <退出>: (选横线 A)	Select object to offset or <exit>:
指定点以确定偏移所在一侧:	Specify point on side to offset:
(将光标移到 A 线上方 2 线)	
选择要偏移的对象或 <退出>: ↵	Select object to offset or <exit>: ↵

(2) 重复命令，用同样的方法，按图 8-1 所示尺寸，偏移六条竖线 5～10，如图 8-4 所示。

命令: _offset	Command: _offset
指定偏移距离或[通过(T)] <9.0000>: **12** ↵	Specify offset distance or[Through] <9>: **12**↵
选择要偏移的对象或<退出>: (选竖线 B)	Select object to offset or <exit>:
指定点以确定偏移所在一侧:	Specify point on side to offset:
(将光标移到 B 线右方选取出 5 线)	
选择要偏移的对象或<退出>: (选竖线 5)	Select object to offset or <exit>:
指定点以确定偏移所在一侧:	Specify point on side to offset:
(将光标移到 5 线右方选取出 6 线)	
选择要偏移的对象或<退出>↵	Select object to offset or <exit>: ↵

	5	6	7	8	9	10

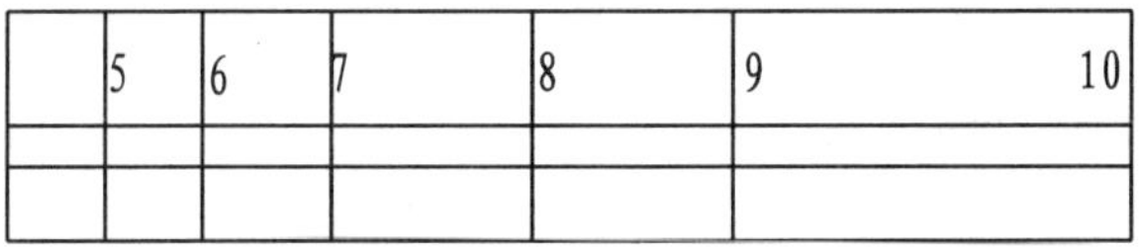

图 8-4　标题栏竖线

6. 修剪

修改→修剪(Modify→Trim) ⫟

(1) 用两条竖线作剪刀，将与其相交的两条横线剪去一部分，如图 8-5 所示。

命令: _trim	Command: _trim
当前设置: 投影=UCS 边=无	Current settings: Projection=UCS,Edge=None
选择剪切边...	Select cutting edges...
选择对象: 找到 1 个(选竖线 7)	Select objects: 1 found

选择对象：找到 1 个，总计 2 个(选竖线 9)	Select objects: 1 found, 2 total (选竖线 9)
选择对象：↵	Select objects: ↵
选择要修剪的对象或按 Shift 选取延长或	Select object to trim or shift-select to extend
[投影(P)/边(E)/放弃(U)]: (剪切横线 3 中部)	or [Project/Edge/Undo]:
选择要修剪的对象或按 Shift 选取延长或	Select object to trim or shift-select to extend or
[投影(P)/边(E)/放弃(U)]: (点击横线 2 右部)	[Project/Edge/Undo]:
选择要修剪的对象或按 Shift 选取延长或	Select object to trim or shift-select to extend or
[投影(P)/边(E)/放弃(U)]: (点击横线 2 左部)	[Project/Edge/Undo]:
选择要修剪的对象或按 Shift 选取延长或	Select object to trim or shift-select to extend or
[投影(P)/边(E)/放弃(U)]: ↵	[Project/Edge/Undo]: ↵

(2) 用一条横线作剪刀，将与其相交的一条竖线剪去一部分，如图 8-6 所示。

命令：_trim	**Command:** _trim
当前设置：投影=UCS 边=无	Current settings:Projection=UCS, Edge=None
选择剪切边...	Select cutting edges ...
选择对象：找到 1 个(选横线 2)	Select objects: 1 found
选择对象：↵	Select objects: ↵
选择要修剪的对象或按 Shift 选取延长或	Select object to trim or Shift-select to extend
[投影(P)/边(E)/放弃(U)]: (剪切竖线 8 上部)	or [Project/Edge/Undo]:
选择要修剪的对象或按 Shift 选取延长或	Select object to trim or Shift-select to extend
[投影(P)/边(E)/放弃(U)]: ↵	or [Project/Edge/Undo]: ↵

7. 偏移

修改→偏移(Modify→Offset)

偏移两条横线，如图 8-6 所示。

命令：_offset	**Command:** _offset
指定偏移距离或 [通过(T)] <1.0000>: **7** ↵	Specify offset distance or [Through] <1.0000>: **7**↵
选择要偏移的对象或 <退出>: (选横线 3)	Select object to offset or <exit>:
指定点以确定偏移所在一侧：	Specify point on side to offset:
(将光标移到 3 线上方点出横线)	
选择要偏移的对象或 <退出>: (选横线 3)	Select object to offset or <exit>:
指定点以确定偏移所在一侧：	Specify point on side to offset:
(将光标移到 3 线下方点出横线)	
选择要偏移的对象或 <退出>: ↵	Select object to offset or <exit>:↵

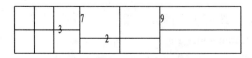

图 8-5 标题栏修剪线

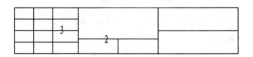

图 8-6 标题栏线

8. 特性

修改→对象特性(Modify→Properties) 🖥

将标题栏的内线改变颜色，以便按颜色出图时内细外粗。先打开特性对话框，再选取要修改的图形。在修改特性对话框内选取颜色，出现颜色对话框，点取所需的颜色，然后按两次 Esc 键，取消所选夹点。

命令: _properties　　　　　　　　　　　　Command: _properties

9. 颜色

格式→颜色(Format→Color) ▌□绿　　　　▼

将调色对话框载入，选一种颜色打字。

命令: '_color　　　　　　　　　　　　Command: '_color

10. 设置字体

格式→文字样式(Format→Text Style)

要输入汉字等其他字体必须首先更换字体。打开字体设置对话框，先点"New"按钮，输入字体名"长仿宋"，再在系统默认的标准字体"txt.shx"名后点"▼"，在其中选取所需字体"gbeitc.shx"(这是 AutoCAD 按中国国家标准专门设置的字体)。然后勾选"大字体"，并在大字体下选"gbcbig.shx"。同时可设置字体的方位、方向、宽度比例系数等，设置结束时选"Apply"按钮。

命令: '_style　　　　　　　　　　　　Command: '_style

11. 输入多行文字

绘图→文字→多行文字(Draw→Text→Multiline Text...) A

多次重复命令，每次输入一个格中的文字，最后输入所有文字。多行文字主要适合于在表格或方框中打字。在其对话框中拖动标尺，可设置文字在框中的位置。

命令: _mtext

当前文字样式: "样式 1(长仿宋)"。文字高度: 3.5

指定第一角点: (用鼠标点击文字位置的左下角)

指定对角点或 [高度(H)/对正(J)/

旋转(R)/样式(S)/宽度(W)]:

输入文字: 设计

Command: _mtext

Current text style: "style1(长仿宋)".Text height: 3.5

Specify first corner:

Specify opposite corner or [Height/Justify/

Rotation/Style/Width]: (文字位置另一角)

Text：设计↵

在多行文字对话框中选取特性，设置居中位置，然后打开汉字输入法，输入文字。

12. 存储

文件→保存(File→Save) 💾

给画好的图起一个名称并存储。在绘图过程中应经常存储，以免出现断电等故障时造成文件丢失。

命令: _qsave　**btl** (存盘起名为 btl: 标题栏)　　　Command: _qsave **btl**

8.2　A4　图　幅

绘制 A4 图幅，如图 8-7 所示。

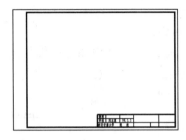

图 8-7　A4 图幅

1. 绘新图

文件→新建(File→new)

2. 设置图形界限

格式→图形界限(Fortmat→Drawing Limits)

命令: '_limits	Command: '_limits
重新设置模型空间界限:	Reset Model space limits:
指定左下角点或 [开(ON)/关(OFF)]	Specify lower left corner or [ON/OFF]
<0.0000,0.0000>: **-9,-9** ↵(屏幕左下角)	<0.0000,0.0000>: **-9,-9**
指定右上角点<420.0000,297.0000>:	Specify upper right corner
300,220 ↵(屏幕右上角)	<420.0000,297.0000>: **300,220**↵

3. 缩放

视图→缩放→全部(View→Zoom→All)

4. 颜色

格式→颜色(Format →Color) □绿

在调色对话框内选一种颜色来绘制外框。

5. 画矩形

绘图→矩形(Draw→Rectangle)

绘制一般矩形时指定第一个角点及另一个角点即可，绘制好的图纸外框如图 8-8 所示。

命令: _rectang	Command: _rectang
指定第一个角点或[倒角(C)/标高(E)/圆角	Specify first corner point or [Chamfer
(F)/厚度(T)/宽度(W)]: **0,0** ↵	/Elevation/Fillet/Thickness/Width]: **0,0** ↵
指定另一个角点: **297,210** ↵	Specify other corner point: **297,210**↵

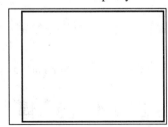

图 8-8　A4 图框

6. 颜色

格式→颜色(Format→Color) ■ ByLayer ▾

换回随层颜色，绘制内框(系统默认值随层为白色，本书按国家标准将粗线设为白色)。

命令: '_color　　　　　　　　　　　　　Command: '_color

7. 画矩形

绘图→矩形(Draw→Rectangle) ▭

绘制有宽度的矩形做图纸内框。

命令: _rectang

指定第一个角点或 [倒角(C)/标高(E)/圆角(F)/厚度(T)/宽度(W)]: **w** ↵(设置线宽)

指定矩形的线宽 <0.0000>: **1.**↵(宽度为 1)

指定第一个角点或 [倒角(C)/标高(E)/圆角(F)/厚度(T)/宽度(W)]: **25,5** ↵

指定另一个角点或 [尺寸]: **292,205** ↵

Command: _rectang

Specify first corner point or [Chamfer/Elevation/Fillet/Thickness/Width]: **w** ↵

Specify line width for rectangles <0.0000>: **1.**↵

Specify first corner point or [Chamfer/Elevation/Fillet/Thickness/Width]: **25,5** ↵

Specify other corner point or [Dimensions]: **292,205** ↵

8. 插入

插入→块(Insert→Block) 🗔

插入标题栏(完成图 8-7 所示 A4 图幅)。

命令: _insert　　　　　　　　　　　　Command: _insert

在插入对话框中点击"文件"按钮，选取已绘制好的标题栏 btl。可在对话框中键入插入点(X=152，Y=5)，X 比例为 1(Y 比例=X)，旋转角度为 0。

9. 存储

文件→保存(File→Save)

命令: _qsave　**A4**.dwt　　　　　　　Command:_qsave **A4**.dwt

注意选后缀存盘，起名为 A4。将 A4 图幅存入样(模)板图，以后再绘制 A4 图时，在新图的对话框中选"使用样板"，即可使用。

8.3 太 极 图

任务：完成图 8-9 所示的两图形，颜色自定。

(a)　　　　　　　　　　　　(b)

图 8-9　完成图形

1. 新建

选 A4 图幅样板图并准备好绘图区。

2. 打开正交功能

按 F8 键打开正交功能，以便绘制与 X 轴或 Y 轴平行的线。

命令：<Ortho on>   Command:<Ortho on>

3. 画线

绘图→直线(Draw→Line)

重复命令，用鼠标在屏幕中间绘制两条垂直的线。

4. 阵列

修改→阵列(Modify→Array)

阵列辅助线。在阵列对话框中设置矩形阵列，行数为 1，列数为 9，距离为 10，选取竖线阵列 9 条，如图 8-10 所示。

命令：_array   Command: _array

选择对象：找到 1 个 (选竖线)   Select objects: 1 found

选择对象：↵   Select objects: ↵

5. 捕捉

工具→草图设置→物体捕捉(Tool→Drafting Setting→Osnap)

打开捕捉交点(在对话框中勾选交点：Intersection，并将其他的捕捉关闭)。

命令：_osnap   Int (交点)   Command：_osnap

6. 画圆

绘图→圆→圆心、半径(Draw→Circle→Center, Radius)

绘制外圆，如图 8-11 所示。

命令：_circle   Command: _circle

指定圆的圆心或[三点(3P)/两点   Specify center point for

(2P)/相切、相切、半径(T)]: (捕捉交点 5)   circle or [3P/2P/Ttr (tan tan radius)]:

指定圆的半径或[直径(D)]: (捕捉交点 1)   Specify radius of circle or [Diameter]:

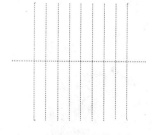

图 8-10   阵列辅助线

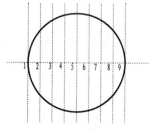

图 8-11   绘制圆

7. 画弧

绘图→圆弧→起点、中心点、终点(Draw→Arc→Start, Center, End)

重复命令，已知起点、中心点、终点绘制圆弧，如图 8-12 所示。

命令: _arc	Command: _arc
指定圆弧的起点或[圆心(CE)]: (捕捉交点 3)	Specify start point of arc or [Center]:
指定圆弧的第二点或[圆心(CE)/端点(EN)]:	Specify second point of arc or [Center/End]:
_c 指定圆弧的圆心: (捕捉交点 2)	_c Specify center point of arc:
指定圆弧的端点或 [角度(A)/弦长(L)]:	Specify end point of arc or [Angle/chord
(捕捉交点 1)	Length]:

8. 镜像

修改→镜像(Modify→Mirror) ⚠

(1) 选取三段圆弧，以水平的两点为对称轴，将所选图形对称复制，如图 8-13 所示。

命令: _mirror	Command: _mirror
选择对象:	Select objects:
指定对角点: 找到 3 个(窗选)	Specify opposite corner: 3 found
选择对象: ↵	Select objects: ↵
指定镜像线的第一点: (捕捉交点 1)	Specify first point of mirror line:
指定镜像线的第二点: (捕捉交点 5)	Specify second point of mirror line:
是否删除源对象? [是(Y)/否(N)] <N>: ↵	Delete source objects? [Yes/No] <N>:↵

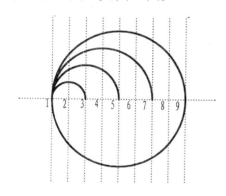　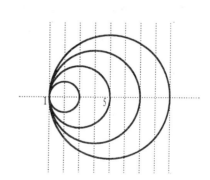

图 8-12　绘制圆弧图形　　　　　　图 8-13　对称镜像图形

(2) 选取三段圆弧，以垂直的两点为对称轴，将所选图形对称翻转，如图 8-14 所示。

命令: ↵	Command: ↵
MIRROR	MIRROR
选择对象:	Select objects:
指定对角点: 找到 3 个(窗选)	Specify opposite corner: 3 found
选择对象: ↵	Select objects: ↵
指定镜像线的第一点: (捕捉交点 5)	Specify first point of mirror line:
指定镜像线的第二点: (捕捉交点 10)	Specify second point of mirror line:
是否删除源对象? [是(Y)/否(N)] <N>: **Y** ↵	Delete source objects? [Yes/No] <N>:**Y**↵

9. 复制

修改→复制(Modify→Copy) ✍

将所有圆和弧再复制一个，如图 8-15 所示。

命令: _copy	Command: _copy
选择对象:	Select objects:
指定对角点: 找到 7 个	Specify opposite corner: 7 found
选择对象: ↵	Select objects: ↵
指定基点或位移，或者[重复(M)]:	Specify base point or displacement, or [Multiple]:
指定位移的第二点或<用第一点作位移>: ↵	Specify second point of displacement or
	<use first point as displacement>:↵

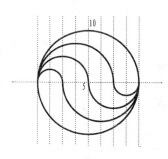

图 8-14　镜像翻转图形

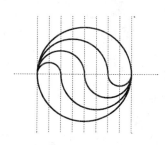

图 8-15　复制图形

10. 画圆

绘图→圆→圆心、半径(Draw→Circle→Center, Radius) ⊘

绘制小圆，如图 8-16 所示。

命令: _circle	Command: _circle
指定圆的圆心或[三点(3P)/	Specify center point for circle or [3P/
两点(2P)/相切、相切、半径(T)]: (捕捉交点 3)	2P/Ttr (tan tan radius)]:
指定圆的半径或 [直径(D)]: **5**↵	Specify radius of circle or [Diameter]: **5**↵

11. 移动

修改→移动(Modify→Move) ✥

窗选图形(不选辅助线)，将图形移动到新位置。

命令: _move	Command: _move
选择对象:	Select objects:
指定对角点: 找到 9 个	Specify opposite corner: 9 found
选择对象: ↵	Select objects: ↵
指定基点或位移: (任意点)	Specify base point or displacement:
指定位移的第二点或<用第一点作位移>:	Specify second point of displacement or
(新位置任意点)	<use first point as displacement>:

12. 删除

修改→删除(Modify→Erase) ✐

将辅助直线全部删除，并删除四段圆弧，如图 8-17 所示。

命令: _erase	Command: _erase
选择对象:	Select objects:
指定对角点: 找到 10 个	Specify opposite corner: 10 found

选择对象: 找到 1 个(多次选线)　　　　　　　　Select objects: 1 found

...　　　　　　　　　　　　　　　　　　　　　...

选择对象: 找到 1 个, 总计 14 个　　　　　　　Select objects: 1 found, 14 total

选择对象: ↵　　　　　　　　　　　　　　　　Select objects:↵

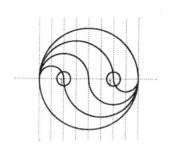

图 8-16　绘制小圆

图 8-17　删除辅助线等

13. 图案填充

绘图→图案填充(Draw→Hatch)

打开图案库, 选 SOLID 实心图案, 然后点选区域并填实, 如图 8-9 所示。填充前换一种颜色, 效果会更好。

命令: _bhatch　　　　　　　　　　　　　　**Command:** _bhatch

14. 存储

文件→保存(File→Save)

命令: save　**tji**　　　　　　　　　　　　**Command:** save **tji**

存盘起名为 tji, 完成任务后的效果如图 8-9 所示。

8.4　气　窗　图　案

任务: 完成图 8-18 所示的气窗图案, 颜色自定。

图 8-18　气窗图案

1. 新建

选 A4 图幅样板图并准备好绘图区。

2. 打开正交功能

按 F8 键打开正交功能。

命令: <ortho on>　　　　　　　　　　　　**Command:** <ortho on>

3. 画线

绘图→直线(Draw→Line)

用鼠标在屏幕中间绘制两条垂直的线。

4. 画圆

绘图→圆→圆心、半径(Draw→Circle→Center, Radius)

绘制一个圆作辅助线，如图 8-19 所示。

命令: _circle	Command: _circle
指定圆的圆心或[三点(3P)/两点(2P)/相切、相切、半径(T)]: (捕捉交点 O)	Specify center point for circle or [3P/2P/Ttr (tan tan radius)]:
指定圆的半径或 [直径(D)]: **20**↵	Specify radius of circle or [Diameter]: **20**↵

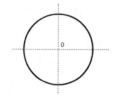

图 8-19　辅助线

5. 画多边形

绘图→多边形(Draw→Polygon)

绘制两个四边形，一个内接圆和一个外切圆，如图 8-20 所示。

命令: _polygon	Command: _polygon
输入边的数目 <4>: ↵	Enter number of sides <4>: ↵
指定多边形的中心点或[边(E)]: (捕捉点 O)	Specify center of polygon or [Edge]:
输入选项[内接于圆(I)/外切于圆(C)] <I>:↵	Enter an option [Inscribed in circle /Circumscribed about circle] <I>:↵
指定圆的半径: (捕捉点 A)	Specify radius of circle:
命令: ↵	Command: ↵
POLYGON	POLYGON
输入边的数目 <4>: ↵	Enter number of sides <4>:↵
指定多边形的中心点或[边(E)]: (捕捉点 O)	Specify center of polygon or [Edge]:
输入选项[内接于圆(I)/外切于圆(C)] <I>: **c.**↵ (外切)	Enter an option [Inscribed in circle /Circumscribed about circle] <I>: **c.**↵
指定圆的半径: (捕捉点 A)	Specify radius of circle:

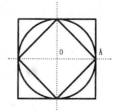

图 8-20　两个四边形

6. 偏移

修改→偏移(Modify→Offset) ⬛

将所选图形按设定的距离再等距地偏移两个四边形，如图 8-21 所示。

命令: _offset	Command: _offset
指定偏移距离或[通过(T)] <1.0000>: **4**↵	Specify offset distance or [Through]<1>: **4**↵
选择要偏移的对象或<退出>: (选四边形)	Select object to offset or <exit>:
指定点以确定偏移所在一侧:	Specify point on side to offset: ↵
(将光标移到图内点出四边形)	
选择要偏移的对象或<退出>: (选四边形)	Select object to offset or <exit>:
指定点以确定偏移所在一侧:	Specify point on side to offset:
选择要偏移的对象或 <退出>: ↵	Select object to offset or <exit>:↵

7. 移动

修改→移动(Modify→Move) ✛

将图形移动到新位置，如图 8-21 所示。

命令: _move	Command: _move
选择对象:	Select objects:
指定对角点: 找到 2 个	Specify opposite corner: 2 found
选择对象: ↵	Select objects: ↵
指定基点或位移: (任意点)	Specify base point or displacement:
指定位移的第二点或<用第一点作位移>:	Specify second point of displacement or
(新位置任意点)	<use first point as displacement>:

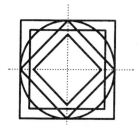

图 8-21　四个四边形

8. 修剪

修改→修剪(Modify→Trim) ✂

重复命令，将四边形多次剪切，之后的效果如图 8-18 所示。

命令: _trim	Command: _trim
当前设置: 投影=UCS　边=无	Current settings: Projection=UCS, Edge=None
选择剪切边...	Select cutting edges ...
选择对象: 找到 1 个(选四边形)	Select objects: 1 found
选择对象: 找到 1 个，总计 2 个	Select objects: 1 found, 2 total
选择对象: ↵	select objects: ↵
选择要修剪的对象或按 Shift 选取延长或	Select objects to trim or Shift-select to extend or

[栏选(F)/窗交(C)/投影(P)/边(E)/删除(R)/

放弃(U)]: (剪切中线)

...

选择要修剪的对象或按 Shift 选取延长或

[栏选(F)/窗交(C)/投影(P)/边(E)/删除(R)/

放弃(U)]: ↵

[Fenct/Crossing/Project/Edge/eRase/Undo]:

Select object to trim or Shift-select to extend or

[Fenct/Crossing/Project/Edge/eRase/Undo]:

...

Select object to trim or Shift-select to extend or

[Fenct/Crossing/Project/Edge/eRase/

Undo]: ↵

9. 阵列

修改→阵列(Modify→Array) ⊞

阵列图案。在阵列对话框中设置矩形阵列，行数为 3，列数为 5，距离为 40，选取所有线阵列 15 个，如图 8-22 所示。

命令: _array

选择对象: 找到 14 个　(选全图)

选择对象: ↵

Command: _array

Select objects: 14 found

Select objects: ↵

图 8-22　气窗图案

10. 存储

文件→保存(File→Save) 🖫

命令: save qwin

Command: save qwin

存盘并起名为 qwin，完成任务后的效果如图 8-22 所示。

8.5　圆弧连接

任务：完成图 8-23 所示的圆弧连接图形，颜色自定。

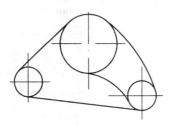

图 8-23　圆弧连接

1. 打开 A4

选 A4 图幅样板图，并准备好绘图区。

2. 画圆

绘图→圆(Draw→Circle)

绘制两个圆，如图 8-24 所示(两圆圆心距离为 30 左右)。

命令: _circle	**Command:** _circle
指定圆的圆心或[三点(3P)/	Specify center point for
两点(2P)/相切、相切、半径(T)]: (点 1)	circle or [3P/2P/Ttr (tan tan radius)]:
指定圆的半径或 [直径(D)]: **20** ↵	Specify radius of circle or [Diameter]: **20**↵
命令: _circle	**Command:** _circle
指定圆的圆心或[三点(3P)/	Specify center point for
两点(2P)/相切、相切、半径(T)]: (点 2)	circle or [3P/2P/Ttr (tan tan radius)]:
指定圆的半径或 [直径(D)] : **10** ↵	Specify radius of circle or [Diameter]:**10**↵

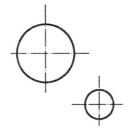

图 8-24 连接圆

3. 画圆

绘图→圆→相切、相切、半径(Draw→Circle→Tan, Tan, Radius)

绘制与两个圆相切的圆，如图 8-25 所示。

注意：在直径相同时，捕捉圆的位置不同，相切的效果也不同。

(1) 绘制外切圆。

命令: _circle	**Command:** _circle
指定圆的圆心或[三点(3P)/两点(2P)/相切、	Specify center point for circle or [3P/2P/Ttr
相切、半径(T)]: _ttr	(tan tan radius)]: _ttr
在对象上指定一点作圆的第一条切线:	Specify point on object for first tangent of circle:
(捕捉第一个圆的下半部)	
在对象上指定一点作圆的第二条切线:	Specify point on object for second tangent of circle:
(捕捉第二个圆的左半部)	
指定圆的半径 <10.0000>: **40** ↵(外切)	Specify radius of circle <10.0000>: **40** ↵

(2) 绘制内切圆。

命令: _circle	**Command:** _circle
指定圆的圆心或[三点(3P)/两点(2P)/相切、	Specify center point for circle or [3P/2P/Ttr
相切、半径(T)]: _ttr	(tan tan radius)]: _ttr
在对象上指定一点作圆的第一条切线:	Specify point on object for first tangent of circle:

(捕捉第一个圆的上半部左边)

在对象上指定一点作圆的第二条切线: 　　　Specify point on object for second tangent of circle:

(捕捉第二个圆的上半部右边)

指定圆的半径 <40.0000>: **100.↙**(内切)　　　Specify radius of circle <40.0000>: **100↙**

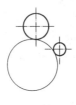 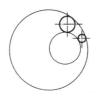

(a) 外切　　　　　　　　(b) 内切

图 8-25　圆弧连接圆

4. 捕捉

工具→草图设置(Tools→Drafting Settings)

在对话框中先选物体捕捉，再勾选切点，关闭其他捕捉点。

命令: '_dsettings　　　　　　　　　　　　Command: '_dsettings

5. 修剪

修改→修剪(Modify→Trim)

重复命令，将多余圆弧剪除，完成任务后的效果如图 8-22 所示。

命令: _trim　　　　　　　　　　　　　　Command: _trim

当前设置: 投影=UCS 边=无　　　　　　Current settings: Projection=UCS, Edge=None

选择剪切边...　　　　　　　　　　　　Select cutting edges ...

选择对象: 找到 1 个(选两个圆作为切边)　Select objects: 1 found

选择对象: 找到 1 个，总计 2 个　　　　Select objects: 1 found , 2 total

选择对象:↙　　　　　　　　　　　　Select objects: ↙

选择要修剪的对象或按 Shift 选取延长或　Select object to trim or shift-select to extend or

[栏选(F)/窗交(C)/投影(P)/边(E)/删除(R)/　[Fenct/Crossing/Project/Edge/eRase/Undo]:

放弃(U)]: (选不要的部分)

选择要修剪的对象或按 Shift 选取延长或　Select object to trim or shift-select to extend or

[栏选(F)/窗交(C)/投影(P)/边(E)/删除(R)/　[Fence/Crossing/Project/Edge/eRase/Undo]:

放弃(U)]:

选择要修剪的对象或按 Shift 选取延长或　Select object to trim or shift-select to extend or

[栏选(F)/窗交(C)/投影(P)/边(E)/删除(R)/　[Fence/Crossing/Project/Edge/eRase/Undo]:

放弃(U)]:

选择要修剪的对象或按 Shift 选取延长或　Select object to trim or shift-select to extend or

[栏选(F)/窗交(C)/投影(P)/边(E)/删除(R)/　[Fence/Crossing/Project/Edge/eRase/Undo]: ↙

放弃(U)]: ↙

6. 直线

绘图→直线(Draw→Line)

在两圆上捕捉切点并画切线。

命令: _line	**Command:** _line
指定第一点: (坐标)	Specify first point:
指定下一点或[放弃(U)]:	Specify next point or [Undo]:
指定下一点或[放弃(U)]: ↵	Specify next point or [Undo]: ↵

7. 存储

文件→保存(File→Save) 🖫

命令: save　**yhlj** (存盘并起名为 yhlj)　　　　**Command**: save **yhlj**

8.6　练 习 题

练习一：绘制国家标准标题栏，如图 8-26 所示(不标注尺寸)。

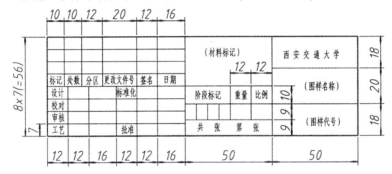

图 8-26　标准标题栏

练习二：绘制国家标准图幅，如图 8-27 所示(尺寸见表 8-1，不标注尺寸)。

根据国家标准"图纸幅面及格式"(GB/T 14689—93)，采用表 8-1 中规定的基本图纸幅面，请参看《机械设计手册》。

表 8-1　图 纸 幅 面

幅面代号	A0	A1	A2	A3	A4
$B \times l$	841×1189	594×841	420×594	297×420	210×297
c	10	10	10	5	5
a	25	25	25	25	25

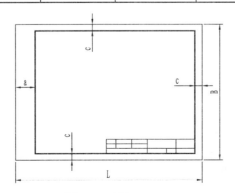

图 8-27　图幅

练习三：通过练习绘制如图 8-28 所示图形，熟练掌握常用几何图形的绘图命令及作图方法。

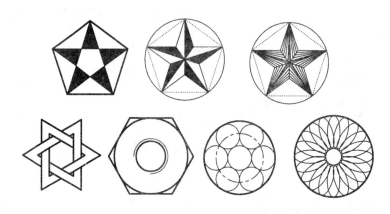

图 8-28　常用几何图形练习

练习四：通过练习绘制如图 8-29 所示图形，熟练掌握平面图形的作图方法。

图 8-29　平面图形练习一

练习五：通过练习绘制如图 8-30 所示图形，熟练掌握平面图形的作图方法。

图 8-30　平面图形练习二

练习六：通过练习绘制如图 8-31 所示图形，熟练掌握常见圆弧连接的作图方法。

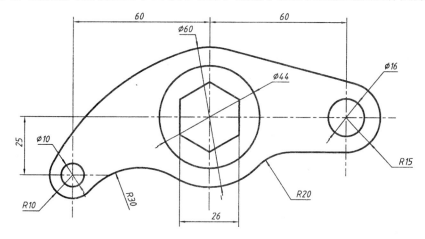

图 8-31　常见圆弧连接练习一

练习七：通过练习绘制如图 8-32 所示图形，熟练掌握常见圆弧连接的作图方法。

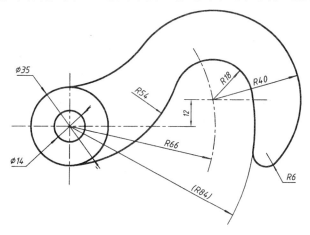

图 8-32　常见圆弧连接练习二

第9章 机械工程图

通过本章练习，主要学会绘制各种机械工程图的作图方法及技巧。

学习应用命令：颜色(Color)、图层(Layer)、线型(Linetype)、线型比例(Ltscale)、线宽(Lineweight)、多段线(Pline)、镜像(Mirror)、倒角(Chamfer)、延伸(Extend)、标注样式(Dim Style)、标注(Dim)。

复习命令：新建(New)、图形界限(Limits)、缩放(Zoom)、存盘(Save)、另存(Save As)、插入(Insert)、直线(Line)、正多边形(Polygon)、圆(Circle)、圆弧 (Arc)、图案填充(Hatch)、字型(Text Style)、文字(Text)、删除(Erase)、复制(Copy)、镜像(Mirror)、偏移(Offset)、阵列(Array)、移动(Move)、修剪(Trim)、特性(Properties)、颜色(Color)、特性匹配(Match)、物体捕捉(Osnap)、正交(Ortho)等。

9.1　自制机械样板(模板)图

本例参照机械制图国家标准，设置图层、线型、尺寸变量等参数基本符合国家标准的样板图(如图9-1所示)，还将粗糙度的符号存入模板。用户还可以将其他机械常用的符号全部存入模板，以便直接使用，加快绘图速度。

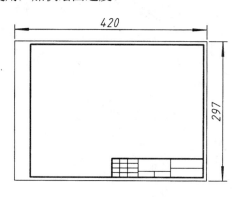

图 9-1　A3 图幅

1. 绘新图

文件→新建(**File→new**)

　　命令: new ↵　　　　　　　　　　　　　　　　**Command**: new↵

　　也可选用国标(GB)样板图，修改起来比较方便。

2. 设置单位

格式→单位(**Format→Units**)

　　在对话框中设置精度为整数。便于在状态行中观察坐标变化。

命令: '_units　　　　　　　　　　　　　**Command:** '_units

3. 设置绘图界限

格式→图形界限(Format→Drawing Limits)

按 A3 号图幅设置。

命令: '_limits　　　　　　　　　　　　　**Command:** '_limits

指定左下角点或 [开(ON)/关(OFF)]　　　　Specify lower left corner or [ON/OFF]

<0,0>: **-9,-9** ↵　　　　　　　　　　　　<0,0>: **-9,-9**↵

指定右上角点 <420,297>:**430,300** ↵　　Specify upper right corner <420,297>:**430,300** ↵

4. 缩放

视图→缩放→全部(View→Zoom→All) 🔍

命令: '_zoom　　　　　　　　　　　　　　**Command:** '_zoom

指定窗口角点，输入比例因子(nX 或 nXP)，　Specify corner of window, enter a scale factor

或 [全部(A)/中心点(C)/动态(D)/范围(E)/　(nX or nXP), or [All/Center/Dynamic/Extents

上一个(P)/比例(S)/窗口(W)]<实时>: _all　/Previous/Scale/Window] <real time>: _all

5. 设置线型 ▦

格式→线型(Format→Linetype

在线型对话框中装入 ISO 系列点画线及虚线。

6. 线宽

格式→线宽(Format→Lineweight)

按需设置线宽，并点击状态行[线宽]，打开线宽显示。也可在标题栏的"线宽"下拉选项中选择合适的线宽。

7. 设置图层

格式→图层(Format→Layer) 🖿

在图层对话框中点击"新建"按钮，设置六层新图层。每层颜色按标准色依次设置，线型按国家标准设置。0 层设为白色，线型设为粗实线，线宽设为 0.4，虚线设为黄色，点画线设为淡蓝色。本书为图示清楚，将辅助线设为逗点线。

命令: '_layer　　　　　　　　　　　　　**Command:** '_layer

8. 打开正交

按 F8 键或点击状态行▫。

命令：<Ortho on>　　　　　　　　　　　**Command:** <Ortho on>

9. 对象捕捉

工具→草图设置→对象捕捉(Tools→Drafting Setting→Object Sanp) ▫

按 F3 键或点击状态行[对象捕捉]。勾选捕捉交点(Intersection)及捕捉最近点(Nearset)，关闭其他捕捉。

命令：　'_ddosnap　　　　　　　　　　**Command:** '_ddosnap

10. 设置字体

格式→文字样式(Format→Text Style)

　　打开字体设置对话框，点击"新建"按钮，输入字体名"长仿宋"，再在系统默认的标准字体"txt.shx"后点"▼"，在其中选取所需字体"gbeitc.shx"，然后勾选"大字体"，并在大字体下选"gbcbig.shx"。设置结束后选"应用"按钮。

命令: '_style　　　　　　　　　　　　　　Command: '_style

11. 设置尺寸变量

标注→样式(Format→Dimension Style) 📐

　　在尺寸变量设置对话框中设置尺寸线的距离、尺寸界线的起点和长度、箭头的大小以及尺寸数字的高度、精度、方向等，具体方法见第 6 章的尺寸样式设置。

命令: _ddim　　　　　　　　　　　　　Command: _ddim

12. 画线

绘图→直线(Draw→Line) ✎

　　绘制表面粗糙度符号，如图 9-2 所示。注意绘制在细线层。

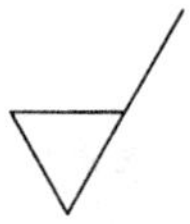

图 9-2　粗糙度符号

命令: _line　　　　　　　　　　　　　Command: _line

指定第一点: (任点一点)　　　　　　　　Specify first point:

指定下一点或 [放弃(U)]: @-6,0 ↵　　　Specify next point or [Undo]: @-6,0 ↵

指定下一点或 [放弃(U)]: @6<-60 ↵　　Specify next point or [Undo]: @6<-60 ↵

指定下一点或[闭合(C)/放弃(U)]:@12<60 ↵　Specify next point or [Close/Undo]: @12<60 ↵

指定下一点或 [闭合(C)/放弃(U)]: ↵　　Specify next point or [Close/Undo]: ↵

13. 制做块

绘图→块→创建(Draw→Block→Make) 🔲

　　将所绘制的粗糙度符号制做图块，以便在绘制其他机械工程图时使用。

命令: _block

　　在制做图块对话框中先起名 cf，再选择对象并全选物体(找到 3 个)，最后指定最低点作为插入基点。

14. 插入

插入→块(Insert→Block) 🔳

　　必须有已绘制的 A3 图幅，如果没有，则参照第 8 章 A4 图幅绘制。

命令: _insert　　　　　　　　　　　　Command: _insert

　　在插入对话框中选 A3.dwg，插入点为(0，0)，比例为 1，角度为 0。

15. 存储

文件→保存(File→Save) 💾

　　完成图 9-2 所示图形，选后缀名为.dwt 并起名为 A3 进行存盘，这样就绘制好了 A3 样板图。

命令：save A3　　　　　　　　　　　　Command: save A3

　　用同样的方法制作出 A4、A0、A1、A2 号样板图备用，尺寸如第 8 章课后练习题二所示。用户还可以将一些专用的图块设置在样板图中，以便直接使用。

9.2 阀 杆

绘制机械零件阀杆的视图并标注尺寸，如图 9-3 所示。绘图时注意锥度线、截交线及相贯线的画法。截交线用过点偏移找交点，相贯线用圆弧近似代替。

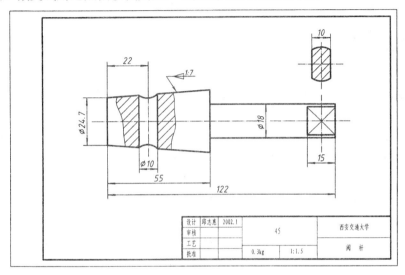

图 9-3 阀杆

1. 绘新图

文件→新建(File→New)

选取 A4 样板图 A4.dwt。

命令: _new↵   Command: _new↵

注意: 为了加快作图速度，本例采用如下方法：

(1) 制作辅助线，用 Offset(偏移)命令按尺寸设置距离；

(2) 换图层，用 Osnap(捕捉)交点准确找到图形各交点，将所需图形描绘一遍，然后将辅助线层冻结。

2. 图层

格式→图层(Format→Layer)

在图层对话框中设置辅助线层为当前层，作为绘图辅助线层。

3. 画线

绘图→直线(Draw→Line)

重复命令，画一条横线和一条竖线，作为绘图基准辅助线，如图 9-4 所示。

命令: _line	Command: _line
指定第一点: (用鼠标点)	Specify first point:
指定下一点或[放弃(U)]: (用鼠标点)	Specify next point or [Undo]:
指定下一点或[放弃(U)]: ↵	Specify next point or [Undo]: ↵

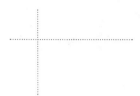

图 9-4　基准辅助线

4. 偏移

修改→偏移(Modify→Offset) ⬜

多次重复命令，根据尺寸，按图示距离偏移横线(9、12.35)和竖线(22、55、120、15)，如图 9-5 所示。

命令: _offset	**Command:** _offset
指定偏移距离或[通过(T)] <1>: **9**↵	Specify offset distance or[Through]<1>: **9.**↵
选择要偏移的对象或<退出>: (选横线)	Select object to offset or <exit>:
指定点以确定偏移所在一侧: (向上点)	Specify point on side to offset:
选择要偏移的对象或<退出>: ↵	Select object to offset or <exit>: ↵

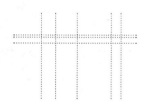

图 9-5　部分辅助线

5. 图层

格式→图层(Format→Layer) ⬜

设置第 4 层为当前层，绘制点画线。

6. 画线

绘图→直线(Draw→Line) ✏

重复命令，用鼠标捕捉最近点并绘制点画线。

命令: _line	**Command:** _line
指定第一点: (捕捉最近点)	Specify first point:
指定下一点或[放弃(U)]: (捕捉最近点)	Specify next point or [Undo]:
指定下一点或[放弃(U)]: ↵	Specify next point or [Undo]: ↵

7. 图层

格式→图层(Format→Layer) ⬜

换层，设置第 0 层为当前层，绘制轮廓线。

8. 线宽

格式→线宽(Format→Lineweight)

按需设置线宽并打开线宽显示。

9. 画线

绘图→多段线/线(Draw→Pline/Line)

多次重复命令，用线或多段线描绘轮廓线(粗实线)，对称图形只绘制一半，如图 9-6 所示。

命令: _pline	Command: _pline
指定起点: (用鼠标捕捉交点)	Specify start point:
当前线宽为 0	Current line-width is 0
指定下一点或[圆弧(A)/闭合(C)/半宽(H)/长度(L)/放弃(U)/宽度(W)]: (用鼠标捕捉交点 1)	Specify next point or [Arc/Close/Halfwidth/Length/Undo/Width]:
指定下一点或 [圆弧(A)/闭合(C)/半宽(H)/长度(L)/放弃(U)/宽度(W)]: @**14,1**↵ (1∶7 的锥度)	Specify next point or [Arc/Close/Halfwidth/Length/Undo/Width]: @**14,1**↵
指定下一点或 [圆弧(A)/闭合(C)/半宽(H)/长度(L)/放弃(U)/宽度(W)]: ↵	Specify next point or [Arc/Close/Halfwidth/Length/Undo/Width]: ↵

10. 延伸

修改→延伸(Modify→Extend)

用一条线作边界，将锥度线延伸至该边界，如图9-7 所示。

命令: _extend	Command: _extend
当前设置: 投影=UCS 边=无	Current settings:Projection=UCS, Edge=None
选择边界的边...	Select boundary edges...
选择对象: 找到 1 个(选取作边界的线)	Select objects: 1 found
选择对象: ↵	Select objects: ↵
选择要延伸的对象或按 Shift 选取修剪或 [投影(P)/边(E)/放弃(U)]: (选取锥度线)	Select object to extend or shift-select to trim or [Project/Edge/Undo]:
选择要延伸的对象或按 Shift 选取修剪或 [投影(P)/边(E)/放弃(U)]: ↵	Select object to extend or shift-select to trim or [Project/Edge/Undo]: ↵

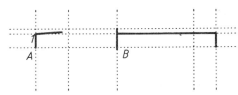

图 9-6　部分轮廓线

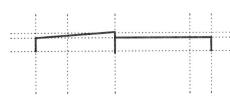

图 9-7　延伸轮廓线

11. 镜像

修改→镜像(Modify→Mirror)

将视图上下镜像，如图9-8 所示。

命令: _mirror	Command: _mirror
选择对象:	Select objects:
指定对角点: 找到 5 个(开窗口选)	Specify opposite corner: 5 found
选择对象: ↵	Select objects: ↵

指定镜像线的第一点: (捕捉交点 A)   Specify first point of mirror line:

指定镜像线的第二点: (捕捉交点 B)   Specify second point of mirror line:

是否删除源对象？ [是(Y)/否(N)] <N>: ↵   Delete source objects? [Yes/No] <N>:↵

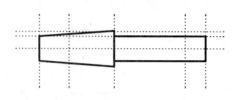

图 9-8　镜像轮廓线

12. 画圆

绘图→圆(Draw→Circle) ⊘

绘剖面图中圆的轮廓线(粗实线)。

命令: _circle   Command: _circle

指定圆的圆心或[三点(3P)/两点(2P)/   Specify center point for circle or [3P/2P/

相切、相切、半径(T)]: (捕捉交点 13)   Ttr (tan tan radius)]:

指定圆的半径或[直径(D)] : **9** ↵   Specify radius of circle or [Diameter]: **9**↵

13. 偏移

修改→偏移(Modify→Offset) ⬆

根据图示距离，偏移四条孔线及剖面边线的辅助线，如图 9-9 所示。

命令: _offset   Command: _offset

指定偏移距离或 [通过(T)] <1>: **5** ↵   Specify offset distance or[Through]<1>: **5**↵

选择要偏移的对象或 <退出>: (选竖线)   Select object to offset or <exit>:

指定点以确定偏移所在一侧: (向右点)   Specify point on side to offset:

…   ...

指定点以确定偏移所在一侧: (向左点)   Specify point on side to offset:

选择要偏移的对象或 <退出>: ↵   Select object to offset or <exit>: ↵

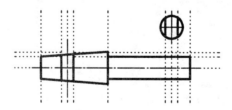

图 9-9　剖面

过点偏移两条交线。

命令: _offset   Command: _offset

指定偏移距离或[通过(T)] <1>: (捕捉点 E)   Specify offset distance or[Through]<1>:

指定第二点: (捕捉点 F)   Specify second point:

选择要偏移的对象或<退出>: (选横线 N)   Select object to offset or <exit>:

指定点以确定偏移所在一侧: (向上点)	Specify point on side to offset:
选择要偏移的对象或<退出>: (选横线 N)	Select object to offset or <exit>:
指定点以确定偏移所在一侧: (向下点)	Specify point on side to offset:
选择要偏移的对象或<退出>: ↵	Select object to offset or <exit>: ↵

14. 画线

绘制→直线(Draw→Line)

重复命令，绘制孔的轮廓线及平面边线，如图 9-10 所示。

命令: _line	**Command**: _line
指定第一点: (捕捉交点)	Specify first point:
指定下一点或[放弃(U)]: (捕捉交点)	Specify next point or [Undo]:
指定下一点或[放弃(U)]: ↵	Specify next point or [Undo]: ↵

15. 修剪

修改→修剪(Modify→Trim)

重复命令，用两条竖线作剪刀，将与其相交的孔中的斜线剪去，如图 9-11 所示。用两条竖线作剪刀，将剖面圆两侧的线剪去。

命令: _trim	**Command**: _trim
当前设置: 投影=UCS　边=无	Current settings: Projection=UCS, Edge=None
选择剪切边 ...	Select cutting edges ...
选择对象: 找到 1 个 (选竖线)	Select objects or <select all>: 1 found
选择对象: 找到 1 个, 总计 2 个 (选竖线)	Select objects: 1 found, 2 total
选择对象: ↵	Select objects: ↵
选择要修剪的对象或按 Shift 选取延长或 [投影(P)/边(E)/放弃(U)]: (剪切孔中斜线)	Select object to trim or shift-select to extend or [Fence/Crossing/Project/Edge/eRase/Undo]:
选择要修剪的对象或按 Shift 选取延长或 [投影(P)/边(E)/放弃(U)]: (剪切孔中斜线)	Select object to trim or shift-select to extend or [Fence/Crossing/Project/Edge/eRase/Undo]:
选择要修剪的对象或按 Shift 选取延长或 [投影(P)/边(E)/放弃(U)]: ↵	Select object to trim or shift-select to extend or [Fence/Crossing/Project/Edge/eRase/Undo]: ↵

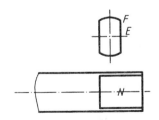

图 9-10　交线及平面边线

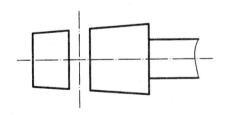

图 9-11　孔及剖面的轮廓线

16. 画弧

绘图→圆弧(Draw→Arc)

用三点绘制圆弧，近似代替相贯线，如图 9-12 所示。

命令: _arc	Command: _arc
指定圆弧的起点或[圆心(C)]: (捕捉交点 C)	Specify start point of arc or [Center]:
指定圆弧的第二点或[圆心(C)/端点(E)]:	Specify second point of arc or [Center/End]:
指定圆弧的端点: (捕捉交点 D)	Specify end point of arc:

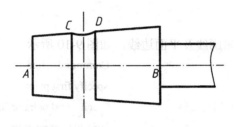

图 9-12　孔的相贯线

17. 镜像

修改→镜像(Modify→Mirror)

将视图上下镜像，如图 9-13 所示。

命令: _mirror	Command: _mirror
选择对象:	Select objects:
指定对角点: 找到 1 个(选弧)	Specify opposite corner: 1 found
选择对象: ↵	Select objects: ↵
指定镜像线的第一点: (捕捉交点 A)	Specify first point of mirror line:
指定镜像线的第二点: (捕捉交点 B)	Specify second point of mirror line:
是否删除源对象? [是(Y)/否(N)] <N>: ↵	Delete source objects? [Yes/No] <N>:↵

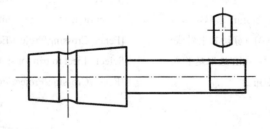

图 9-13　全部轮廓线

18. 图层

格式→图层(Format→Layer)

将辅助线关闭，换层并置第 3 层为当前层，绘制细实线及剖面线。

19. 样条曲线

绘图→样条曲线(Draw→Spline)

用鼠标绘制两条随意多义线。多义线必须画长一些再剪去，才能保证填充的边界是封闭的。

命令: _spline

指定第一个点或[对象(O)]: (任选一点)

指定下一点: (任选一点)

指定下一点或[闭合(C)/拟合公差(F)]

<起点切向>: (任选一点)

...

指定下一点或[闭合(C)/拟合公差(F)]

<起点切向>: ↵

指定起点切向: ↵

指定端点切向: ↵

Command: _spline

Specify first point or [Object]:

Specify next point:

Specify next point or [Close/Fit tolerance]

<start tangent>:

...

Specify next point or [Close/Fit tolerance]

<start tangent>:

Specify start tangent: ↵

Specify end tangent: ↵

20. 修剪

修改→修剪(Modify→Trim)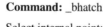

重复命令，用两条斜线作剪刀，将长出的多义线剪去，如图 9-14 所示。

命令: _trim

当前设置: 投影=UCS　边=无

选择剪切边 ...

选择对象: 找到 1 个　(选竖线)

选择对象: 找到 1 个，总计 2 个(选竖线)

选择对象: ↵

选择要修剪的对象或按 Shift 选取延长或

[投影(P)/边(E)/放弃(U)]: 　(剪切孔中斜线)

选择要修剪的对象或按 Shift 选取延长或

[投影(P)/边(E)/放弃(U)]: 　(剪切孔中斜线)

选择要修剪的对象或按 Shift 选取延长或

[投影(P)/边(E)/放弃(U)]: ↵

Command: _trim

Current settings: Projection=UCS, Edge=None

Select cutting edges ...

Select objects or <select all>: 1 found

Select objects: 1 found, 2 total

Select objects: ↵

Select object to trim or shift-select to extend or

[Fence/Crossing/Project/Edge/eRase/Undo]:

Select object to trim or shift-select to extend or

[Fence/Crossing/Project/Edge/eRase/Undo]:

Select object to trim or shift-select to extend or

[Fence/Crossing/Project/Edge/eRase/Undo]: ↵

21. 填充

绘图→图案填充(Draw→Hatch)

重复命令，在对话框中选取用户图案，设置角度为 45°、间距为 3，点选绘制剖面线区域，如图 9-15 所示。

命令: _bhatch

选择内部点: 正在选择所有对象...

(点取绘制剖面线的区域)

选择内部点: ↵

Command: _bhatch

Select internal point: Selecting everything...

Select internal point: ↵

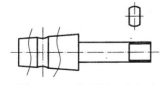

图 9-14　局部剖边界多义线

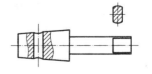

图 9-15　剖面线

22. 画线

绘制→直线(Draw→Line)

重复命令，绘制平面符号交叉线(如图 9-16 所示)及锥度符号(如图 9-3 所示)。

命令: _line	Command: _line
指定第一点: (捕捉交点)	Specify first point:
指定下一点或[放弃(U)]: (捕捉交点)	Specify next point or [Undo]:
指定下一点或[放弃(U)]: ↵	Specify next point or [Undo]: ↵

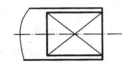

图 9-16 平面符号交叉线

23. 图层

格式→图层(Format→Layer)

在换层对话框中将辅助线层冻结，置第 1 层为当前层，绘制尺寸线。

24. 标注尺寸

标注→线性(Dimension→Linear)

重复命令，标注所有线性尺寸。为准确标注尺寸，应捕捉交点。

(1) 标注锥端直径尺寸。

命令: _dimlinear	Command: _dimlinear
指定第一条尺寸界线起点或<选择对象>:	First extension line origin or press ENTER to select:
指定第二条尺寸界线起点:	Second extension line origin:
指定尺寸线位置或[多行文字(M)/文字(T)/	Dimension line location(Mtext/Text/
角度(A)/水平(H)/垂直(V)/旋转(R)]: **t**↵(改字)	Angle/Horizontal/Vertical/Rotated): **t**↵
输入标注文字 <25>: **%%c24.7**↵(Φ24.7)	Dimension text = **%%c24.7**↵
指定尺寸线位置或[多行文字(M)/文字(T)/	Dimension line location(Mtext/Text/
角度(A)/水平(H)/垂直(V)/旋转(R)]:	Angle/Horizontal/Vertical/Rotated):
标注文字 =25	Dimension text =25

(2) 用线性尺寸标注杆的直径尺寸。

命令: _dimlinear	Command: _dimlinear
指定第一条尺寸界线起点或<选择对象>:	First extension line origin or press ENTER to select:
指定第二条尺寸界线起点: 指定尺寸线位置	Second extension line origin:
或[多行文字(M)/文字(T)/角度(A)/水平(H)/	Dimension line location(Mtext/Text/
垂直(V)/旋转(R)]: **t**↵	Angle/Horizontal/Vertical/Rotated): **t**↵
输入标注文字 <18>: **%%c18**↵(Φ18)	Dimension text = **%%c18**↵
指定尺寸线位置或[多行文字(M)/文字(T)/	Dimension line location(Mtext/Text/
角度(A)/水平(H)/垂直(V)/旋转(R)]:	Angle/Horizontal/Vertical/Rotated):
标注文字 =18	Dimension text =18

(3) 标注剖面长度及宽度尺寸。

命令: _dimlinear

指定第一条尺寸界线起点或<选择对象>:

指定第二条尺寸界线起点:

指定尺寸线位置或[多行文字(M)/文字(T)/

角度(A)/水平(H)/垂直(V)/旋转(R)]:

标注文字 =20

Command: _dimlinear

First extension line origin or press ENTER to select:

Second extension line origin:

Dimension line location(Mtext/Text/

Angle/Horizontal/Vertical/Rotated):

Dimension text =20

命令: _dimlinear

指定第一条尺寸界线起点或 <选择对象>:

指定第二条尺寸界线起点:指定尺寸线位置

或[多行文字(M)/文字(T)/角度(A)/水平(H)/

垂直(V)/旋转(R)]:

标注文字 =10

Command: _dimlinear

First extension line origin or press ENTER to select:

Second extension line origin: Dimension line

location(Mtext/Text/

Angle/Horizontal/Vertical/Rotated):

Dimension text =10

(4) 用线性尺寸标注孔的直径尺寸。

命令: _dimlinear

指定第一条尺寸界线起点或<选择对象>:

指定第二条尺寸界线起点:

指定尺寸线位置或[多行文字(M)/文字(T)/

角度(A)/水平(H)/垂直(V)/旋转(R)]: **t.┘**

输入标注文字 <10>: **%%c10┘**(φ 10)

指定尺寸线位置或[多行文字(M)/文字(T)/

角度(A)/水平(H)/垂直(V)/旋转(R)]:

标注文字 =10

Command: _dimlinear

First extension line origin or press ENTER to select:

Second extension line origin:

Dimension line location(Mtext/Text/

Angle/Horizontal/Vertical/Rotated): **t.┘**

Dimension text =**%%c10┘**

Dimension line location(Mtext/Text/

Angle/Horizontal/Vertical/Rotated):

Dimension text =10

(5) 标注第一个长度尺寸。

命令: _dimlinear

指定第一条尺寸界线起点或<选择对象>:

指定第二条尺寸界线起点:

指定尺寸线位置或[多行文字(M)/文字(T)/

角度(A)/水平(H)/垂直(V)/旋转(R)]:

标注文字 =22

Command: _dimlinear

First extension line origin or press ENTER to select:

Second extension line origin:

Dimension line location(Mtext/Text/

Angle/Horizontal/Vertical/Rotated):

Dimension text =22

25. 标注尺寸

标注→基线(Dimension→Baseline) ⊢

标注所有基线尺寸。注意一个线性尺寸要紧随上一个线性尺寸。

命令: _dimbaseline

指定第二条尺寸界线起点或[放弃(U)/

选择(S)] <选择>: 标注文字 =55

指定第二条尺寸界线起点或[放弃(U)/选择

(S)] <选择>: 标注文字 =122

指定第二条尺寸界线起点或

Command: _dimbaseline

Select a second extension line origin or

(Undo/<Select>): Dimension text =55

Select a second extension line origin or

(Undo/<Select>):Dimension text =122

Select a second extension line origin or

[放弃(U)/选择(S)] <选择>:↵　　　　　　　　(Undo/<Select>):↵

26．标注尺寸

标注→引线(Dimension→Leader) 🐾

标注引线尺寸。

命令: _qleader　　　　　　　　　　　　　Command: _qleader

指定引线起点或[设置(S)] <设置>:　　　　From point or [Set]<Set>:

指定下一点:　　　　　　　　　　　　　　To point:

指定下一点:　　　　　　　　　　　　　　To point:

指定文字宽度<0>:　　　　　　　　　　　Text width<0>:

输入注释文字的第一行<多行文字(M)>: **1:7**↵　First line text:<Mtext>: **1:7**↵

输入注释文字的下一行:　　　　　　　　　Next line text: ↵

27．编辑标注文字

标注→编辑标注文字(Dimension→Align Text) 🄰

编辑尺寸，移动位置不合理的尺寸。

命令: _dimtedit　　　　　　　　　　　　Command: _dimtedit

选择标注:　　　　　　　　　　　　　　　Select dimension:

指定标注文字的新位置或[左对齐(L)/　　　Enter text location (Left/Right/

右对齐(R)/居中(C)/默认(H)/角度(A)]:　　Center/Home/Angle):

28．移动

修改→移动(Modify→Move) ✥

全选，移动图形到图框中的合理位置。

命令: _move　　　　　　　　　　　　　Command: _move

选择对象:　　　　　　　　　　　　　　Select objects:

指定对角点: 找到 49 个　　　　　　　　Specify opposite corner: 49 found

选择对象: ↵　　　　　　　　　　　　　Select objects:

指定基点或位移:　　　　　　　　　　　Specify base point or displacement:

指定位移的第二点或　　　　　　　　　　Specify second point of displacement or

<用第一点作位移>:　　　　　　　　　　<use first point as displacement>:

29．存储

文件→保存(File→Save) 💾

命令: save　**Fagan**　　　　　　　　　　Command: svae **Fagan**

将文件起名为 Fagan(阀杆)后存盘，完成任务后的效果如图 9-3 所示。

9.3　压 紧 螺 母

绘制机械零件压紧螺母的三视图并标注尺寸，如图 9-17 所示。由于很多步骤与上例重复，因此在本例中进行了省略。

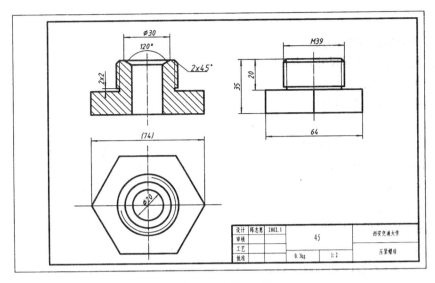

图 9-17　压紧螺母

1. 绘新图

文件→新建(File→New)□

　　选取国标样板图：Gb_a3-color dependent plot styles.dwt (注意：AutoCAD 专门为中国用户设置了符合中国国标的各种幅面的样板图)。绘图时先点击绘图区下的模型(Model)，在模型空间作图，完成图形后再点击布局 1(Layout 1)，在图纸空间出图，然后直接对标题栏中的文字修改即可。

　　为快速作图并保证机械三视图符合国家标准——长对正、高平齐、宽相等，本书给出如下的独创绘图方法：

　　制作辅助线时，主视图与俯视图利用一条竖线按长度尺寸偏移，以保证长对正；主视图与左视图利用一条横线按高度尺寸偏移，以保证高平齐；按宽度尺寸同时偏移俯视图与左视图的辅助线，以保证宽相等。

2. 图层

格式→图层(Format→Layer)

　　在图层对话框中设置第六层为当前层，作为绘图辅助线层。

3. 画线

绘图→直线(Draw→Line)

　　重复命令，画两条横线和两条竖线作为绘图基准辅助线，如图 9-18 所示。

图 9-18　基准辅助线

4. 偏移

修改→偏移(Modify→Offset)

多次重复命令，根据尺寸，按图示距离偏移横线及竖线，如图 9-19 所示。辅助线不必一次作出，可随需随作。

(1) 按图示距离偏移竖线。

命令: _offset	**Command:** _offset
指定偏移距离或[通过(T)] <1.0000>: **37** ↵	Specify offset distance or[Through]<1>: **37**↵
选择要偏移的对象或<退出>: (选竖线)	Select object to offset or <exit>:
指定点以确定偏移所在一侧: (左点)	Specify point on side to offset:
选择要偏移的对象或 <退出>: ↵	Select object to offset or <exit>: ↵

(2) 按图示距离偏移横线。

命令: _offset	**Command:** _offset
指定偏移距离或[通过(T)] <1.0000>: **15** ↵	Specify offset distance or[Through]<1>: **15**↵
选择要偏移的对象或<退出>: (选竖线)	Select object to offset or <exit>:
指定点以确定偏移所在一侧: (左点)	Specify point on side to offset:
选择要偏移的对象或<退出>: ↵	Select object to offset or <exit>: ↵

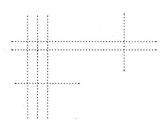

图 9-19 部分辅助线

5. 图层

格式→图层(Format→Layer)

换层，置第 0 层为当前层，绘制轮廓线。

6. 线宽

格式→线宽(Format→Lineweight)

按需设置线宽并打开线宽显示。

7. 正多边形

绘图→正多边形(Draw→Polygon)

已知外接圆半径绘制六边形，如图 9-20 所示。

命令: _polygon	**Command:** _polygon
输入边的数目<4>: **6** ↵	Enter number of sides <4>: **6**↵
指定多边形的中心点或[边(E)]:	Specify center of polygon or [Edge]:
输入选项[内接于圆(I)/外切于圆(C)] <I>:↵	Enter an option [Inscribed in circle/
(默认内接多边形)	Circumscribed about circle] <I>:↵
指定圆的半径:	Specify radius of circle:

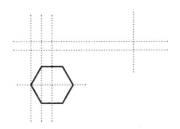

图 9-20　六边形

8. 查询距离

工具→查询→距离(Tools→Inquire→Distance)

查询六边形直边到中心的距离。

命令: '_dist	Command: '_dist
指定第一点:	Specify first point:
指定第二点:	Specify second point:
距离= 32, XY 平面中倾角= 270,	Distance = 32, Angle in XY Plane = 270,
与 XY 平面的夹角= 0	Angle from XY Plane = 0
X 增量= 0, Y 增量= 32,	Delta X = 0, Delta Y = 32,
Z 增量= 0	Delta Z = 0

9. 偏移

修改→偏移(Modify→Offset)

根据查询距离, 偏移左视图竖线, 如图 9-21 所示。

命令: _offset	Command: _offset
指定偏移距离或[通过(T)] <1>: **32** ↵	Specify offset distance or[Through]<1>: **32**↵
选择要偏移的对象或<退出>: (选竖线)	Select object to offset or <exit>:
指定点以确定偏移所在一侧: (左点)	Specify point on side to offset:
选择要偏移的对象或<退出>: ↵	Select object to offset or <exit>: ↵

用偏移命令中的过点偏移来偏移竖线交线。当有些交线按投影绘制时, 可采用此方法。

命令: _offset	Command: _offset
指定偏移距离或[通过(T)] <32.>: **t** ↵	Specify offset distance or [Through] <32.>: **t**↵
选择要偏移的对象或<退出>:	Select object to offset or <exit>:
指定通过点: (用鼠标捕捉交点 E)	Specify through point:
选择要偏移的对象或<退出>: ↵	Select object to offset or <exit>: ↵

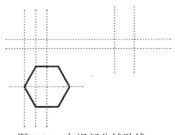

图 9-21　左视部分辅助线

10. **图层**

格式→图层(Format→Layer) 🖼

　　设置第 4 层为当前层，绘制点画线。

11. **画线**

绘图→直线(Draw→Line) ✎

　　重复命令，绘制点画线。

命令: _line	Command: _line
指定第一点: (捕捉最近点)	Specify first point:
指定下一点或[放弃(U)]: (捕捉最近点)	Specify next point or [Undo]:
指定下一点或[放弃(U)]: ↵	Specify next point or [Undo]: ↵

12. **图层**

格式→图层(Format→Layer) 🖼

　　设置第 0 层为当前层，绘制轮廓线。

13. **画线**

绘图→多段线/线(Draw→Pline/Line) ↻

　　多次重复命令，描绘轮廓线(粗实线)，对称图形只绘制一半，如图 9-22 所示。

命令: _line	Command: _line
指定第一点: (捕捉交点)	Specify first point:
指定下一点或[放弃(U)]: (捕捉交点)	Specify next point or [Undo]:
指定下一点或[放弃(U)]: ↵	Specify next point or [Undo]: ↵

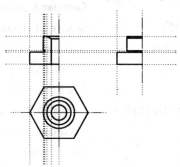

图 9-22　部分轮廓线

14. **图层**

格式→图层(Format→Layer) 🖼

　　关闭或冻结辅助线层以方便选线。设置第 3 层为当前层并绘制剖面线。

15. **倒角**

修改→倒角(Modify→Chamfer) ◻

　　用倒角命令倒出斜角。先设置倒角距离，再按距离倒角，如图 9-23 所示。

命令: _chamfer	Command: _chamfer
("修剪"模式)当前倒角距离 1 = 10,	(TRIM mode) Current chamfer Dist1 = 10,

距离 2 = 10	Dist2 = 10
选择第一条直线或[多段线(P)/距离(D)/	Select first line or [Polyline/Distance/
角度(A)/修剪(T)/方法(M)]: **d**↵(设倒角距离)	Angle/Trim/Method]: **d**↵
指定第一个倒角距离<10>: **2** ↵	Specify first chamfer distance <10>: **2**↵
指定第二个倒角距离<2>: ↵	Specify second chamfer distance <2>:↵
选择第一条直线或[多段线(P)/距离(D)/	Select first line or [Polyline/Distance/
角度(A)/修剪(T)/方法(M)]: (用鼠标选第一条线)	Angle/Trim/Method]:
选择第二条直线: (用鼠标选第二条线)	Select second line:

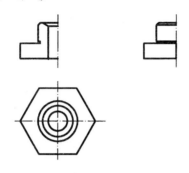

图 9-23　轮廓线倒角

16. 镜像

修改→镜像(Modify→Mirror)

重复命令，将主视图及左视图左右镜像，如图 9-24 所示。

命令: _mirror	**Command:** _mirror
选择对象:	Select objects:
指定对角点: 找到 13 个(窗选)	Specify opposite corner: 13 found
选择对象: ↵	Select objects: ↵
指定镜像线的第一点: (捕捉交点 A)	Specify first point of mirror line:
指定镜像线的第二点: (捕捉交点 B)	Specify second point of mirror line:
是否删除源对象? [是(Y)/否(N)] <N>: ↵	Delete source objects? [Yes/No] <N>: ↵

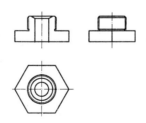

图 9-24　镜像轮廓线

17. 填充

绘图→图案填充(Draw→Hatch)

重复命令，在对话框中选取用户图案，设置角度为−45°、间距为 3，点选绘制剖面线区域，如图 9-25 所示。

命令: _bhatch

选择内部点: 正在选择所有对象...

(点取绘制剖面线的区域)

选择内部点: ↵

Command: _bhatch

Select internal point: Selecting everything...

Select internal point:

图 9-25　填充剖面线

18. 图层

格式→图层(Format→Layer)

在换层对话框中将辅助线层冻结，设置第 1 层为当前层，绘制尺寸线。

19. 标注尺寸

标注→线性(Dimension→Linear)

重复命令，标注所有尺寸，方法如同 9.2 节阀杆的标注。

20. 标注尺寸

标注→直径(Dimension→Diameter)

重复命令，标注直径尺寸。

命令: _dimdiameter

选择圆弧或圆: (选点画线圆)

标注文字=90

指定尺寸线位置或[多行文字(M)/

文字(T)/角度(A)]:

Command: _dimdiameter

Select arc or circle:

Dimension text =90

Dimension line location (Mtext/

Text/Angle):

21. 移动

修改→移动(Modify→Move)

移动图形到图框中的合理位置。上下移动时，主视图应与左视图一起移；左右移动时，主视图应与俯视图一起移。移动一个视图时，注意打开正交(Ortho ON)，以保证视图的投影关系。

命令: _move

选择对象:

指定对角点: 找到 23 个

选择对象: ↵

指定基点或位移:

指定位移的第二点或<用第一点作位移>:

Command: _move

Select objects:

Specify opposite corner: 23 found

Select objects: ↵

Specify base point or displacement:

Specify second point of displacement or

<use first point as displacement>:

22. 存储

文件→保存(File→Save) 💾

命令: save　yjlm　　　　　　　　　　　　　　**Command:** save **yjlm**

将文件起名为 yjlm 并存盘。完成压紧螺母后的效果如图 9-17 所示。

9.4　阀　　体

绘制机械图阀体，如图 9-26 所示。

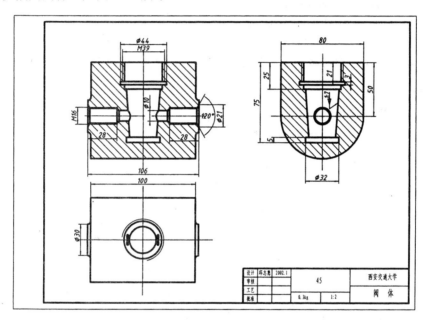

图 9-26　阀体

1. 绘新图

文件→新建(File→New) 🗋

选 A3 样板图：A3.dwt。

2. 图层

格式→图层(Format→Layer) 📑

在图层对话框中设置第六层为当前层，作为绘图辅助线层。

3. 画线

绘图→直线(Draw→Line) ✏

重复命令，画一条横线及两条竖线作为绘图辅助线。

4. 偏移

修改→偏移(Modify→Offset) 📑

重复命令，按尺寸偏移横线及竖线。

5．线宽

格式→线宽(Format→Lineweight)

按需设置线宽并打开线宽显示。

6．图层

格式→图层(Format→Layer)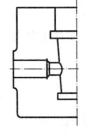

在图层对话框中设置第 0 层为当前层。

7．画线

绘图→多段线/线(Draw→Pline/Line)

重复命令，描绘轮廓线(粗实线)，如图 9-27 所示。

图 9-27　主视图部分轮廓线

注意：所有轮廓线(粗实线)均可不设置线宽绘制。用 Circle 绘制圆。AutoCAD 在出图时提供按颜色设置线宽，使绘图步骤大为简便。

8．镜像

修改→镜像(Modify→Mirror)

将主视图左右镜像，如图 9-28 所示。

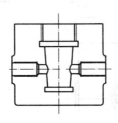

图 9-28　主视图轮廓线

9．画圆

绘图→圆(Draw→Circle)

重复命令，绘制左视图圆的轮廓线(粗实线)，如图 9-29 和图 9-30 所示。

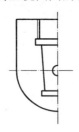
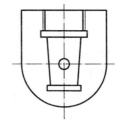

图 9-29　左视图部分轮廓线　　　图 9-30　左视图轮廓线

10．图层

格式→图层(Format→Layer)

换层并设置点画线层为当前层，准备绘制点画线。先绘制轮廓线，后绘制点画线，可以准确绘制点画线的长度。

11．图层

格式→图层(Format→Layer)

在换层对话框中冻结辅助线层，设置剖面线层为当前层，准备绘制剖面线。

12. 填充

绘图→图案填充(Draw→Hatch)

在对话框中选取用户图案，设置角度为−45°、间距为 5，点选绘制剖面线区域，绘制非金属的填充材料，如图 9-31 所示。

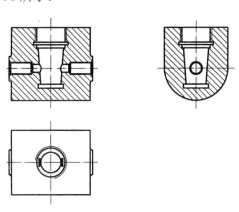

图 9-31　绘制剖面线

13. 图层

格式→图层(Format→Layer)

换层并设置尺寸层为当前层。

14. 标注尺寸

标注→线性(Dimension→Linear)

多次重复命令，标注所有尺寸，方法如同 9.2 节阀杆的标注。

15. 插入

插入→块(Insert→Block)

重复命令，在图中按所需位置、方向插入粗糙度符号。必须有已绘制好的块 cf。

命令: _insert(点对话框的块按钮，选取绘制好的块 cf)	**Command**: _insert
指定插入点或[比例(S)/X/Y/Z/旋转(R)/	Specify insertion point or [Scale/X/Y/Z/Rotate
预览比例(PS)/PX/PY/PZ/预览旋转(PR)]:	/PScale/PX/PY/PZ/PRotate]:

(插入点：在所需位置点一下)

(X 比例为 1)(Y 比例=X)(旋转角度根据需要键入)

16. 单行文字

绘图→文字→单行文字(Draw→Text→Single Line Text)

在粗糙度符号上输入文字(注意方向)，并输入所有汉字。

命令: _dtext	**Command**: _dtext

17. 存储

文件→保存(File→Save)

命令: save **Fati**	**Command**: save **Fati**

将文件起名为 Fati(阀体)并存盘，完成任务后的效果如图 9-26 所示。

9.5 装 配 图

下面用前面几个零件图来绘制一张开关阀门的装配图，如图 9-32 所示。用户通过学习这些绘制方法，可以绘制复杂的机械装配图。用户必须按尺寸、比例绘图。采用此方法拼绘装配图，可在计算机上模拟装配机器，同时可做尺寸校核。

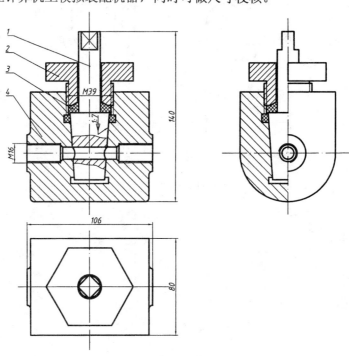

图 9-32　开关阀门的装配图

1. 打开

文件→打开(**File→Open**)

　选取阀体零件图打开。

2. 赋名存储

文件→另存为(**File→Save As**)

注意：打开零件图后，一定要重新起名另存一个文件，否则原零件图不再存在。

命令: save as **Kgfm**	**Command:** save as **Kgfm**

存盘起名为 Kgfm(开关阀门)。

3. 删除

修改→删除(**Modify→Erase**)

　重复命令，将尺寸删除或将尺寸层冻结。

命令: _erase(选取要删除的尺寸)	**Command:** _erase
选择对象: 找到 1 个	Select objects: 1 found
选择对象: 找到 1 个, 总计 2 个	Select objects: 1 found, 2 total

...	...
选择对象: ↵	Select objects: ↵

4．插入

插入→块(Insert→Block)

重复命令，将阀杆、压紧螺母的零件图插在图框外，如图 9-33 所示。

命令: _insert	Command: _insert
指定插入点或[比例(S)/X/Y/Z/旋转(R)	Specify insertion point or [Scale/X/Y/Z/Rotate/
/预览比例(PS)/PX/PY/PZ/预览旋转(PR)]:	PScale/PX/PY/PZ/PRotate]:

在插入对话框中选取"文件"按钮，点取插入文件。当绘图比例不一致时，按同样大小插入，旋转角度为 0°。

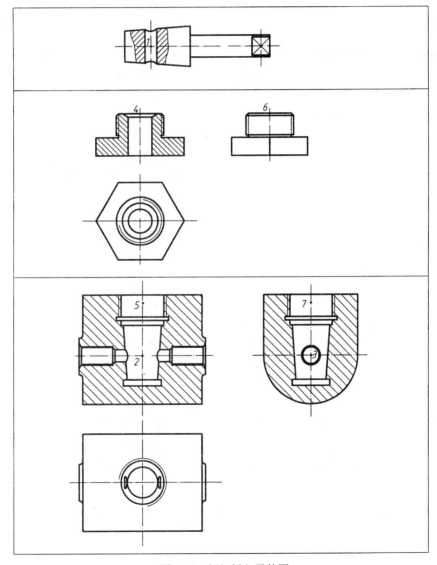

图 9-33　阀门插入零件图

5. 旋转

修改→旋转(Modify→Rotate) ○

将方向不一致的图形旋转一个角度。阀杆旋转 90°，压紧螺母旋转 180°。

命令: _rotate	Command: _rotate
UCS 当前的正角方向: ANGDIR=逆时针	Current positive angle in UCS:
ANGBASE=0	ANGDIR=counterclockwise　ANGBASE=0
选择对象:	Select objects:
指定对角点: 找到 3 个	Specify opposite corner: 3 found
选择对象: ↵	Select objects: ↵
指定基点: (图形转动的圆心点)	Specify base point:
指定旋转角度或[参照(R)]: **90** ↵	Specify rotation angle or [Reference]: **90** ↵

6. 移动

修改→移动(Modify→Move) ✛

将各图形的主视图、俯视图、左视图分别移到图中对应位置，如图 9-34 所示。

(1) 移阀杆。

命令: _move	Command: _move
选择对象:	Select objects:
指定对角点: 找到 32 个(选取阀杆主视图)	Specify opposite corner: 32 found
选择对象: ↵	Select objects: ↵
指定基点或位移: (捕捉阀杆 1 点作为基准点)	Specify base point or displacement:
指定位移的第二点或<用第一点作位移>:	Specify second point of displacement or
(捕捉阀杆的 2 点)	<use first point as displacement>:

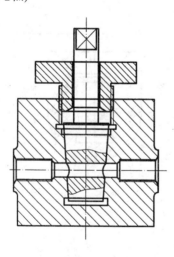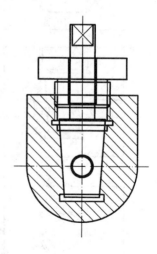

图 9-34　阀门拼图

(2) 点击 ✎ 按钮复制一个阀杆的左视图。

命令: _copy	Command: _copy
选择对象:	Select objects:

指定对角点:找到 11 个(选阀杆的主视图)   Specify opposite corner: 11 found

选择对象: ↵   Select objects: ↵

指定基点或位移: (捕捉阀杆的 1 点作为基准点)   Specify base point or displacement:

指定位移的第二点或   Specify second point of displacement or

<用第一点作位移>: (捕捉阀体的 3 点)   <use first point as displacement>:

(3) 移动压紧螺母。

命令: _move   **Command:** _move

选择对象: Select objects:

指定对角点: 找到 11 个(选取压紧螺母的主视图)   Specify opposite corner: 11 found

选择对象: ↵   Select objects: ↵

指定基点或位移: (捕捉压紧螺母的 4 点   Specify base point or displacement:

作为基准点)

指定位移的第二点或 <用第一点作位移>:   Specify second point of displacement or

(捕捉阀体的 5 点)   <use first point as displacement>:

命令: _move   **Command:** _move

选择对象: Select objects:

指定对角点: 找到 11 个(选取压紧螺母左视图,   Specify opposite corner: 11 found

重复图形可不选)

选择对象: ↵   Select objects: ↵

指定基点或位移: (捕捉压紧螺母的 6 点作为基准点)   Specify base point or displacement:

指定位移的第二点或<用第一点作位移>:   Specify second point of displacement or <use

(捕捉阀体的 7 点)   first point as displacement>:

7. 删除

修改→删除(Modify→Erase) ✏

重复命令，将不要的线删除。

命令: _erase   **Command:** _erase

选择对象: 找到 1 个   Select objects: 1 found

选择对象: 找到 1 个，总计 2 个   Select objects: 1 found, 2 total

...   ...

选择对象: ↵   Select objects: ↵

8. 修剪

修改→修剪(Modify→Trim) ⊬

重复命令，将不要的线段剪除。

命令: _trim   **Command:** _trim

当前设置:　　投影=UCS   Current settings: Projection=UCS,

边=无   Edge=None

选择剪切边...   Select cutting edges...

选择对象: 找到 1 个(选作剪刀的物体)	Select objects: 1 found
选择对象: 找到 1 个, 总计 2 个	Select objects: 1 found, 2 total
选择对象: ↵	Select objects: ↵
选择要修剪的对象或按 Shift 选取延长或	Select object to trim or Shift-select to extend or
[投影(P)/边(E)/放弃(U)]:	[Project/Edge/Undo]:
...	...
选择要修剪的对象或按 Shift 选取延长或	Select object to trim or Shift-select to extend or
[投影(P)/边(E)/放弃(U)]: ↵	[Project/Edge/Undo]: ↵

9. 填充

绘图→图案填充(Draw→Hatch)

在对话框中选取用户图案，设置角度为 45°、间距为 2、双向，然后点选绘制剖面线区域，如图 9-32 所示。

命令: _bhatch	**Command:** _bhatch
选择内部点:	Select internal point:
正在选择所有对象... (点取绘制剖面线的区域)	Selecting everything...
选择内部点: ↵	Select internal point: ↵

10. 图层

格式→图层(Format→Layer)

换层并设置尺寸层为当前层。

11. 标注尺寸

标注→线性(Dimension→Linear)

多次重复命令，标注外形等尺寸，方法如同 9.2 节阀杆的标注。

12. 标注尺寸

标注→引线(Dimension→leader)

将引线的箭头改为逗点，用于引出装配图的序号。

命令: _qleader	**Command:** _qleader
指定引线起点或[设置(S)] <设置>:	From point or [Set] <Set>:
指定下一点:	To point:
指定下一点: ↵	To point: ↵
指定文字宽度<0>:	Text width<0>:
输入注释文字的第一行<多行文字(M)>:	First line text:<Mtext>:
1↵(键入序号)	**1**↵
输入注释文字的下一行: ↵	Next line text: ↵

13. 存储

文件→保存(File→Save)

| 命令: save **fmzpt** | **Command:** save **fmzpt** |

完成任务后的效果如图 9-32 所示。

9.6 机械制图练习题

练习一：绘制如图 9-35 所示平面图形，掌握常见图形的绘制方法。

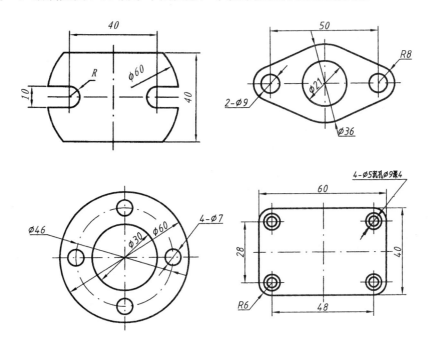

图 9-35 平面图形

练习二：绘制如图 9-36 所示平面立体 V 形座，掌握三视图的绘制方法。

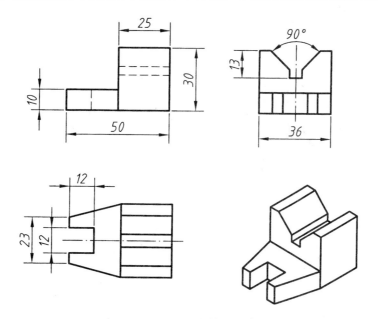

图 9-36 平面立体 V 形座

练习三：绘制如图 9-37 所示平面立体，掌握三视图的绘制方法。

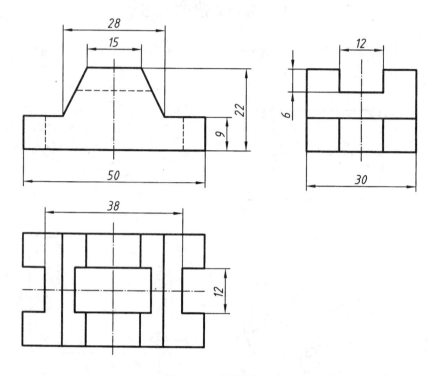

图 9-37 平面立体

练习四：绘制如图 9-38 所示密封盖，掌握盘盖类零件的绘制方法。

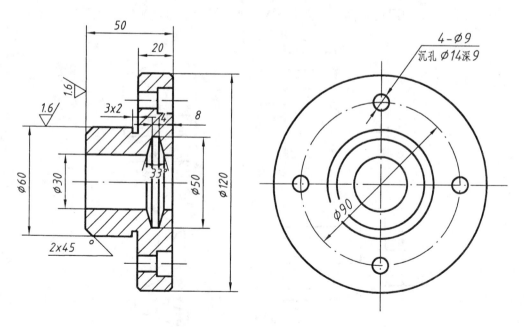

图 9-38 密封盖

练习五：绘制如图 9-39 所示两轴，掌握轴类零件的绘制方法。

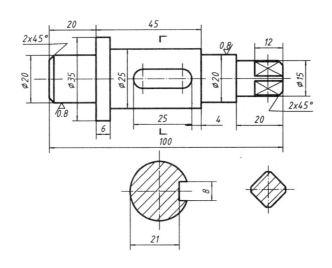

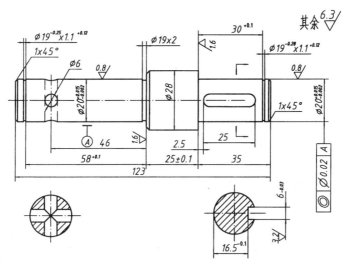

图 9-39　轴

练习六：绘制如图 9-40 所示顶针。

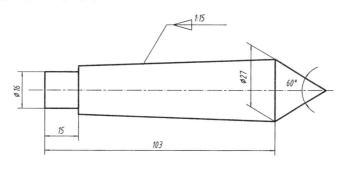

图 9-40　顶针

练习七：绘制如图 9-41 所示凸轮，掌握曲线零件的绘制方法。

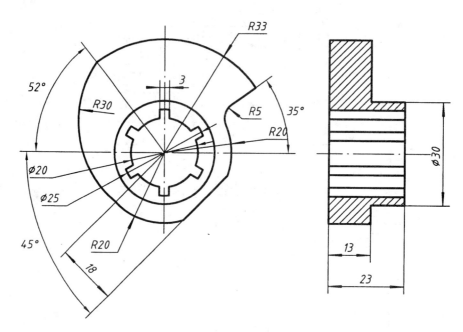

图 9-41　凸轮

练习八：绘制如图 9-42 所示支架，掌握支架类零件的绘制方法。

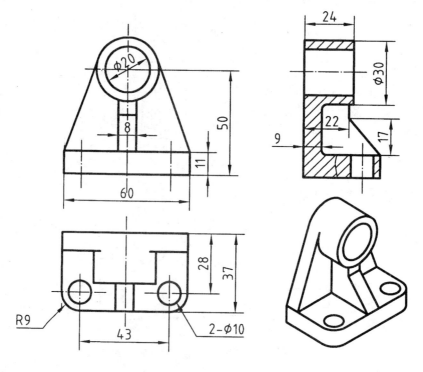

图 9-42　支架

练习九：绘制如图 9-43 所示支座，掌握一般零件的绘制方法。

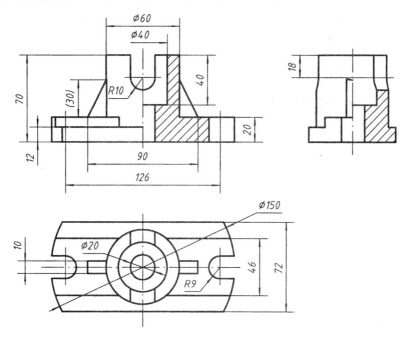

图 9-43 支座

练习十：绘制如图 9-44 所示轴承座，掌握一般零件的绘制方法。

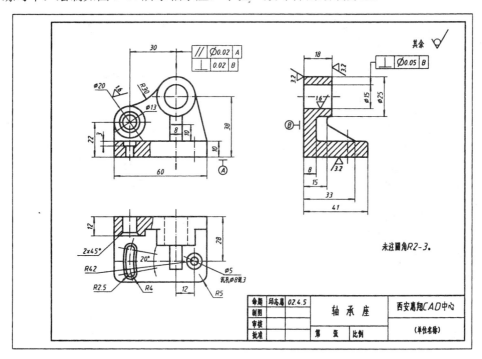

图 9-44 轴承座

练习十一：绘制如图 9-45 所示微动机构装配图，掌握一般装配图的绘制方法。

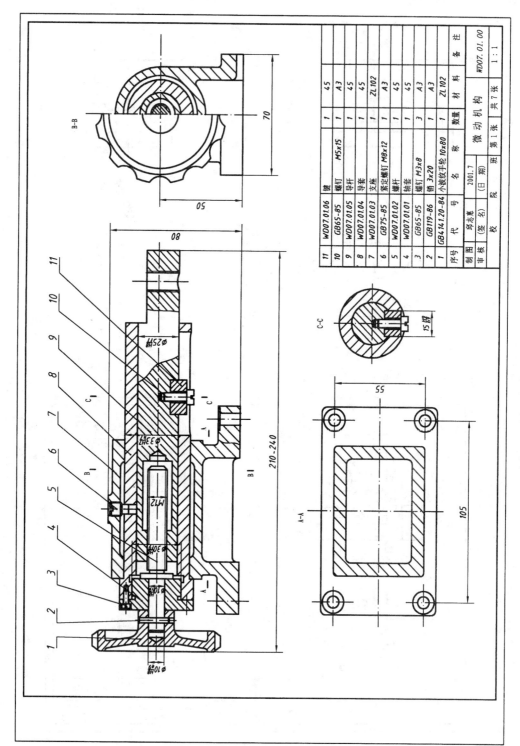

图 9-45　微动机构装配图

序号	代　号	名　称	数量	材　料	备　注
11	WD07.01.06	键	1	45	
10	GB65-85	螺钉 M5×15	1	A3	
9	WD07.01.05	导杆	1	45	
8	WD07.01.04	导套	1	45	
7	WD07.01.03	支座	1	ZL102	
6	GB75-85	紧定螺钉 M8×12	1	A3	
5	WD07.01.02	螺杆	1	45	
4	WD07.01.01	轴套	1	45	
3	GB65-85	螺钉 M3×8	3	A3	
2	GB119-86	销 3×20	1	A3	
1	GB4141.20-84	小波纹手轮 10×80	1	ZL102	

制图	邱志惹	2001.7	微动机构	WD07.01.00
审核	(签 名)	(日 期)	第 1 张　共 7 张	1：1
校		院　班		

练习十二：绘制如图 9-46 所示微动机构中的小波纹手轮零件图。

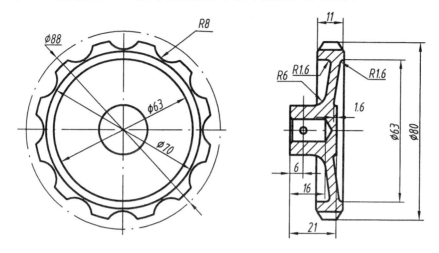

图 9-46 小波纹手轮

练习十三：绘制如图 9-47 所示微动机构中的支座零件图。

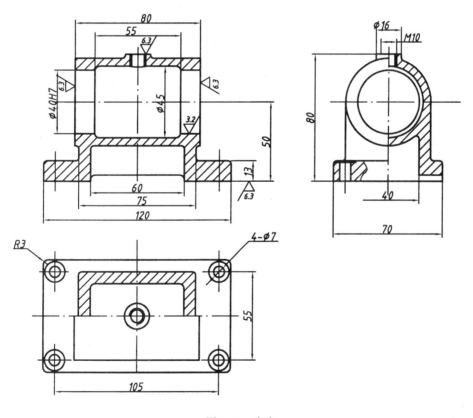

图 9-47 支座

第10章　建筑工程图

通过本章练习，主要学会绘制各种建筑工程图的作图方法及技巧。

学习应用命令：颜色(Color)、层(Layer)、线型(Linetype)、线型比例(Ltscale)、线宽(Lineweight)、多段线(Pline)、镜像(Mirror)、倒角(Chamfer)、延伸(Extend)、比例(Scale)、标注样式(Dim Style)、标注(Dim)、特性(Properties)、特性匹配(Match)、栅格(Grid)、捕捉(Snap)等。

10.1　自制建筑样板(模板)图

本节参照建筑制图国家标准，设置图层、线型、尺寸变量等参数基本符合国家标准的样板图，还将建筑常用标高符号存入模板。用户还可以将其他建筑常用的符号及门窗等全部存入模板，以便直接使用，加快绘图速度。

1. 绘新图

文件→新建(File→New) □

点击样板按钮，选取已制作的机械样板或选用国标(GB)样板图修改。一些在机械样板中已设置过的内容在此不再重复。

命令: new↵　　　　　　　　　　　　　　Command: new↵

2. 设置绘图界限

格式→图形界限(Format→Drawing Limits)

按 A3 图幅的 100 倍设置。

命令: '_limits　　　　　　　　　　　　Command: '_limits

指定左下角点或[开(ON)/关(OFF)]　　　Specify lower left corner or [ON/OFF]

<0,0>: **-100,-100** ↵　　　　　　　　　<0,0>: **-100,-100**↵

指定右上角点 <420,297>: **43000,30000**↵　Specify upper right corner<420,297>: **43000,30000** ↵

3. 缩放

视图→缩放→全部(View→Zoom→All) 🔍

命令: '_zoom　　　　　　　　　　　　　Command: '_zoom

指定窗口角点, 输入比例因子(nX 或 nXP),　Specify corner of window, enter a scale factor

或[全部(A)/中心点(C)/动态(D)/范围(E)/　(nX or nXP), or [All/Center/Dynamic/Extents

上一个(P)/比例(S)/窗口(W)]<实时>: _all　/Previous/Scale/Window] <real time>: _all

4. 设置尺寸变量

标注→样式(Format→Dimension Style) 📐

在尺寸变量设置对话框中，放大 100 倍设置尺寸线的距离，尺寸界线的起点和长度，尺寸数字的高度(350)、精度、方向等，箭头的形式改选建筑斜杠。具体内容见第 6 章的尺寸变量设置。

5. 画线

绘图→直线(Draw→Line) ╱

绘制标高符号，如图 10-1 所示。

图 10-1　标高符号

命令: _line	Command: _line
指定第一点: (任点一点)	Specify first point:
指定下一点或[放弃(U)]:	Specify next point or [Undo]:
指定下一点或[放弃(U)]:	Specify next point or [Undo]:
指定下一点或[闭合(C)/放弃(U)]:	Specify next point or [Close/Undo]:
指定下一点或[闭合(C)/放弃(U)]: ↵	Specify next point or [Close/Undo]: ↵

6. 制作块

绘图→块→创建(Draw→Block→Make) 🔲

将所绘制的标高符号制作成图块，以备所有建筑工程图使用。

命令: _block　　　　　　　　　　　　Command: _block

在制做图块对话框中先给图块起名 bg，再选择对象并全选物体(找到 3 个)，最后指定最低点作为插入基点。

7. 插入

插入→块(Insert→Block) 🔲

必须有已绘制的 A3 图幅，如没有，则参照第 8 章 A4 图幅绘制。

命令: _insert　　　　　　　　　　　　Command: _insert

在插入对话框中选文件 A3.dwg，插入点为(0, 0)，比例为 100，角度为 0。

8. 存储

文件→保存(File→Save) 💾

选后缀名.dwt 并给文件起名为 A3jz，存盘。

命令: save **A3jz**　　　　　　　　　Command: save **A3jz**

10.2　立　面　图

绘制建筑的立面图并标注尺寸，如图 10-2 所示。

图 10-2　楼房立面图

1. 绘新图

文件→新建(File→new) 🗋

选取 A3jz 样板图：A3jz.dwt。

命令：_new↵   **Command**: _new↵

2. 画线

绘图→直线(Draw→Line) ✏

重复命令，根据尺寸画线或矩形，绘制两个窗户及屋顶，并按尺寸绘制立面图的轮廓线，如图 10-3 所示。

命令: _line   **Command**: _line

指定第一点: (用鼠标给点)   Specify first point:

指定下一点或[放弃(U)]: (用鼠标给点)   Specify next point or [Undo]:

指定下一点或[放弃(U)]: ↵   Specify next point or [Undo]: ↵

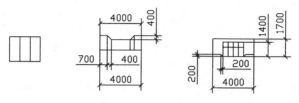

图 10-3   窗户及屋顶

3. 偏移

修改→偏移(Modify→Offset) 🔲

多次重复命令，根据尺寸，按图示距离偏移。

命令: _offset   **Command**: _offset

指定偏移距离或[通过(T)] <1>: **500** ↵   Specify offset distance or[Through]<1>: **500**↵

选择要偏移的对象或<退出>:   Select object to offset or <exit>:

指定点以确定偏移所在一侧: Specify point on side to offset:

选择要偏移的对象或<退出>: ↵   Select object to offset or <exit>: ↵

4. 移动

修改→移动(Modify→Move) ✛

将窗户图形移动到新位置，如图 10-4 所示。

命令: _move   **Command**: _move

选择对象: 找到 1 个   Select objects: 1 found

选择对象: ↵   Select objects: ↵

指定基点或位移: Specify base point or displacement:

指定位移的第二点或<用第一点作位移>:   Specify second point of displacement or

                                                    <use first point as displacement>:

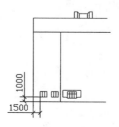

图 10-4   部分图形

5. 阵列

修改→阵列(Modify→Array)

重复命令，给定行数和列数，按矩形阵列复制多个窗户，如图 10-5 所示。

命令：_array	Command: _array
选择对象：找到 1 个	Select objects: 1 found
选择对象：↵	Select objects: ↵

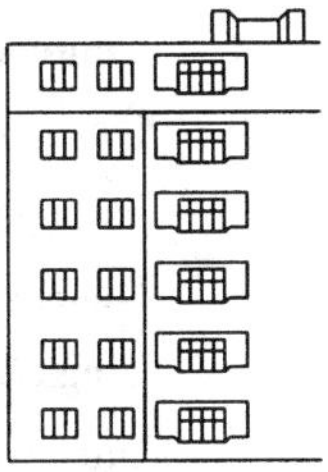

图 10-5　阵列图形

6. 画弧

绘图→圆弧(Draw→Arc)

删除一个窗户，用三点绘制圆弧半圆线。

命令：_arc	Command: _arc
指定圆弧的起点或[圆心(CE)]:	Specify start point of arc or [CEnter]:
指定圆弧的第二点或[圆心(CE)/端点(EN)]:	Specify second point of arc or [CEnter/ENd]:
指定圆弧的端点：	Specify end point of arc:

7. 镜像

修改→镜像(Modify→Mirror)

重复命令，将视图镜像两次，绘制建筑的立面图，如图 10-6 所示。

命令：_mirror	Command: _mirror
选择对象：	Select objects:
指定对角点：找到 80 个	Specify opposite corner: 80 found
选择对象：↵	Select objects: ↵
指定镜像线的第一点：	Specify first point of mirror line:
指定镜像线的第二点：	Specify second point of mirror line:
是否删除源对象？[是(Y)/否(N)] <N>:↵	Delete source objects? [Yes/No] <N>:↵

图 10-6　镜像图形

8. 图层

格式→图层(Format→Layer)

在换层对话框中设置第 1 层为当前层。

9. 标注尺寸

标注→线性(Dimension→Linear)

重复命令，标注所有线性尺寸。为准确标注尺寸，应捕捉交点。

命令: _dimlinear	Command: _dimlinear
指定第一条尺寸界线起点或<选择对象>:	First extension line origin or <Select Object>:
指定第二条尺寸界线起点:	Second extension line origin:
指定尺寸线位置或[多行文字(M)/文字(T)/	Dimension line location(Mtext/Text
角度(A)/水平(H)/垂直(V)/旋转(R)]:	/Angle/Horizontal/Vertical/Rotated):
标注文字 =600	Dimension text =600

10. 编辑标注文字

标注→标注文字(Dimension→Align Text)

编辑尺寸，移动位置不合理的尺寸。

命令: _dimtedit	Command: _dimtedit
选择标注:	Select dimension:
指定标注文字的新位置或 [左(L)/右(R)/	Enter text location (Left/Right
中心(C)/缺省(H)/角度(A)]:	/Center/Home/Angle):

11. 保存

文件→保存(File→Save)

命令: save **lmt**	Command: save **lmt**

将文件起名为 lmt(立面图)并存盘。完成任务后的效果如图 10-2 所示。

10.3　平　面　图

绘制建筑标准间的平面图并标注尺寸，如图 10-7 所示。

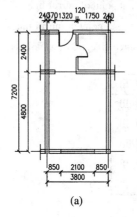

(a)

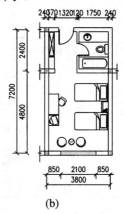

(b)

图 10-7　平面图

1. 新图

文件→新建(File→new)

选取 A3jz 样板图：A3jz.dwt。为快速作图，可制作辅助线，按宽度尺寸偏移辅助线，再描绘图线。

2. 图层

格式→图层(Format→Layer)

在图层对话框中设置第六层为当前层，作为绘图辅助线层。

3. 画线

绘图→直线(Draw→Line)

重复命令，画两条横线和两条竖线，作为绘图基准辅助线。

4. 偏移

修改→偏移(Modify→Offset)

多次重复命令，根据尺寸，按图示距离偏移横线及竖线，如图 10-8 所示。辅助线不必一次作出，可随需随作。

命令: _offset	Command: _offset
指定偏移距离或[通过(T)] <1.0000>: **120** ↵	Specify offset distance or[Through]<1>: **120**↵
选择要偏移的对象或<退出>: (选竖线)	Select object to offset or <exit>:
指定点以确定偏移所在一侧: (左点)	Specify point on side to offset:
选择要偏移的对象或<退出>: ↵	Select object to offset or <exit>:↵

5. 图层

格式→图层(Format→Layer)

换层并设置第 0 层为当前层。

6. 线宽

格式→线宽(Format→Lineweight)

按需设置线宽，并打开线宽显示。

7. 画线

绘图→多段线/结构线(Draw→Pline/MultiLine)

多次重复命令，描绘轮廓线(粗实线)，如图 10-9 所示。

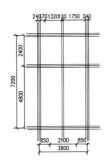

图 10-8　辅助线

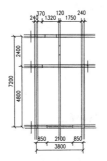

图 10-9　轮廓线

8. 弧

绘图→圆弧(Draw→Arc)

用三点绘制门，如图 10-10 所示。

命令: _arc	Command: _arc
指定圆弧的起点或[圆心(CE)]:	Specify start point of arc or [CEnter]:
指定圆弧的第二点或[圆心(CE)/端点(EN)]:	Specify second point of arc or [CEnter/ENd]:
指定圆弧的端点:	Specify end point of arc:

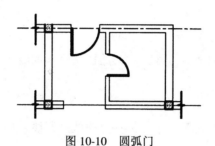

图 10-10　圆弧门

9. 图层

格式→图层(Format→Layer)

在换层对话框中将辅助线层冻结，设置第 1 层为当前层。

10. 填充

绘图→图案填充(Draw→Hatch)

重复命令，在对话框中选取混凝土图案，然后点选绘制剖面线区域。

命令: _bhatch	Command: _bhatch
选择内部点: 正在选择所有对象...	Select internal point: Selecting everything...
(点取绘制剖面线的区域)	
选择内部点: ↵	Select internal point: ↵

11. 标注尺寸

标注→线性(Dimension→Linear)

重复命令，标注所有尺寸。完成后的平面图如图 10-7(a)所示。

12. 插入

插入→块(Insert→Block)

插入图幅及床等家具(必须有已绘制好的家具图)，如图 10-7(b)所示。

命令: _insert	Command: _insert

在插入对话框中选文件 A3.dwg，插入点为(0, 0)，比例为 100，角度为 0。

13. 存储

文件→保存(File→Save)

命令: save pmt	Command: save **pmt**

将文件起名为 pmt(平面图)并存盘。

14. 打印文件

文件→出图(File→Plot) 🖨

命令: _plot　　　　　　　　　　　　　Command: _plot

在出图对话框中将出图比例设为 1∶100 或按自动比例打印。

10.4　剖　面　图

绘制建筑剖面图，如图 10-11 所示。

1. 绘新图

文件→新建(File→New) 🗋

选建筑样板图：A3jz.dwt。参照绘制建筑平面图的方法绘制其外轮廓，如图 10-12 所示。

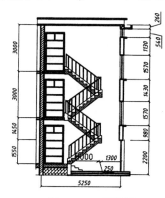
　　　　　　　　图 10-11　剖面图

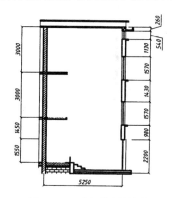
　　　　　　　　图 10-12　剖面图外轮廓

2. 插入

插入→块(Insert→Block) 🗒

重复命令，在图 10-12 中按所需位置、方向插入门。必须有已作好的块 door。
点对话框的块按钮，选取作好的块 door，如图 10-13 所示。

命令: _insert　　　　　　　　　　　　Command:_insert

指定插入点或[比例(S)/　　　　　　　　Specify insertion point or; [Scale/

X/Y/Z/旋转(R)/预览比例(PS)/　　　　　X/Y/Z/Rotate/PScale

PX/PY/PZ/预览旋转(PR)]:　　　　　　　/PX/PY/PZ/PRotate]:

(插入点: 在所需位置点一下)

(X 比例为 1)(Y 比例=X)

图 10-13　门

3. 画线

绘图→直线(Draw→Line)

　　重复命令，画横线、竖线作为一阶楼梯，如图 10-14 所示。

4. 阵列

修改→阵列(Modify→Array)

　　在阵列对话框中选择矩形阵列并将行数和列数分别设为 1 和 7，然后设置列间距及角度 (36°)，再选择对象进行阵列复制，如图 10-15 所示。

5. 画线

绘图→多段线/线(Draw→Pline/Line)

　　重复命令，绘制楼梯扶手斜线等轮廓线，如图 10-16 所示。

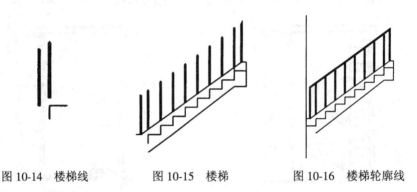

图 10-14　楼梯线　　　　图 10-15　楼梯　　　　图 10-16　楼梯轮廓线

6. 镜像

修改→镜像(Modify→Mirror)

　　将楼梯左右镜像，如图 10-17 所示。

7. 移动

修改→移动(Modify→Move)

　　将一半楼梯移动到新位置，如图 10-18 所示，然后将楼梯全部移动到剖面图中。

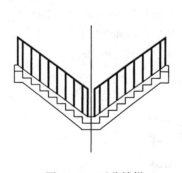
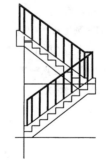

图 10-17　对称楼梯　　　　　　　　图 10-18　一层楼梯

8. 阵列

修改→阵列(Modify→Array)

　　在阵列对话框中选择矩形阵列，并将行数和列数分别设为 3 和 1，然后设置行间距及阵列，角度(0°)，再选取门和楼梯进行阵列。

9. 图层

格式→图层(Format→Layer)

在换层对话框中设置剖面线层为当前层，准备绘制剖面线。

10. 填充

绘图→图案填充(Draw→Hatch)

在对话框中选取库中所需图案，点选绘制剖面线区域，绘制建筑的填充材料。

11. 图层

格式→图层(Format→Layer)

换层并设置尺寸层为当前层。

12. 标注尺寸

标注→线性(Dimension→Linear)

多次重复命令，标注所有尺寸。

13. 存储

文件→保存(File→Save)

命令: save　pomt　　　　　　　　　Command: save　pomt

将文件起名为 pomt(剖面图)并存盘。完成任务后的效果如图 10-11 所示。

10.5　建筑制图练习题

练习一：绘制如图 10-19 所示立面图形，掌握常见图形的绘制方法。

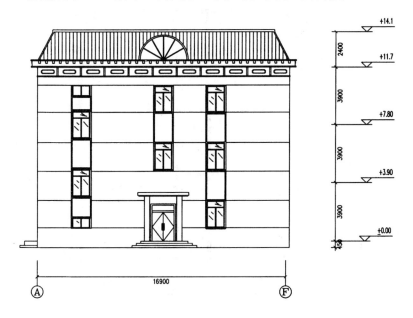

图 10-19　立面图

练习二：绘制如图 10-20 所示平面图，掌握平面图的绘制方法。

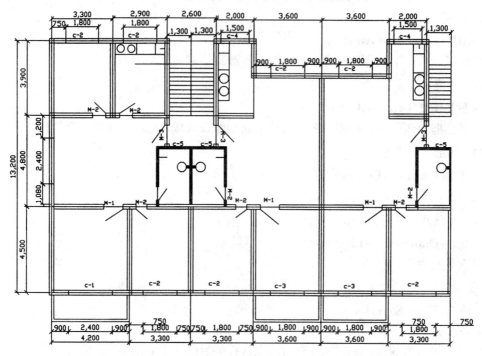

图 10-20　平面图

练习三：绘制如图 10-21 所示剖面图，掌握剖面图的绘制方法。

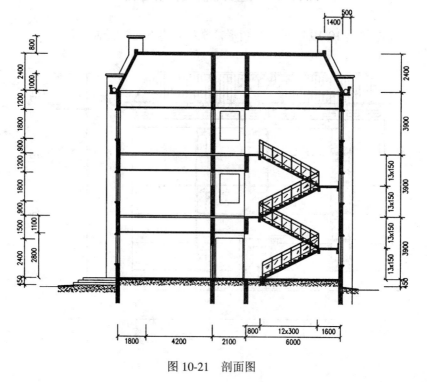

图 10-21　剖面图

练习四：绘制如图 10-22 所示办公室平面图。

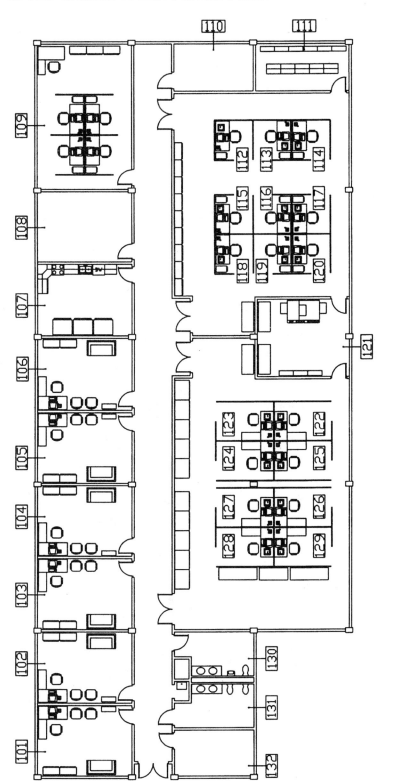

图 10-22　办公室平面图

练习五：绘制如图 10-23 所示古塔建筑剖面图。

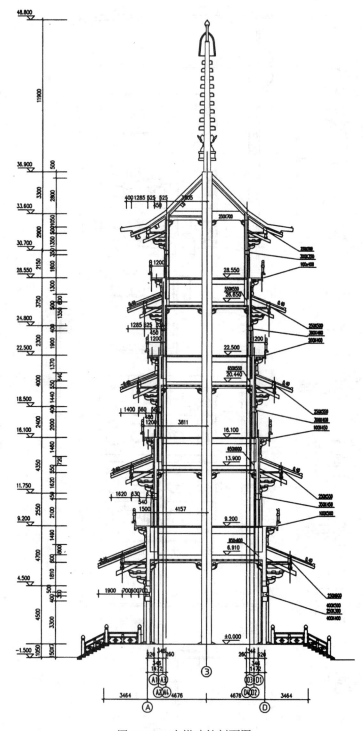

图 10-23 古塔建筑剖面图

三维基本命令

第 11 章　三维立体造型原理及概述

本章主要介绍三维原理及三维的一些常用命令。

学习命令：设置水平厚度(Elev)、厚度(Thickness)、三维多段复合线(3D Polyline)、消隐(Hide)、视觉样式(Shade)、渲染(Render)、坐标系变换(UCS)、视口变换(Vports)、三维视图变换(Vpoint)、布局(Layout)、图纸空间(Paper Space)、模型空间(Model Space)、模型/图纸兼容空间(Model Space Floating)等。

11.1　原理及概述

在工程图学中常把一般的物体称为组合体。组合体是由一些基本几何体组合而成的。组合就是将基本几何体通过布尔运算求并(叠加)、求差(挖切)、求交而构成形体。基本几何体是形成各种复杂形体的最基本形体，如立方体、圆柱体、圆锥体、球体和环体等。基本几何体的形成有两种方式：一是先画一个底面特征图，再给一个高度，就形成一个拉伸柱体，如底面是一个六边形，拉伸一个高度，就是一个六棱柱；二是画一个封闭的断面图形，将其绕一个轴旋转，从而形成一个回转体。

在 AutoCAD 中提供了常见的基本几何体，并提供了布尔运算以及形成基本几何体的两种方式——生成拉伸体和旋转体，但其绘制基本几何体的高度方向均为 Z 轴方向，拉伸体的拉伸方向也为平面图形的垂直法线方向。所以要想制作各个方向的几何形体，就必须进行坐标系变换。AutoCAD 提供了方便的用户坐标系。如图 11-1 所示，要在一个立体中挖去一个铅垂的圆柱体很容易，而要挖一正面或侧面的圆柱体，就必须先将坐标系绕 X 轴或 Y 轴转 90°，再画圆柱体，这样才能达到目的。如果要在任意方向挖孔，就必须先建立任意方向的用户坐标系。所以要学习三维造型，首先要学习 AutoCAD 中的坐标系变换。

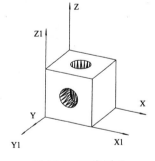

图 11-1　三维原理

对于一个复杂的立体，从一个方向不可能观察清楚，所以在 AutoCAD 中提供了三维视点，可方便地从任意方向观察立体。AutoCAD 同时提供了多窗口操作，将视窗任意分割，从而可以同时通过多窗口操作来观察立体的各个方向。AutoCAD 提供了多种效果：消隐、着色和渲染，其中有多种不同的着色效果。本章主要介绍坐标系变换、视口变换、视图变换以及各种效果和各种空间。

11.2　水平厚度(Elev)

在设置水平，即设置 Z 向的起点及厚度后，用二维绘制命令就可以绘制一些有高度的三维图形(二维半图形)。

命令: **elev** ↵(键入命令)	Command: **elev**↵
指定新的缺省标高<0.0000>: ↵	Specify new default elevation <0.0000>:↵
指定新的缺省厚度<0.0000>: **5** ↵	Specify new default thickness <0.0000>: **5**↵

用二维绘图命令绘制线、圆、弧、多边形和复合线等，如图 11-2 所示。注意：此命令对结构线、多义线、椭圆和矩形等不起作用。用户可以通过命令中的选项设置矩形的水平和厚度。如果需继续绘制平面图形，要将水平和厚度重新设置为 0。

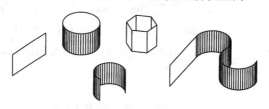

图 11-2　有厚度的图形

11.3　厚度(Thickness)

在设置厚度后，用二维绘制命令就可以绘制一些有高度的三维图形。与命令 elev 不同的是，本命令不能指定标高(设置水平)，只能指定厚度。

格式→厚度(Format→Thickness)

命令: '_thickness	Command: '_thickness
输入 THICKNESS(厚度的新值)<0.0>: **5** ↵	Enter new value for THICKNESS <0.0>: **5** ↵

11.4　三维多段线(3D Polyline)

3D 多段线与 2D 多段线的绘制方法基本一样，不同的是，3D 多段线可以给出 Z 坐标，但是不能绘制弧线。绘制 3D 多段线时，可选主菜单项"绘制"(Draw)的下拉菜单中的"三维多段线"(3D Polyline)命令。默认工具条中没有此命令。在东南视点下绘制一条 3D 多段线，如图 11-3 所示。

绘图→三维多段线(Draw→3D Polyline)

命令: _3dpoly	Command: _3dpoly
指定多段线的起点: **0,0,0** ↵	Specify start point of polyline: **0,0,0**↵
指定直线的端点或[放弃(U)]: **@0,0,30** ↵	Specify endpoint of line or [Undo]: **@0,0,30**↵
指定直线的端点或[闭合(C)/放弃(U)]:	Specify endpoint of line or [Close/Undo]:
@40,0 ↵	**@40,0**↵
指定直线的端点或[闭合(C)/放弃(U)]: **@0,50** ↵	Specify endpoint of line or [Close/Undo]: **@0,50**↵
指定直线的端点或[闭合(C)/放弃(U)]: **@20,20** ↵	Specify endpoint of line or [Close/Undo]: **@20,20**↵
指定直线的端点或[闭合(C)/放弃(U)]: **@0,0,-30** ↵	Specify endpoint of line or [Close/Undo]: **@0,0,-30**↵
指定直线的端点或[闭合(C)/放弃(U)]: ↵	Specify endpoint of line or [Close/Undo]: ↵

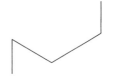

图 11-3　三维多段线

11.5　视觉样式(Shade)

视觉样式命令在"视图"(View)主菜单项的下拉菜单中，它有下一级菜单及图形工具条，如图 11-4 所示。点击该命令后，用户可根据需要，在如图 11-5 所示的对话框中设置各种视觉样式效果。

视图→视觉样式(View→Shade) ⬤

命令: _vscurrent　　　　　　　　　　　　　　　　　Command: _vscurrent

图 11-4　视觉样式下拉菜单及图形工具条

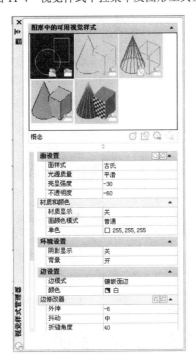

图 11-5　视觉样式设置框

11.6 渲染(Render)

渲染命令在"视图"(View)主菜单项的下拉菜单中，它有下一级菜单及图形工具条，如图 11-6 所示，其中包括多种渲染效果，如图 11-7 所示。因渲染效果涉及到光学、美感、色彩和背景等多方面的知识，而且 AutoCAD 的渲染效果不如 3DS MAX 的渲染效果，所以在此不作详细介绍。

视图→渲染→渲染(View→Render)

命令：_render   Command: _render

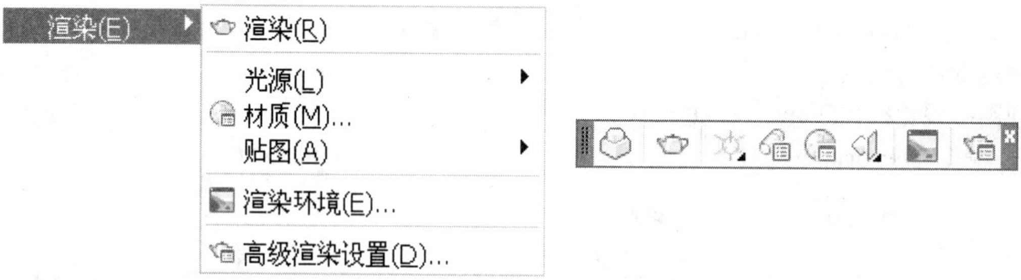

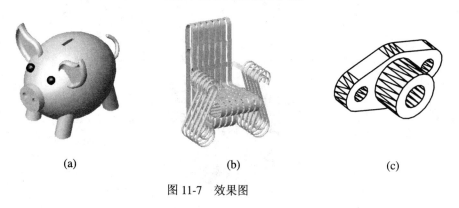

图 11-6 渲染下拉菜单及图形工具条

(a)   (b)   (c)

图 11-7 效果图

11.7 消隐(Hide)

消隐效果就是将被挡住的线自动隐藏起来，使图形看起来简单明了。本书的大部分立体图均为消隐效果图，如图 11-7(c)所示。消隐命令在主菜单视窗(View)的下拉菜单中。

视图→消隐(View→Hide)

命令：_hide   Command: _hide

正在重生成模型。   Regenerating model.

11.8 坐标系变换(UCS)

坐标系变换即使用用户坐标系统。坐标系变换命令在"工具"(Tools)主菜单项的下拉菜

单中，点击"新建 UCS"，即打开其下一级菜单，如图 11-8 所示。坐标系变换(UCS)的图形
工具条如图 11-9 所示。点击"命名 UCS"菜单，显示如图 11-10 所示的对话框。

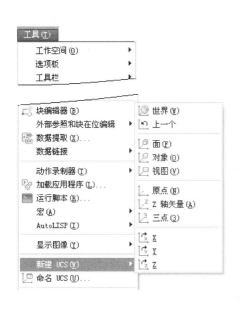

图 11-8　新建 UCS 下拉菜单　　　　　　　　　图 11-9　新建 UCS 图形工具条

11-10　命名 UCS 对话框

用户可在对话框中直观地选取已命名的 UCS。点击"详细信息"按钮，将显示当前坐
标系原点，如图 11-11 所示。点击"正交 UCS"选项卡，可以方便地选取六个基本视图的
坐标系，如图 11-12 所示。系统默认的坐标系为世界坐标系(World)，用户可方便地将坐标
系绕轴旋转来变换坐标系，或任选三点确定任意平面，设置平行于该任意平面的 UCS，并
可将 UCS 存储、移动、取出或删除。

命令: _ucs　　　　　　　　　　　　　　　　　Command: _ucs

用户通过下面的坐标系变换实例，可以很容易地学会坐标系变换。

图 11-11　详细信息对话框　　　　　　　　　图 11-12　正交 UCS 对话框

1. 3D 视点

视图→三维视图→东南等轴测(**View→3D Views→SE Isometric**) ◇

设置一个三维视点后才可以观看三维效果。

命令: _-view	**Command:** _-view
输入选项[?/正交(O)/删除(D)/恢复(R)/	Enter an option [?/Orthographic/Delete/Restore
保存(S)/设置(E)/窗口(W)]	/Save/sEttings/Window]
: _seiso	: _seiso

2. 缩放

视图→缩放→中心点(**View→Zoom→Center**) 🔍

选用中心点缩放，便于在三维作图时确定屏幕的中心。

命令: '_zoom	**Command:** '_zoom
指定窗口角点，输入比例因子(nX 或	Specify corner of window, enter a scale factor (nX or
nXP)，或[全部(A)/中心点(C)/动态(D)/范围	nXP), or[All/Center/Dynamic/ Extents/
(E)/上一个(P)/比例(S)/窗口(W)] <实时>: _c	Previous/Scale/Window] <real time>: _c
指定中心点: **20,20** ↵ (屏幕中心点位置)	Specify center point: **20,20** ↵
输入比例或高度<25>: **60** ↵ (高度)	Enter magnification or height <25>: **60** ↵

3. 视觉样式

视图→视觉样式(**View→Shade**) ⬤

命令: _vscurrent	**Command:** _vscurrent

4. 楔形

绘图→建模→楔形(**Draw→Modeling→Wedge**) ◿

绘制楔形作为参考体，如图 11-13 所示。

命令: _wedge	**Command:** _wedge
指定第一个角点或[中心(C)]<0,0,0>: ↵	Specify first corner of wedge or [CEnter]<0,0,0>: ↵
指定其他角点或[立方体(C)/长度(L)]: **@30,30,30**↵	Specify corner or [Cube/Length]: **@30,30,30**↵

5. 设置捕捉

工具→草图设置→对象捕捉(Tools→Draftseting→Object Snap)

在捕捉对话框中勾选端点(Endpoint)，并将其余取消。

命令: '_dsettings

Command: '_dsettings

6. 圆柱体

绘图→建模→圆柱体(Draw→Modeling→Cylinder)

绘制水平圆柱体，如图 11-14 所示。

命令: _cylinder

指定圆柱体底面的中心点或

[三点(3P)/两点(2P)/切点、切点、半径(T)/

椭圆(E)]:<0,0,0> (捕捉 A 点)

指定底面半径或 [直径(D)]: **10** ↵(半径)

指定高度或 [两点(2P)/轴端点(A)]: 5↵ (高度)

Command: _cylinder

Specify center point for base of cylinder or

[3P/2P/Ttr/Elliptical] y:<0, 0, 0>

Specify radius for base of cylinder or [Diameter]: **10**↵

Specify height of cylinder or [Center of other end]: **5**↵

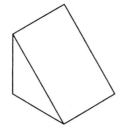

图 11-13　楔形

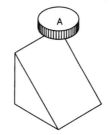

图 11-14　水平圆柱体

7. 坐标系变换

工具→新建 UCS→X(Tools→UCS→X)或工具→正交 UCS→前视

将坐标系绕 X 轴转 90°，以便绘制正平圆体。

命令: _ucs

当前 UCS 名称: *世界*

指定 UCS 的原点或[面(F)/命名(NA)/对象

(OB)/上一个(P)/视图(V)/世界(W)/X/Y/Z/Z

轴(ZA)]<世界>: _x

Command: _ucs

Current ucs name:　*WORLD*

Specify origin of UCS or

[Face/NAmed/OBject/Previous/View/World/X/Y/Z/

ZAxis]<World>: _x

8. 圆柱体

绘图→建模→圆柱体(Draw→Modeling→Cylinder)

绘制正平圆柱体，如图 11-15 所示。

命令: _cylinder

指定底面的中心点或[三点(3P)/两点(2P)/

切点、切点、半径(T)/椭圆(E)]:

指定底面半径或[直径(D)] <10.0000>:↵

指定高度或[两点(2P)/轴端点(A)]

<5.0000>:↵

Command: _cylinder

Specify center point of base or [3P/2P/

Ttr/Elliptical]:

Specify base radius or [Diameter] <10.0000>:↵

Specify height or [2Point/Axis endpoint]

<5.0000>:↵

9. 坐标系变换

工具→新建 UCS→Y(Tools→UCS→Y)或工具→正交 UCS→右视

将坐标系统 Y 轴转 90°，以便绘制侧面圆柱体。

命令: _ucs

当前 UCS 名称: *没有名称*

指定 UCS 的原点或[面(F)/命名(NA)/

对象(OB)/上一个(P)/视图(V)/世界(W)/X/Y/Z/Z

轴(ZA)]<世界>: _y

指定绕 Y 轴的旋转角度<90>:↵

Command: _ucs

Current ucs name:　*NO NAME*

Specify origin of UCS or

[Face/NAmed/OBject/Previous/View/World/X/Y/Z/

ZAxis]<World>:_y

Specify rotation angle about Y axis<90>:↵

10. 圆柱体

绘图→建模→圆柱体(Draw→Modeling→Cylinder)

绘制侧平圆柱体，如图 11-16 所示。

命令: _cylinder

指定底面的中心点或[三点(3P)/两点(2P)/

切点、切点、半径(T)/椭圆(E)]: (捕捉 C 点)

指定底面半径或[直径(D)] <10.0000>: ↵

(半径)

指定高度或[两点(2P)/轴端点(A)]

<5.0000>: ↵(高度)

Command: _cylinder

Specify center point of base or [3P/2P/Ttr/Elliptical]:

Specify base radius or [Diameter]<10.0000>:

Specify height or [2Point/Axis endpoint]<5.0000>

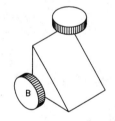
图 11-15　正平圆柱体

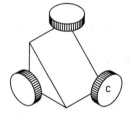
图 11-16　侧平圆柱体

11. 坐标系变换

工具→新建 UCS→三点(Tools→UCS→3Point)

设置以任意三点确定的坐标系。

命令: _ucs

当前 UCS 名称: *没有名称*

指定 UCS 的原点或[面(F)/命名(NA)/对象

(OB)/上一个(P)/视图(V)/世界(W)/X/Y/Z/

Z 轴(ZA)]<世界>: _3

指定新原点<0,0,0>: (捕捉 A 点)

在正 X 轴范围上指定点<30,30,0>: (捕捉 D 点)

在 UCS XY 平面的正 Y 轴范围上指定点

<30,30,0>:(捕捉 C 点)

Command: _ucs

Current ucs name:　*NO NAME*

Specify origin of UCS or

[Face/NAmed/OBject/Previous/View/World/X/Y/

Z/ZAxis]<World>: _3

Specify new origin point<0,0,0>:

Specify point on positive portion of X-axis <30,30,0>:

Specify point on positive-Y portion of the

UCS XY plane<30,30,0>:

12. 圆柱体

绘图→建模→圆柱体(Draw→Modeling→Cylinder) ⬜

绘制平行于任意平面的圆柱体，如图 11-17 所示。

命令: _cylinder

指定底面的中心点或[三点(3P)/两点(2P)/
切点、切点、半径(T)/椭圆(E)]:

指定底面半径[直径(D)] <10.0000>:↙

指定高度或[两点(2P)/轴端点(A)]
<5.0000>:↙(高度)

Command: _cylinder

Specify center point of base or
[3P/2P/Ttr Elliptical]:

Specify base radius of cylinder or [Diameter]: <10.0000> ↙

Specify height of cylinder or [Center of other end]:
<5.0000> ↙

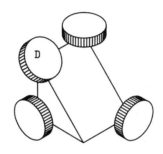

图 11-17　三点法向的圆柱体

13. 坐标系变换

工具→新建 UCS→世界坐标系(Tools→UCS→World) 🔘

回到世界坐标系。

命令: _ucs

当前 UCS 名称: *世界*

指定 UCS 的原点或[面(F)/命名(NA)/对象
(OB)/上一个(P)/视图(V)/世界(W)/X/Y/Z/Z
轴(ZA)]<世界>: _w

Command: _ucs

Current ucs name:　*WORLD*

Specify origin of UCS or
[Face/NAmed/OBject/Previous/
View/World/X/Y/Z/ZAxis]<World>: _w

14. 设置属性

修改→对象特性(Modify→Propreties) 📄

重复命令，将四个圆柱及立方体改变成不同的颜色，以便区分不同视点观察的图形。
用户也可以在绘制每个圆柱前改变颜色。

命令: _properties

选择物体: 一个物体(选一个圆柱)

选择物体:↙(在对话框中点击颜色按钮，
选一种颜色)

Command: _properties

Select a object:1 object

Select a object: ↙

注意: 按 Esc 键可取消所选物体。

15. 消隐效果

视图→消隐(View→Hide) ☁

命令: _hide

Command: _hide

16．视觉样式

视图→视觉样式(View→Shade) ⚪

    命令：_vscurrent   **Command：_vscurrent**

17．渲染效果

视图→渲染→渲染(View→Render→Render) 🫖

    命令：_render   **Command：_render**

注意： 渲染后用视觉样式中的三维线框可回到线框状态。

11.9　三维动态观察器(3D Orbit)

    三维动态观察器的下拉菜单及图形工具条如图 11-18 所示。其中主要有进行三维平移和缩放、动态观察、相机、漫游和飞行等按钮。而动态观察又有受约束动态观察、自由动态观察和连续动态观察三种(将动态观察按钮长按不松，即可看到)。

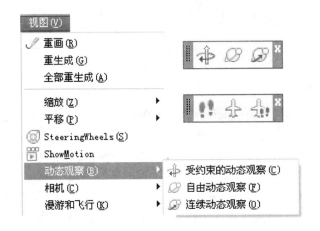

图 11-18　三维动态观察器(3D Orbit)工具条

    三维自由动态观察器视图显示一个转盘(弧线球)被四个小圆划分成四个象限。当运行命令时，查看的起点或目标点被固定，查看的起点或相机位置绕对象移动，弧线球的中心是目标点。当 3DORBIT 活动时，查看目标保持不动，而相机的位置（或查看点）围绕目标移动。目标点是转盘的中心，而不是被查看对象的中心。注意 3DORBIT 命令活动时无法编辑对象。

    在转盘的不同部分之间移动光标时，光标图标的形状会改变，以表明视图旋转的方向。当该命令活动时，其他选项可从绘图区域的快捷菜单或"动态观察器"工具栏中访问。3DORBIT 命令在当前视口中激活一个交互的三维动态观察器。当 3DORBIT 命令运行时，可使用定点设备操纵模型的视图，既可以查看整个图形，也可以从模型四周的不同点查看模型中的任意对象，并可连续地观看图形。

视图→动态观察器(View→3DORBIT) ✛

    命令：'_3dorbit   **Command：'_3dorbit**

11.10　模型空间(Model Space(Tiled))

前面绘制的所有图形(二维和三维)都是在模型空间中进行绘制的。模型空间的多视窗不能同时在一张纸上出图，只能将激活的一个视窗的图形输出。所以要多视窗、多视点同时输出图形，必须先到布局(图纸)空间。之后点击绘图区下的模型(Model)，可回到模型空间。

命令:　<切换到: 模型>　　　　　　　　　Command: <Switching to: Model>

11.11　布局(Layout)/图纸空间(Paper Space)

在模型空间建好模型后，点击绘图区下的"布局"(Layout)，激活图纸空间，如图 11-19 所示。在图纸空间可绘图或出图。只有在图纸空间用多窗口绘制的图，才能同时打印在一张图纸上。在布局中，一般默认的是一个视窗，如不需要可用删除命令删去，再设置多视窗。此时多视窗的图形一样无法调整，所以必须点击状态行中的"图纸/模型"(Paper/Model)按钮，切换到模型图纸兼容空间进行多视点调整，然后再回到图纸空间，才能在一张纸上多视窗、多视点同时输出图形。在图纸空间也可以绘制平面图。

命令:　<切换到: 布局 1>　　　　　　　　Command: <Switching to: Layout1>

正在重生成布局。　　　　　　　　　　　Regenerating layout.

正在重生成模型。　　　　　　　　　　　Regenerating model - caching viewports.

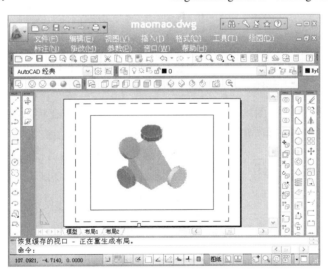

图 11-19　图纸空间(Paper Space)

11.12　模型/图纸兼容空间(Model Space(Floating))

点击状态行中的"图纸/模型"(Paper/Model)按钮，切换到模型/图纸兼容空间，如图 11-20 所示。在模型/图纸兼容空间，每个视窗相当于一个模型空间，可以进行视点、平移、缩放等调整，并可以产生投影轮廓线及虚线，将立体投影成平面视图，之后回到图纸空间出图。

命令：_.MSPACE　　　　　　　　　　　　**Command: _.MSPACE**

命令：_.PSPACE　　　　　　　　　　　　**Command: _.PSPACE**

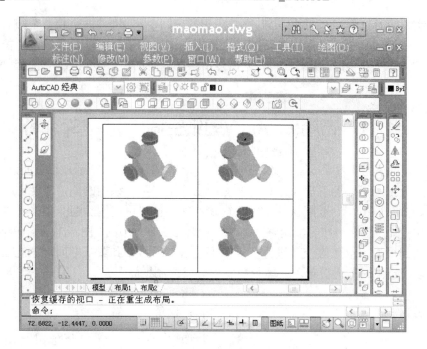

图 11-20　模型/图纸兼容空间

11.13　视口变换(Vports)

　　在一般情况下开设的新图均在模型空间，所绘制的图形也在模型空间。视口变换可以在模型空间进行，也可以在布局(图纸)空间进行。视口变换命令在主菜单项"视口"(Viewport)的下拉菜单中，如图 11-21 所示。点击其下一级菜单中的"命名视口"菜单项，显示如图 11-22 所示对话框，用户可在该对话框中直观地选取布局格式，可以多视口同时显示。下面以九视口为例进行介绍(接 11.8 节坐标系变换的例子)。

图 11-21　视口(Viewport)下拉菜单

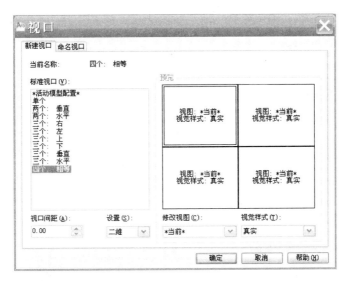

图 11-22　命名视口(Named)对话框

视图→视口→3 个视口(View→Tiled Viewports→3 Viewports)

将视口垂直分成三个，如图 11-23 所示。

命令: _vports

指定视口的角点或[开(ON)/关(OFF)/布满(F)/

着色打印(S)/锁定(L)/对象(O)/多边形(P)/恢复(R)/

图层(LA)/2/3/4]<布满>: _3

输入视口排列方式

[水平(H)/垂直(V)/上(A)/下(B)/左(L)/右(R)] <右>: v↵

指定第一个角点或[布满(F)]<布满>:↵

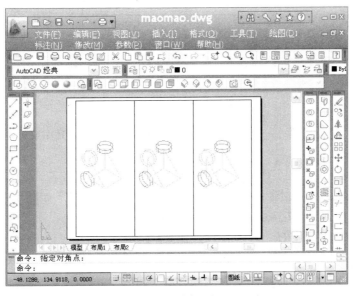

图 11-23　垂直三视口

重复该命令,用鼠标分别击活各视口,将其水平分成三个视口,将屏幕一共分成九个视口,如图 11-24 所示。

命令:↵

-VPORTS

指定视口的角点或[开(ON)/关(OFF)/布满(F)/着色打印(S)/

锁定(L)/对象(O)/多边形(P)/恢复(R)/图层(LA)/2/3/4]

<布满>: _3

输入视口排列方式

[水平(H)/垂直(V)/上(A)/下(B)/左(L)/右(R)]<右>: h↵

指定第一个角点或[布满(F)] <布满>:

指定对角点:

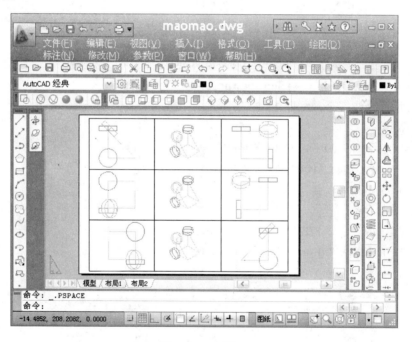

图 11-24　九视口

11.14　三维视图变换(3D Viewpoint)

视图变换命令在"视图"(View)主菜单项的下拉菜单中,点击"三维视图"(3D Views),即可打开其下一级菜单,如图 11-25 所示。三维视图的图形工具条如图 11-26 所示。在 3D 视图菜单中,可方便地点击选取常用的前视、俯视、左视等平面视图和西南、东南等角视图。点击菜单中的视点预设(Select)菜单项,显示如图 11-27 所示对话框,可在该对话框中直观地选取视角。点击菜单中的视点(Vpoint)菜单项,可旋转坐标轴,任意改变视角。要特别注意,坐标系随视图的平面视点自动变换。

分别击活图 11-24 中的各个窗口,按基本视图的投影位置,给各个窗口设置不同的视点。

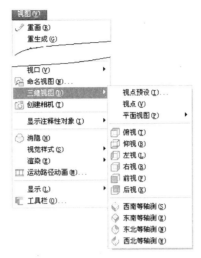

图 11-25　三维视图下拉菜单

图 11-26　三维视图(3D Viewpoint)的图形工具条

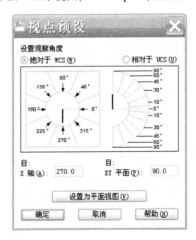

图 11-27　视点预设(Viewpoint Presets)对话框

1．前视图(主视图)

视窗→三维视图→前视(3D 视图 View→3D Viewpoint→Front)

将图 11-24 中第二行第二列的对应窗口中的视图设为前视图。

命令: _-view	Command: _-view
输入选项[?/正交(O)/删除(D) /	Enter an option [?/Orthographic/
恢复(R)/保存(S)/设置(E)/窗口(W)]: _FRONT	Delete/Restore/Save/sEttings/Window]: _ FRONT

2．左视图

视窗→三维视图→左视(3D 视图 View→3D Viewpoint→Left)

将图 11-24 中的第二行第三列所对应窗口中的视图设为左视图。

命令: _-view

输入选项[?/正交(O)/删除(D)/

恢复(R)/保存(S)/设置(E)/窗口(W)]: _LEFT

Command: _-view

Enter an option[?/Orthographic/

Delete/Restore/Save/sEttings/Window]: _ LEFT

3. 俯视图

视窗→三维视图→俯视(3D 视图 View→3D Viewpoint→Top) 🗔

将图 11-24 中第三行第二列所对应窗口中的视图设为俯视图。

命令: _-view

输入选项[?/正交(O)/删除(D)/恢复(R)/

保存(S)/设置(E)/窗口(W)]: _TOP

Command: _-view

Enter an option[?/Orthographic/ Delete/Restore/

Save/sEttings /Window]: _ TOP

4. 仰视图

视窗→三维视图→仰视(3D 视图 View→3D Viewpoint→Bottom) 🗔

将图 11-24 中第一行第二列所对应窗口中的视图设为仰视(底视)图。

命令: _-view

输入选项[?/正交(O)/删除(D)/恢复(R)/

保存(S)/设置(E)/窗口(W)]: _BOTTOM

Command: _-view

Enter an option[?/Orthographic/Delete/ Restore/

Save/sEttings/Window]: _ BOTTOM

5. 右视图

视窗→三维视图→右视(3D 视图 View→3D Viewpoint→Right) 🗔

将图 11-24 中第二行第一列所对应窗口中的视图设为右视图。

命令: _-view

输入选项[?/正交(O)/删除(D)/恢复(R)/

保存(S)/设置(E)/窗口(W)]: _RIGHT

Command: _-view

Enter an option[?/Orthographic/Delete/Restore/

Save/sEttings/Window]: _ RIGHT

6. 西南视图

视图→三维视图→西南等轴测(3D 视图 View→3D Viewpoint→SW Isometric) 🔷

将图 11-24 中第三行第一列所对应窗口中的视图设为西南视图。

命令: _-view

输入选项[?/正交(O)/删除(D)/恢复(R)/

保存(S)/设置(E)/窗口(W)]: _ SWISO

Command: _-view

Enter an option[?/Orthographic/Delete/Restore/

Save/sEttings/Window]: _ SWISO

7. 东南视图

视图→三维视图→东南等轴测(3D 视图 View→3D Viewpoint→SE Isometric) 🔷

将图 11-24 中第三行第三列所对应窗口中的视图设为东南视图。

命令: _-view

输入选项[?/正交(O)/删除(D)/恢复(R)/

保存(S)/设置(E)/窗口(W)]: _ SEISO

Command: _-view

Enter an option[?/Orthographic/Delete/Restore/

Save/sEttings/Window]: _ SEISO

8. 东北视图

视图→三维视图→东北等轴测(3D 视图 View→3D Viewpoint→NE Isometric) 🔷

将图 11-24 中第一行第三列所对应窗口中的视图设为东北视图。

命令: _-view

Command: _-view

输入选项[?/正交(O)/删除(D)/恢复(R)/ 　　Enter an option[?/Orthographic/Delete/Restore/

保存(S)/设置(E)/窗口(W)]:_NWISO 　　Save/sEttings/Window]:_NWISO

9. 西北视图

视图→三维视图→西北等轴测(3D 视图 View→3D Viewpoint→NW Isometric)

将图 11-24 中第一行第一列所对应窗口中的视图设为西北视图。

命令: _-view 　　　　　　　　　　　　**Command: _-view**

输入选项[?/正交(O)/删除(D)/恢复(R)/ 　　Enter an option[?/Orthographic/Delete/Restore/

保存(S)/设置(E)/窗口(W)]: _NWISO 　　Save/sEttings/Window]: _ NWISO

10. 视图→全部重生成(View→Regen All)

多窗口同时进行刷新，回到网格状态。

命令：_regenall 　　　　　　　　　　　**Command:_regenall**

11. 存储

命令: _save　**UCS**(存盘起名为 UCS) 　　**Command: _save UCS**

第 12 章 实体制作命令

本章主要介绍三维建模(Modeling)命令。

学习命令：多段体(Polysolid)、长方体(Box)、球体(Sphere)、圆柱体(Cylinder)、圆锥体(Cone)、楔体(Wedge)、圆环体(Torus)、棱锥体(Pyramid)、螺旋体(Helix)、网线密度(Isolines)、轮廓线(Dispsilh)、表面光滑密度(Facetres)、拉伸体(Extrude)、旋转体(Revolve)、剖切(Slice)、剖面(Section)、扫掠(Sweep)、放样(Loft)等。

在"绘图"(Draw)主菜单项的下拉菜单中，点击建模(Modeling)菜单项，显示其下一级菜单，如图 12-1 所示。建模(Modeling)的图形工具条如图 12-2 所示。在该图形工具条中，可直观地选取常用的基本几何体。其中的多段体、棱锥体、螺旋体是新版本增加的实体建模功能。本章用实体命令绘制的所有 3D 立体均是实体，可以进行布尔运算并产生轮廓投影图。

本书均以 AutoCAD 经典界面进行介绍。当用户熟练掌握后，可在三维建模界面下工作。

图 12-1 建模(Modeling)下拉菜单　　　图 12-2 建模(Modeling)工具条

学习应用 12.1～12.18 节中的实体命令，绘制图 12-3 所示的常用基本几何体。制作完每种图形后，均可观看消隐和着色效果。为了便于观看三维效果，本章命令均预选东南视点，进行中心点缩放。

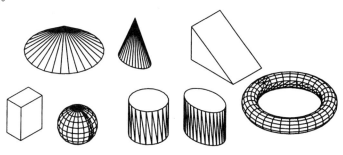

图 12-3　基本几何体

1．按东南设置视点

视图→三维视图→东南等轴测(View→3D Views→SW Isometric)

命令: _view	Command: _view
输入选项[?/正交(O)/删除(D)/	Enter an option[?/Orthographic/Delete/
恢复(R)/保存(S)/设置(E)/窗口(W)]: _swiso	Restore/Save/sEttings/Window]: _swiso

2．缩放

视图→缩放→中心点(View→Zoom→Center)

三维作图时，选用中心点缩放，便于确定屏幕的中心。

命令: '_zoom	Command: '_zoom
指定窗口的角点，输入比例因子(nX 或 nXP)，	Specify corner of window, enter a scale factor(nX or nXP),
或者[全部(A)/中心(C)/动态(D)/范围(E)/	or[All/Center/Dynamic/Extents/Previous/
上一个(P)/比例(S)/窗口(W)/对象(O)] <实时>: _c	Scale/Window/Object] <real time>: _c
指定中心点: **40,70** ↵(屏幕中心点位置)	Specify center point: **40,70**↵
输入比例或高度 <297>: **100** ↵	Enter magnification or height <297>: **100**↵

12.1　多段体(Polysolid)

绘制如图 12-4 所示多段体时，先确定多段体的高度及宽度，默认的数据为：高度= 80.0000，宽度 = 5.0000。用户可根据自己的需要修改。确定高、宽后即可构造多段体的形状。

绘图→建模→多段体(Draw→Modeling→Polysolid)

命令: _Polysolid	Command:_Polysolid
高度= 80.0000, 宽度=5.0000,	Height=80.0000, Width=5.0000,
对正=居中	Justification=Center
指定起点或[对象(O)/高度(H)/宽度(W)/	Specify start point or [Object/Height/Width/
对正(J)] <对象>:	Justify]<Object>:
指定下一个点或[圆弧(A)/放弃(U)]:	Specify next point of [Arc/Undo]:

(在屏幕上确定一点)

指定下一个点或[圆弧(A)/放弃(U)]:　　　　　　　Specify next point of [Arc/Undo]:

(在屏幕上确定下一点)

指定下一个点或[圆弧(A)/闭合(C)/放弃(U)]:↵　　Specify next point of [Arc/Close/Undo]:

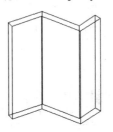

图 12-4　多段体

12.2　长方体(Box)

绘制长方体时，给出底面第一角的坐标、对角坐标和高度即可，如图 12-5 所示。当长方体的长、宽、高相等或选立方体时，可绘制正方体。

绘图→建模→长方体(Draw→Modeling→Box)

命令: _box　　　　　　　　　　　　　　　Command: _box

指定第一个角点或[中心(CE)]:↵　　　　　　Specify corner of box or [CEnter] ↵

指定其他角点或[立方体(C)/长度(L)]: @10,15↵　Specify corner or [Cube/Length]: **@10,15** ↵

指定高度或[两点(2P)]: **20** ↵　　　　　　　Specify height: **20** ↵

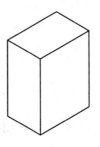

图 12-5　立方体

12.3　球体(Sphere)

绘制球体时，给出圆心和半径即可，如图 12-6 所示。

绘图→建模→球体(Draw→Modeling→Sphere)

命令: _sphere　　　　　　　　　　　　　Command: _sphere

当前线框密度: ISOLINES=4　　　　　　　Current wire frame density: ISOLINES=4

指定中心点或[三点(3P)/两点(2P)/切点、　　Specify center of sphere or [3P/2P

切点、半径(T)]: **30,0,10** ↵　　　　　　　/Ttr]: **30,0,10** ↵

指定半径或[直径(D)]: **10** ↵　　　　　　　　Specify radius of sphere or [Diameter]: **10** ↵

图 12-6　球体

12.4　圆柱体(Cylinder)

绘图→建模→圆柱体(Draw→Modeling→Cylinder)⬭

(1) 绘制圆柱体时，给出底面圆心、半径和高度即可，如图 12-7(a)所示。

命令: _cylinder　　　　　　　　　　　　Command: _cylinder

指定底面的中心点或[三点(3P)/两点(2P)/　　Specify center point for base of cylinder or

切点、切点、半径(T)/椭圆(E)]: **70,0**↵　　[3P/2P/Ttr/Elliptical]: **70,0**↵

指定底面半径或[直径(D)]: **10**↵　　　　　Specify base radius or [Diameter]: **10**↵

指定高度或[两点(2P)/　　　　　　　　　　Specify height of cylinder or [2Point/

轴端点(A)]: **20**↵　　　　　　　　　　　Axis endpoint]: **20**↵

(2) 绘制椭圆柱体时，给出底面圆心、长短轴长度和高度即可，如图 12-7(b)所示。

命令: _cylinder　　　　　　　　　　　　Command: _cylinder

指定底面的中心点或[三点(3P)/两点(2P)/　　Specify center point for base of cylinder or

切点、切点、半径(T)/椭圆(E)]:**e**↵　　　[3P/2P/Ttr/Elliptical]: **e**↵

选择圆柱体底面椭圆的轴端点或　　　　　　Specify axis endpoint of ellipse for base of

[中心点(C)]: **100,0**↵　　　　　　　　　cylinder or [Center]:**100,0**↵

指定第一个轴的端点或[中心(C)]:　　　　　Specify first axis endpoint of ellipse or [Center]:

指定第一个轴的其他端点:　　　　　　　　Specify first axis other endpoint:

指定第二个轴的端点:　　　　　　　　　　Specify second axis endpoint

指定高度或[两点(2P)/轴端点(A)] **20**↵　　Specify height of cylinder or [2Point/Axis endpoint]**20**↵

(a)　　　　　　　　　　　　　　　　　(b)

图 12-7　圆柱体

12.5　圆锥体(Cone)

绘制圆锥体时，给出底面圆心、半径和高度即可，如图 12-8(a)所示。

绘图→建模→圆锥体(Draw→Modeling→Cone) △

命令：_cone	Command: _cone
指定底面的中心点或[三点(3P)/两点(2P)/	Specify center point of base or
切点、切点、半径(T)/椭圆(E)]:**0,40**↵	[3P/2P/Ttr/Elliptical]: **0,40**↵
指定底面半径或[直径(D)]: **20**↵	Specify base radius or [Diameter]: **20**↵
指定高度或[两点(2P)/轴端点(A)/	Specify height or [2Point/Axis
顶面半径(T)]: **15**↵	endpoint/Top radium]: **15**↵

绘制椭圆锥体时，给出底面圆心、长短轴长度和高度即可，如图 12-8(b)所示。

命令：_cone	Command: _cone
指定底面的中心点或[三点(3P)/两点(2P)/	Specify center point of base or
切点、切点、半径(T)/椭圆(E)]:**0,40**↵	[3P/2P/Ttr/Elliptical]: **0,40**↵
指定底面半径或[直径(D)]: **e**↵	Specify base radius or [Diameter]:**e**↵
指定第一个轴的端点或[中心(C)]:	Specify first axis endpoint of ellipse or [Center]:
指定第一个轴的其他端点:	Specify first axis other endpoint:
指定第二个轴的端点:	Specify second axis endpoint:
指定高度或 [两点(2P)/轴端点(A)/	Specify height or [2Point/Axis
顶面半径(T)]: **25**↵	endpoint/Top radius]: **25**↵

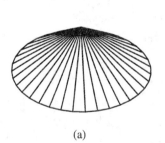

(a)   (b)

图 12-8　圆锥体

12.6　楔形体(Wedge)

绘制楔形体时，给出其底面第一角的坐标、对角坐标和高度即可，如图 12-9 所示。

绘图→建模→楔形体(Draw→Modeling→Wedge) ◇

命令：_wedge	Command: _wedge
指定第一个角点或[中心(C)]:**70,40**↵	Specify first corner or [Center]: **70,40**↵
指定其他角点或[立方体(C)/长度(L)]:	Specify other corner or [Cube/Length]:

@**30,20,10** ⏎（另一角）

命令: _wedge

指定第一个角点或[中心(C)]: **100,40** ⏎

指定其他角点或[立方体(C)/长度(L)]:@**30,20** ⏎

指定高度或[两点(2P)]: **10** ⏎

@**30,20,10.**⏎

Command: _wedge

Specify first corner or [Center]: **100,40.**⏎

Specify other corner or [Cube/Length]: @**30,20.**⏎

Specify height or [2Point]: **10.**⏎

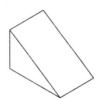

图 12-9　楔体

12.7　圆环体(Torus)

绘制圆环体时，给出其环圆心、半径和管半径即可，如图 12-10 所示。

绘图→建模→圆环体(Draw→Modeling→Torus) ◎

命令: _torus

指定中心点或[三点(3P)/两点(2P)/

切点、切点、半径(T)]: **30,80,4** ⏎

指定半径或[直径(D)]: **20** ⏎

指定圆管半径或[两点(2P)/直径(D)]: **4** ⏎

Command: _torus

Specify center point or

[3P/2P/Ttr]: **30,80,4.**⏎

Specify radius or [Diameter]: **20.**⏎

Specify radius of tube or [2Point/Diameter]: **4.**⏎

图 12-10　圆环体

12.8　棱锥体(Pyramid)

绘制棱锥体时，给出底面中心点的坐标、底面正方形内切圆半径和棱锥体高度即可，如图 12-11 所示。

图 12-11　棱锥体

绘图→建模→棱锥体(Draw→Modeling→Pyramid)

命令: _pyramid   Command: _pyramid

4个侧面 外切   4sides Circumscribed

指定底面的中心点或[边(E)/侧面(S)]: (任选一点)   Specify center point of base or [Edge/Sides]:

指定底面半径或[内接(I)]:**20**⏎   Specify base radius or [Inscribed]:**20**⏎

指定高度或[两点(2P)/轴端点(A)/   Specify height or [2Point/Axis endpoint/

顶面半径(T)]:**60**⏎   Top radius]:**60**⏎

12.9 螺旋体(Helix)

绘制螺旋体时，只需给出底面半径、顶面半径和螺旋体高度即可，如图 12-12 所示。用户还可根据需要改变螺旋体的圈数。

绘图→建模→螺旋体(Draw→Modeling→Helix)

命令: _Helix   Command: _Helix

圈数= 3.0000   扭曲=CCW   Number of turns=3.0000 Twist=CCW

指定底面的中心点: (任选一点)   Specify Center point of base:

指定底面半径或[直径(D)] <1.0000>: **10**⏎   Specify base radius or [Diameter] <1.0000>:**10**⏎

指定顶面半径或[直径(D)] <100.0000>:⏎   Specify top radius or [Diameter] <100.000>:⏎

指定螺旋高度或[轴端点(A)/圈数(T)/   Specify helix height or [Axis endpoint/Turns/

圈高(H)/扭曲(W)] <1.0000>: **30**⏎   turn Height/tWist] <1.0000>:**30**⏎

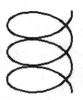

图 12-12 螺旋体

12.10 网线密度(Isolines)

该命令用于调整实体表面的网线密度。密度值越大，曲面的网线越多。刷新后可观看改变后曲面网状的效果，用户可按需求随时使用。

命令: isolines⏎   (键入命令)   Command: isolines⏎

输入 ISOLINES 的新值<4>: **8** ⏎   Enter new value for ISOLINES <4>: **8** ⏎

12.11 轮廓线(Dispsilh)

该命令用于控制是否显示物体的转向轮廓线。刷新后可观看改变后曲面取消网状的效果，用户可按需随时使用。

命令: dispsilh ↲　　(键入命令)	Command: dispsilh ↲
输入 DISPSILH 的新值<0>: **1** ↲	Enter new value for DISPSILH <0>: **1** ↲

(1 为显示转向轮廓线，0 为不显示转向轮廓线)

12.12　表面光滑密度(Facetres)

该命令用于调整带阴影和重画的图素以及消隐图素的平滑程度。

命令: facetres ↲ (键入命令)	Command: facetres↲
输入 FACETRES 的新值 <0.500>: **2**↲	Enter new value for FACETRES <0.500>: **2**↲
命令: _regen 正在重生成模型。	Command: _regen Regenerating model.

注意: 在改变各变量后，必须刷新，之后才能观看改变后曲面的效果。

12.13　拉伸体(Extrude)

拉伸体是将一个封闭的底面图形沿其垂直方向拉伸而形成的。图形可以拉伸成柱，若给定倾角，也可以拉伸成锥。因此，在使用拉伸体命令之前，必须准备一个封闭的底面图形(可用复合线、多边形等绘制，一定是封闭图形。注意：如果封闭图形是由多段线构成的，必须先用 Pedit 命令将其连接成一体，也可以用面域定制。用边界拉伸的不是实体)。如果沿路径拉伸，还应准备一个路径线。

注意: 用移动命令将前面所绘图形移出屏幕，以便继续作图。

1. 坐标变换

工具→新建 UCS→X(Tools→UCS→X Axis Rotate)

将坐标系绕 X 轴转 90°，以便绘制拉伸体的轮廓线。

命令: _ucs	Command: _ucs
当前 UCS 名称: *世界*	Current ucs name: *WORLD*
指定 UCS 的原点或	Specify origin of UCS or
[面(F)/命名(NA)/	[Face/NAmed/
对象(OB)/上一个(P)/视图(V)/	OBject/Previous/View/World/X/Y/Z/ZAis]
世界(W)/X/Y/Z/Z 轴(ZA)]<世界>: _x↲	<World>: _x ↲
指定绕 X 轴的旋转角度<90>: ↲	Specify rotation angle about X axis <90>: ↲

2. 多段线

绘图→多段线(Draw→Pline)

绘制端面图形，如图 12-13 所示。

命令: _pline	Command:_pline
指定起点: **0,0** ↲	Specify start point: **0,0**↲
当前线宽为 0	Current line-width is 0.0000
指定下一点或[圆弧(A)/闭合(C)/半宽(H)/	Specify next point or[Arc/Close/Halfwidth /Length/

长度(L)/放弃(U)/宽度(W)]: @**20,0** ↵

指定下一点或[圆弧(A)/闭合(C)/半宽(H)/

长度(L)/放弃(U)/宽度(W)]: **a** ↵

指定圆弧的端点或[角度(A)/圆心(CE)/闭合

(CL)/方向(D)/半宽(H)/直线(L)/半径(R)/

第二点(S)/放弃(U)/宽度(W)]: @**0,8** ↵

指定圆弧的端点或[角度(A)/圆心(CE)/闭合

(CL)/方向(D)/半宽(H)/直线(L)/半径(R)/

第二点(S)/放弃(U)/宽度(W)]: @**-13,-3** ↵

指定圆弧的端点或[角度(A)/圆心(CE)/闭合

(CL)/方向(D)/半宽(H)/直线(L)/半径(R)/

第二点(S)/放弃(U)/宽度(W)]: @ ↵

指定圆弧的端点或[角度(A)/圆心(CE)/闭合

(CL)/方向(D)/半宽(H)/直线(L)/半径(R)/

第二点(S)/放弃(U)/宽度(W)]: **d** ↵

指定圆弧的端点: @**3,5** ↵

指定圆弧的端点: @**-5,15** ↵

指定圆弧的端点或[角度(A)/圆心(CE)/闭合

(CL)/方向(D)/半宽(H)/直线(L)/半径(R)/

第二点(S)/放弃(U)/宽度(W)]: **L** ↵

指定下一点或[圆弧(A)/闭合(C)/半宽(H)/

长度(L)/放弃(U)/宽度(W)]: @**-2,0** ↵

指定下一点或[圆弧(A)/闭合(C)/半宽(H)/

长度(L)/放弃(U)/宽度(W)]: **c** ↵

Undo/Width]: @**20,0**↵

Specify next point or[Arc/Close/Halfwidth/Length/

Undo/Width]: **a**↵

Specify endpoint of arc or [Angle/Center/

Close/Direction/Halfwidth/Line/Radius/

Second pt/Undo/Width]: @**0,8**↵

Specify endpoint of arc or [Angle/Center/

CLose/Direction/Halfwidth/Line/Radius/Second

pt/Undo/Width]: @**-13,-3**↵

Specify endpoint of arc or[Angle/Center/

CLose/Direction/Halfwidth/Line/Radius/

Second pt/Undo/Width]: @↵

Specify endpoint of arc or[Angle/Center/

CLose/Direction/Halfwidth/Line/Radius/

Second pt/Undo/Width]: **d**↵

Specify start point of arc: @**3, 5**↵

Specify endpoint of the arc: @**-5,15**↵

Specify endpoint of arc or[Angle/

CEnter/CLose/Direction/Halfwidth/

Line/Radius/Second pt/Undo/Width]: **L**↵

Specify next point or[Arc/Close/Halfwidth/

Length/Undo/Width]: @**-2,0**↵

Specify next point or[Arc/Close/Halfwidth/

Length/Undo/Width]: **c**↵

图 12-13　绘制端面图形

3. 坐标变换

工具→新建 UCS→世界(Tools→UCS→World)

回到世界坐标系。

命令: _ucs

当前 UCS 名称: *没有名称*

指定 UCS 的原点或 [面(F)/命名(NA)/

对象(OB)/上一个(P)/视图(V)/世界

(W)/X/Y/Z/Z 轴(ZA)] <世界>: _w

Command: _ucs

Current ucs name: *NO NAME*

Specify origin of UCS or [face/NAmed/

OBject/Previous/View/World/

X/Y/Z/ZAxis]<World>:w

4. 多边形

绘图→正多边形(Draw→Polygon)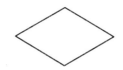

绘制底面多边形，如图 12-14 所示。

图 12-14 绘制底面多边形

命令:_polygon	**Command:** _polygon
输入边的数目<4>: ↵	Enter number of sides <4>:↵
指定多边形的中心点或[边(E)]:	Specify center of polygon or [Edge]:
50,20,30 ↵	**50,20,30,**↵
输入选项[内接于圆(I)/外切于圆(C)] <I>: ↵	Enter an option [Inscribed in circle/Circumscribed about circle] <I>:↵
指定圆的半径: **20** ↵	Specify radius of circle: **20,**↵

5. 圆

绘图→圆(Draw→Circle)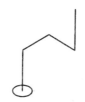

绘制底面圆形。

命令: _circle	**Command:** _circle
指定圆的圆心或[三点(3P)/两点(2P)/	Specify center point for circle or [3P/2P/
相切、相切、半径(T)]: **80,20 ,30** ↵	Ttr (tan tan radius)]: **80,20,30,**↵
指定圆的半径或[直径(D)]: **4**↵	Specify radius of circle or [Diameter]: **4,**↵

6. 三维多段线

绘图→三维多段线(Draw→3D Polyline)

绘制拉伸体的路径线，如图 12-15 所示。

图 12-15 绘制底面图形和路径线

命令: _3dpoly	**Command:** _3dpoly
指定多段线的起点: **80,20,30** ↵	Specify start point of polyline: **80,20,30,**↵
指定直线的端点或[放弃(U)]: **@0,0,20** ↵	Specify endpoint of line or [Undo]: **@0,0,20,**↵
指定直线的端点或[放弃(U)]: **@0,15** ↵	Specify endpoint of line or [Undo]: **@0,15,**↵
指定直线的端点或[闭合(C)/放弃(U)]: **@15,0** ↵	Specify endpoint of line or [Close/Undo]: **@15,0,**↵
指定直线的端点或[闭合(C)/放弃(U)]: **@0,0,20** ↵	Specify endpoint of line or [Close/Undo]: **@0,0,20,**↵

指定直线的端点或[闭合(C)/放弃(U)]: ↵	Specify endpoint of line or [Close/Undo]: ↵

7. 拉伸体

绘图→建模→拉伸(Draw→Modeling→Extrude) ⌐↑

(1) 拉伸一个沙发面，如图 12-16 所示。

命令: _extrude	Command: _extrude
当前线框密度: ISOLINES=4	Current wire frame density: ISOLINES=4
选择对象: 找到 1 个(选图 12-13)	Select objects: 1 found
选择对象: ↵	Select objects: ↵
指定拉伸的高度或	Specify height of extrusion or
[方向(D)路径(P)/倾斜角(T)]: **30** ↵	[Direction/Path/Taper angle]: **30**↵

(2) 选多边形，拉伸一个四棱锥台，如图 12-17 所示。

命令: ↵	Command: ↵
EXTRUDE	EXTRUDE
当前线框密度: ISOLINES=4	Current wire frame density: ISOLINES=4
选择对象: 指定对角点: 找到 1 个	Select objects: 1 found
选择对象: ↵	Select objects: ↵
指定拉伸的高度或[方向(D)/路径(P)	Specify height of extrusion or [Direction/Path/
/倾斜角(T)]:**t.**↵	Taper angle]: **t.**↵
指定拉伸的倾斜角度<0>: **20** ↵	Specify angle of taper for extrusion<0>:**20**
指定拉伸的高度或[方向(D)/路径(P)/	Specify height of extrusion or [Direction/Path/
倾斜角(T)] : **15** ↵	Taper angle]:**15.**↵

(3) 拉伸一个曲折柱体，如图 12-18 所示。

命令: _extrude	Command: _extrude
当前线框密度: ISOLINES=4	Current wire frame density: ISOLINES=4
选择对象: 找到 1 个(选圆)	Select objects: 1 found
选择对象: ↵	Select objects: ↵
指定拉伸的高度或[方向(D)/路径(P)/	Specify height of extrusion or [Direction/Path/
倾斜角(T)] : **p** ↵	Taper argle]:**p.**↵
选择拉伸路径: (选 3D 路径线)	Select extrusion path:

图 12-16 拉伸沙发面　　　　图 12-17 拉伸四棱锥台　　　　图 12-18 拉伸体

12.14　旋转体(Revolve)

旋转体是由一个封闭的断(截)面图形，绕与其平行的轴旋转而成的。因此，在使用旋转体命令之前，必须准备一个封闭的断面图形(可用复合线绘制，一定是连续的封闭图形。注意：如果封闭图形是由多段线构成的，必须先用 Pedit 命令将其连接成一体)。不需要绘制旋转轴，旋转轴由两点确定。

1. 坐标变换

工具→新建 UCS→X 轴(Tools→UCS→X Axis Rotate)

将坐标系统绕 X 轴转 90°，以便绘制旋转体的轮廓线(也可以不改变坐标系，而将视点改为前视)。

命令: _ucs	Command: _ucs
当前 UCS 名称: *世界*	Current ucs name:　*WORLD*
指定 UCS 的原点或[面(F)/命名(NA)/	Specify origin of UCS or [Face/NAmed/
对象(OB)/上一个(P)/视图(V)/ 世界(W)/	OBject/Previous/View/World/
X/Y/Z/Z 轴(ZA)] <世界>:_x	X/Y/Z/ZAxis]<World>: _x
指定绕 X 轴的旋转角度<90>: ↵	Specify rotation angle about X axis <90>:↵

2. 多段线

绘图→多段线(Draw→Pline)

(1) 绘制旋转体断(截)面的轮廓线一：灯笼状截面的一半，如图 12-19(a)所示。

命令:_pline	Command: _pline
指定起点: **0,0** ↵	Specify start point: **0,0** ↵
当前线宽为 0.0000	Current line-width is 0.0000
指定下一点或[圆弧(A)/闭合(C)/半宽(H)/	Specify next point or [Arc/Close/Halfwidth/
长度(L)/放弃(U)/宽度(W)]: **@5,0** ↵	Length/Undo/Width]: **@5,0** ↵
指定下一点或[圆弧(A)/闭合(C)/半宽(H)/	Specify next point or [Arc/ Close/
长度(L)/放弃(U)/宽度(W)]: **@0,3** ↵	Halfwidth/Length/Undo/Width]: **@0,3** ↵
指定下一点或[圆弧(A)/闭合(C)/半宽(H)/	Specify next point or [Arc/Close /Halfwidth/
长度(L)/放弃(U)/宽度(W)]: **a** ↵	Length/Undo/Width]: **a** ↵
指定圆弧的端点或[角度(A)/圆心(CE)/闭合	Specify endpoint of arc or[Angle/Center/
(CL)/方向(D)/半宽(H)/直线(L)/半径(R)/	CLose/Direction/Halfwidth/Line/Radius/
第二点(S)/放弃(U)/宽度(W)]: **ce** ↵	Second pt/Undo/Width]: **ce** ↵
指定圆弧的圆心: **@3,7** ↵	Specify center point of arc: **@3,7** ↵
指定圆弧的端点或[角度(A)/长度(L)]:	Specify endpoint of arc or [Angle/Length]:
@0,7 ↵	**@0,7**↵
指定圆弧的端点或[角度(A)/圆心(CE)/闭合	Specify endpoint of arc or [Angle/Center/
(CL)/方向(D)/半宽(H)/直线(L)/半径(R)/	CLose/Direction/Halfwidth/Line/Radius/
第二点(S)/放弃(U)/宽度(W)]: **L**↵	Second pt/Undo/Width]:L ↵
指定下一点或[圆弧(A)/闭合(C)/半宽(H)/	Specify next point or [Arc/ Close/
长度(L)/放弃(U)/宽度(W)]: **@0,3** ↵	Halfwidth/Length/Undo/Width]: **@0,3** ↵
指定下一点或[圆弧(A)/闭合(C)/半宽(H)/	Specify next point or [Arc/ Close/Halfwidth/
长度(L)/放弃(U)/宽度(W)]: **@-8,0** ↵	Length/Undo/Width]: **@-8,0** ↵

指定下一点或[圆弧(A)/闭合(C)/半宽(H)/ 长度(L)/放弃(U)/宽度(W)]: **c** ↵	Specify next point or [Arc/ Close/ Halfwidth/Length/Undo/Width]: **c** ↵

(2) 绘制轮廓线二，即图章状图形截面的一半，如图 12-19(b)所示。

命令:	**Command:**
PLINE	PLINE
指定起点: **50,0** ↵	Specify start point: **50,0**↵
当前线宽为 0.0000	Current line-width is 0.0000
指定下一点或[圆弧(A)/闭合(C)/半宽(H)/ 长度(L)/放弃(U)/宽度(W)]: **@10,0** ↵	Specify next point or [Arc/Close/Halfwidth/ Length/Undo/Width]: **@10,0**↵
指定下一点或[圆弧(A)/闭合(C)/半宽(H)/ 长度(L)/放弃(U)/宽度(W)]: **@0,10** ↵	Specify next point or [Arc/Close/Halfwidth/ Length/Undo/Width]: **@0,10** ↵
指定下一点或[圆弧(A)/闭合(C)/半宽(H)/ 长度(L)/放弃(U)/宽度(W)]: **@-5,0** ↵	Specify next point or [Arc/Close/Halfwidth/ Length/Undo/Width]: **@-5,0** ↵
指定下一点或[圆弧(A)/闭合(C)/半宽(H)/ 长度(L)/放弃(U)/宽度(W)]: **a** ↵	Specify next point or [Arc/Close/Halfwidth/ Length/Undo/Width]: **a** ↵
指定圆弧的端点或[角度(A)/圆心(CE)/闭合 (CL)/方向(D)/半宽(H)/直线(L)/半径(R)/ 第二点(S)/放弃(U)/宽度(W)]: **@0,5** ↵	Specify endpoint of arc or [Angle/CEnter/CLose/ Direction/Halfwidth/ Line/Radius/Second pt/Undo/Width]: **@0,5** ↵
指定圆弧的端点或[角度(A)/圆心(CE)/闭合 (CL)/方向(D)/半宽(H)/直线(L)/半径(R)/ 第二点(S)/放弃(U)/宽度(W)]: **@0,8** ↵	Specify endpoint of arc or [Angle/CEnter/CLose/ Direction/Halfwidth/Line/Radius/ Second pt/Undo/Width]: **@0,8** ↵
指定圆弧的端点或[角度(A)/圆心(CE)/闭合 (CL)/方向(D)/半宽(H)/直线(L)/半径(R)/ 第二点(S)/放弃(U)/宽度(W)]:**L** ↵	Specify endpoint of arc or[Angle/CEnter/CLose/ Direction/Halfwidth/ Line/Radius/Second pt/Undo/Width]: **L** ↵
指定下一点或[圆弧(A)/闭合(C)/半宽(H)/ 长度(L)/放弃(U)/宽度(W)]: **@-5,0** ↵	Specify next point or [Arc/Close/Halfwidth/ Length/Undo/Width]: **@-5,0** ↵
指定下一点或[圆弧(A)/闭合(C)/半宽(H)/ 长度(L)/放弃(U)/宽度(W)]: **c** ↵	Specify next point or [Arc/Close/Halfwidth/ Length/Undo/Width]: **c** ↵

(3) 用户随意绘制类似图 12-19(c)所示的封闭图形。

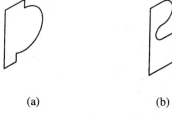

(a)   (b)

图 12-19 绘制截面图形

3. 坐标变换

工具→新建 UCS→世界(Tools→UCS→World) ⊙

回到世界坐标系。

命令: _ucs	Command: _ucs
当前 UCS 名称: *没有名称*	Current ucs name:　*NO NAME*
指定 UCS 的原点或[面(F)/命名(NA)/	Specify origin of UCS [Face/NAmed/
对象(OB)/上一个(P)/视图(V)/世界(W)/	OBject/Previous/View/World/
X/Y/Z/Z 轴(ZA)] <世界>:_w	X/Y/Z/ZAxis]<World>:_w

4. 旋转体

绘图→建模→旋转(Draw→Modeling→Revolve)

(1) 用旋转体构成一个灯笼体，如图 12-20(a)所示。

命令: _revolve	Command: _revolve
当前线框密度: ISOLINES=4	Current wire frame density: ISOLINES=4
选择对象: 找到 1 个(选取轮廓线一)	Select objects: 1 found
选择对象: ↵	Select objects: ↵
指定旋转轴的起点或定义轴依照[对象(O)/	Specify start point for axis of revolution or
X 轴(X)/Y 轴(Y)]: **-2,0** ↵	define axis by [Object/X (axis)/Y (axis)]: **-2,0**↵
指定轴端点: **@0,0,3** ↵(回转轴上第二点)	Specify endpoint of axis: **@0,0,3**↵
指定旋转角度<360>: ↵	Specify angle of revolution <360>:↵

(2) 用旋转体构成一个图章体，如图 12-20(b)所示。

命令: _revolve	Command: _revolve
当前线框密度: ISOLINES=4	Current wire frame density: ISOLINES=4
选择对象: 找到 1 个(选取轮廓线二)	Select objects: 1 found
选择对象: ↵	Select objects: ↵
指定旋转轴的起点或定义轴依照[对象(O)/	Specify start point for axis of revolution or
X 轴(X)/Y 轴(Y)]: **50,0** ↵	define axis by [Object/X (axis)/Y (axis)]: **50,0**↵
指定轴端点: **@0,0,3** ↵(回转轴上第二点)	Specify endpoint of axis: **@0,0,3**↵
指定旋转角度 <360>: ↵	Specify angle of revolution <360>:↵

(3) 用旋转体构成半个帽子，如图 12-20(c)所示。

命令: _revolve	Command: _revolve
当前线框密度: ISOLINES=4	Current wire frame density: ISOLINES=4
选择对象: 找到 1 个(选取复合线)	Select objects: 1 found
选择对象: ↵	Select objects: ↵
指定旋转轴的起点或定义轴依照[对象(O)/	Specify start point for axis of revolution or
X 轴(X)/Y 轴(Y)]: **y** ↵	define axis by [Object/X (axis)/Y (axis)]: **y** ↵
指定旋转角度<360>: **180** ↵	Specify angle of revolution <360>:**180** ↵

(a)
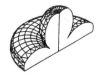
(b)　　　　　　　　　(c)

图 12-20　旋转体

12.15　剖切(Slice)

剖切是指通过某一点，用一平面将一个实体切割成两部分，选择保留的部分或两部分都保留，如图 12-21 所示。

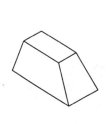

图 12-21　切割体

1. 剖切

修改→三维操作→剖切(Modify→3D Operation→Slice)

将一个实体切割成两部分，选择保留的部分。

命令: _slice	**Command:** _slice
选择对象: 找到 1 个(选图 12-17 所示拉伸体)	Select objects: 1 found
选择对象: ↵	Select objects: ↵
指定切面的起点或[平面对象(O)/曲面(S)/	Specify first point on slicing plane by [Object/Surface/
Z 轴(Z)/视图(V)/XY(XY)/YZ(YZ)/ZX(ZX)/	Zaxis/View/XY/YZ/ZX/3points]
三点(3)]<三点>:**yz**↵(用 YZ 向的面左右切)	<3points>: **yz** ↵
指定 YZ 平面上的点<0,0,0>:**50,20,30** ↵	Specify a point on the YZ-plane <0,0,0>:**50,20,30** ↵
在所需的侧面上指定点或[保留两个侧面(B)]	Specify a point on desired side of the plane or
<保留两个侧面>:**0,0** ↵	[keep Both sides]: **0,0** ↵

2. 剖切

修改→三维操作→剖切(Draw→Solids→Slice)

将一个实体切割成两部分，两部分都保留。

命令: _slice	**Command:** _slice
选择对象: 找到 1 个(选图 12-18 所示拉伸体)	Select objects: 1 found
选择对象: ↵	Select objects:↵
指定切面的起点或[平面对象(O)/曲面(S)/	Specify first point on slicing plane by [Object/Surface/
Z 轴(Z)/视图(V)/XY(XY)/YZ(YZ)/ZX(ZX)/	Zaxis/View/XY/YZ/ZX/3points]
三点(3)]<三点>: **zx** ↵(前后切)	<3points>: **zx**↵
指定 ZX 平面上的点<0,0,0>:	Specify a point on the ZX-plane <0,0,0>:
80,20,30 ↵(ZX 面所通过的点)	**80,20,30**↵
在所需的侧面上指定点或[保留两个侧面(B)]	Specify a point on desired side of the plane or
<保留两个侧面>:**b**↵(两部分都要保留)	[keep Both sides]: **b**↵

3. 移动

修改→移动(Modify→Move)

将前半部移开，以便观看效果。

命令: _move	Command: _move
选择对象: 找到 1 个(选前部分)	Select objects: 1 found
选择对象: ↵	Select objects:↵
指定基点或位移: **0,-20** ↵	Specify base point or displacement: **0,-20** ↵
指定位移的第二点或<用第一点作位移> ↵	Specify second point of displacement or <use first point as displacement>: ↵

12.16 剖面 (Section)

在机械制图中经常要绘制剖面图，通过剖面命令可以方便地制作剖面轮廓。

1. 剖面

通过某一点，在某一方向给物体作一剖面轮廓，如图 12-22 所示。

命令: **_section**(键入命令) ↵	**Command**: **_section** ↵
选择对象: 找到 1 个(选图 12-20(a)或(b))	Select objects: 1 found
选择对象: ↵	Select objects: ↵
指定剖切平面上的第一个点或依照[对象(O)/Z 轴(Z)/视图(V)/XY 平面(XY)/YZ 平面(YZ)/ZX 平面(ZX)/三点(3)]<三点>: **zx** ↵	Specify first point on Section plane by [Object/Zaxis/View/XY/YZ/ZX/3points]<3points>: **zx.**↵
(在 ZX 方向做剖面)	
指定 ZX 平面上的点<0,0,0>: ↵	Specify a point on the ZX-plane <0,0,0>:.↵

图 12-22 剖面

2. 移动

修改→移动(Modify→Move)

剖面轮廓与物体重合在一起，移开物体以便观看效果。

命令:_move	**Command**: _move
选择对象: **L** ↵(键入 L，选剖面轮廓)	Select objects: **L.**↵
找到 1 个	1 found
选择对象: ↵	Select objects:↵
指定基点或位移: **20,20** ↵	Specify base point or displacement: **20,20** ↵
指定位移的第二点或	Specify second point of displacement or
<用第一点作位移>: ↵	<use first point as displacement>: ↵

12.17　扫掠(Sweep)

扫掠体是将一个封闭的底面图形沿一路径线拉伸而成的。因此，在使用扫掠体命令之前，必须准备一个封闭的底面图形(可用复合线、多边形等绘制，一定要是封闭图形。注意：如果封闭图形是由多段线构成的，必须先用 Pedit 命令将其连接成一体。也可以用面域定制封闭图形)，还应准备一个扫掠的路径线。

1. 螺旋线

绘制螺旋线(见 12.9 节)，如图 12-12 所示。

2. 坐标变换

工具→新建 UCS→X(Tools→UCS→X Axis Rotate)

将坐标系统 X 轴转 90°，以便绘制拉伸体的轮廓线。

命令: _ucs	Command: _ucs
当前 UCS 名称: *世界*	Current ucs name: *WORLD*
指定 UCS 的原点或[面(F)/命名(NA)/对象(OB)/	Specify origin of UCS or [Face/NAmed/OBject/
上一个(P)/视图(V)/世界(W)/	Previous/View/World/
X/Y/Z/Z 轴(ZA)]<世界>: _x↵	X/Y/Z/ZAxis]<World>: _x ↵
指定绕 X 轴的旋转角度<90>: ↵	Specify rotation angle about X axis <90>: ↵

3. 圆

绘图→圆(Draw→Circle)

绘制底面圆形。

命令: _circle	Command: _circle
指定圆的圆心或[三点(3P)/两点(2P)/相切、	Specify center point for circle or [3P/2P/Ttr
相切、半径(T)]: (捕捉螺旋线的端点)	(tan tan radius)]:
指定圆的半径或 [直径(D)]: **1**↵	Specify radius of circle or [Diameter]: **1**↵

4. 扫掠

绘图→建模→扫掠(Draw→Modeling→Sweep)

用扫掠构成一个弹簧体，如图 12-23 所示。

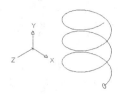

图 12-23　扫掠

命令: _sweep	Command: sweep
当前线框密度: ISOLINES=4	Current wire frame density: ISOLINES=4
选择要扫掠的对象: (选圆)找到 1 个	Select objects to sweep: 1 found
选择要扫掠的对象: (选螺旋线)	Select objects to sweep:

选择扫掠路径或[对齐(A)/基点(B)/	Select sweep path or [Alignment/Base point/
比例(S)/扭曲(T)]:	Scale/Twist]:

12.18　放样(Loft)

放样是指将几个封闭的平面图形混合起来。因此，在使用放样命令之前，必须准备几个封闭的平面图形(可用复合线、多边形等绘制，一定要是封闭图形)。

1. 绘制圆

绘图→圆(Draw→Circle)

绘制底面圆形，如图 12-24(a)所示。

命令: _circle	**Command:** _circle
指定圆的圆心或[三点(3P)/两点(2P)/相切、	Specify center point for circle or [3P/2P/Ttr
相切、半径(T)]: **50,50**↵	(tan tan radius)]: **50,50**↵
指定圆的半径或[直径(D)]: **20**↵	Specify radius of circle or [Diameter]: **20**↵

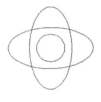

(a)　　　　　　　　　　　　　　　　　　　　(b)

图 12-24　绘制圆和椭圆

2. 已知圆心及一个端点绘制椭圆

命令: _ellipse	**Command:** _ellipse
指定椭圆的轴端点或	Specify axis endpoint of ellipse or
[圆弧(A)/中心点(C)]: _c	[Arc/Center]: _c
指定椭圆的中心点: **50,50**↵	Specify center of ellipse: **50,50**↵
指定轴的端点: **60**↵	Specify endpoint of axis: **60**↵
指定另一条半轴长度或	Specify distance to other axis or
[旋转(R)]: **30**↵	[Rotation]: **30**↵
命令: _ellipse	**Command:** _ellipse
指定椭圆的轴端点或	Specify axis endpoint of ellipse or
[圆弧(A)/中心点(C)]: _c	[Arc/Center]: _c
指定椭圆的中心点: **50,50**↵	Specify center of ellipse: **50,50**↵
指定轴的端点: **30**↵	Specify endpoint of axis: **30**↵
指定另一条半轴长度或	Specify distance to other axis or
[旋转(R)]:**60**↵	[Rotation]: **60**↵

3．按西南设置视点

视图→三维视图→西南等轴测(View→3D Views→SW Isometric) ◈

观看图形，如图 12-24(b)所示。

命令: _-view

输入选项[?/正交(O)/删除(D)/恢复(R)/
保存(S)/设置(E)/窗口(W)]: _swiso

Command: _-view

Enter an option[?/Orthographic/Delete/Restore/
Save/sEttings/Window]: _swiso

4．放样

绘图→建模→放样(Draw→Solids→Loft) ◰

用放样构成一个物体，如图 12-25 所示。

命令: _loft

按放样次序选择横截面: (选椭圆线)

找到 1 个

按放样次序选择横截面: (选圆)

找到 1 个，总计 2 个

按放样次序选择横截面: (选椭圆线)

找到 1 个，总计 3 个

按放样次序选择横截面: ↵

输入选项 [导向(G)/路径(P)/仅横截面(C)]
<仅横截面>:↵

Command: loft

Select cross sections in lofting order: 1 found

Select cross sections in lofting order: 1 found, 2 total

Select cross sections in lofting order: 1 found, 3 total

Select cross sections in lofting order: ↵

Enter an option [Guides/Path/Cross sections only]
<Cross sections only>: ↵

(a) 线框图   (b) 着色效果

图 12-25　放样

第13章　实体修改命令

本章主要介绍三维实体修改及编辑命令(Solid Editing)。

学习命令：并集(Union)、差集(Subtract)、交集(Intersect/Interference)、拉伸面(Extrude Face)、移动面(Move Faces)、偏移面(Offset Faces)、删除面(Delete Faces)、旋转面(Rotate Faces)、倾斜面(Taper Faces)、复制面(Copy Faces)、着色面(Color Faces)、复制边(Copy Edges)、着色边(Color Edges)、压印(Imprint Body)、清除(Clean Body)、检查(Check Body)、抽壳(Shell Body)、分割(Separate Body)、圆角(Fillet)、倒角(Chamfer)、三维阵列(3D Array)、三维镜像(Mirror 3D)、三维旋转(Rotate 3D)、对齐(Align)等。

在"修改"(Modify)主菜单项的下拉菜单中，点击实体编辑(Solid Editing)菜单项，显示下一级菜单，如图 13-1 所示。实体编辑的图形工具条如图 13-2 所示。三维实体的编辑主要是对三维实体上的各个面或边进行单独的修改。它包括：对面进行拉伸(Extrude Faces)、移动(Move Faces)、旋转(Rotate 3D)、偏移(Offset Faces)、倾斜(Taper Faces)、删除(Delete Faces)、复制(Copy Faces)、着色(Color Faces)；单独对边进行复制(Copy Edges)及着色修改(Copy Edges)；可以在实体上印刷平面图案(Imprint Body)；对实体进行抽壳(Shell Body)，此功能使得对一些实体的三维造型变得十分简便。

图 13-1　实体编辑图形下拉菜单　　　　　图 13-2　实体编辑图形工具条

13.1　并集(Union)

并集就是将两个或多个物体相加成一个物体，即求和。

1. 圆锥体

绘图→建模→圆锥体 (Draw→Modeling→Cone) △

绘制垂直圆锥体。

命令: _cone	Command: _cone
当前线框密度: ISOLINES=4	Current wire frame density: ISOLINES=4
指定底面的中心点或[三点(3P)/两点(2P)/	Specify center point for base of cone or [3P/2P/
切点、切点、半径(T)/椭圆(E)]: **15,0** ↵	Ttr/Elliptical]:**15,0**↵
指定底面半径或[直径(D)]: **10** ↵	Specify radius for base of cone or [Diameter]: **10**↵
指定高度或[两点(2P)/轴端点(A)/	Specify height of cone or
顶面半径(T)]: **40** ↵	[Apex]: **40**↵

2. 坐标变换

坐标变换工具→新建 UCS→X (Tools→UCS→X Axis Rotate)

将坐标系绕 X 轴转 90°，以便绘制水平圆柱体。

命令: _ucs	Command: _ucs
当前 UCS 名称: *世界*	Current ucs name: *WORLD*
指定 UCS 的原点或[面(F)/命名(NA)/对象(OB)/	Speify origin of UCS or [Face/NAmed/OBject/
上一个(P)/视图(V)/世界(W)/X/Y/Z/Z 轴	Previous/View/World/X/Y/Z/
(ZA)]<世界>: _x↵	ZAxis]<World>: _x ↵
指定绕 X 轴的旋转角度<90>: ↵	Specify rotation angle about X axis <90>: ↵

3. 圆柱体

绘图→建模→圆柱体(Draw→Modeling→Cylinder)

绘制水平圆柱体。

命令: _cylinder	Command: _cylinder
当前线框密度: ISOLINES=4	Current wire frame density: ISOLINES=4
指定底面的中心点或[三点(3P)/两点(2P)/	Specify center point for base of cylinder or [3P/2P/
切点、切点、半径(T)/椭圆(E)]: **15,10,-15** ↵	Ttr/Elliptical]: **15,10,-15,**↵
指定底面半径或[直径(D)]: **7** ↵	Specify radius for base of cylinder or [Diameter]: **7**↵
指定高度或[两点(2P)/轴端点(A)]: **30** ↵	Specify height of cylinder or [2Point/Axis endpoint]: **30**↵

4. 并集

修改→实体编辑→并集(求和)(Modify→Solidedit→Union) ◎

将相交的两个物体加在一起，如图 13-3 所示。

命令: _union	Command: _union

选择对象: 找到 1 个(选圆柱体)	Select objects: 1 found
选择对象: 找到 1 个，总计 2 个(选圆锥体)	Select objects: 1 found, 2 total
选择对象: ↵	Select objects:↵

图 13-3　并集(求和)体

13.2　差集(Subtract)

差集就是从一个或多个物体中减去另一个或另几个相交物体，即求差(先选取的几个物体是加，回车后选取的几个物体是减，注意选取物体的顺序)。

1. 圆锥体

绘图→建模→圆锥体 (Draw→Modeling→Cone) △

绘制垂直圆锥体。

命令: _cone	Command: _cone
当前线框密度: ISOLINES=4	Current wire frame density: ISOLINES=4
指定底面的中心点或[三点(3P)/两点(2P)/	Specify center point for base or [3P/2P/
切点、切点、半径(T)/椭圆(E)]: **15,0** ↵	Ttr Elliptical]:**15,0**↵
指定底面半径或[直径(D)]: **10** ↵	Specify radius for base of cone or [Diameter]: **10**.↵
指定高度或[两点(2P)/轴端点(A)/	Specify height of cone or [2Point/Axis
顶面半径(T)]: **30** ↵	endpoint/Top radius]: **30**↵

2. 坐标变换

工具→新建 UCS→世界 (Tools→UCS→World)

回到世界坐标系。

命令: _ucs	Command: _ucs
当前 UCS 名称: *没有名称*	Current ucs name: *NO NAME*
指定 UCS 的原点或[面(F)/命名(NA)/对象(OB)/	Specify origin of UCS or [Face/NAmed/OBject/
上一个(P)/视图(V)/世界(W)/X/Y/Z/	Previous/View/World/X/Y/Z/
Z 轴(ZA)]<世界>: _w	ZAxis] <World>: _w

3. 圆环体

绘图→建模→圆环体(Draw→Modeling→Torus) ◎

绘制垂直圆环体。

| 命令: _torus | Command: _torus |
| 当前线框密度: ISOLINES=4 | Current wire frame density: ISOLINES=4 |

指定中心点或[三点(3P)/两点(2P)/	Specify center of torus or [3P/2P/
切点、切点、半径(T)]: **15,0,2**↵	Ttr]: **15,0,2**↵
指定半径或[直径(D)]: **10** ↵	Specify radius of torus or [Diameter]: **10**↵
指定圆管半径或[两点(2P)/直径(D)]: **3** ↵	Specify radius of tube or [Diameter]: **3**↵

4. 差集(求差)

修改→实体编辑→差集(Modify→Solidedit→Subtract) ⊚

从圆锥体中减去圆环体，如图 13-4 所示。

命令: _subtract	Command: _subtract
选择要从中减去的实体、曲面和面域...	Select solids and regions to subtract from...
选择对象: 找到 1 个(先选被减圆锥体)	Select objects: 1 found
选择对象: ↵	Select objects:↵
选择要减去的实体、曲面和面域...	Select solids and regions to subtract...
选择对象: 找到 1 个(后选减去圆环体)	Select objects: 1 found
选择对象: ↵	Select objects:↵

图 13-4　差集(求差)体

13.3　交集(Intersect/Interference)

交集是求两个或几个相交在一起的物体的共有部分。求交结果与选取物体的顺序无关。AutoCAD 提供了两种求交方式：一种是保留原物体求交；另一种是不保留原物体求交。

1. 楔形体

绘图→建模→楔形体(Draw→Modeling→Wedge) ◺

绘制楔形体。

命令: _wedge	Command: _wedge
指定第一个角点或	Specify first corner of wedge or
[中心(C)]: **-10,-10** ↵	[Center]: **-10,-10**↵
指定其他角点或[立方体(C)/长度(L)]:	Specify corner or [Cube/Length]:
@**30,20**↵	@**30,20**↵
指定高度或[两点(2P)]: **15** ↵	Specify height[2Point]: **15**↵

2. 圆锥体

绘图→建模→圆锥体(Draw→Solids→Cone) △

绘制圆锥体。

命令: _cone

当前线框密度: ISOLINES=4

指定底面的中心点或[三点(3P)/两点(2P)/

切点、切点、半径(T)/椭圆(E)]<0,0,0>:↵

指定底面半径或[直径(D)]:**10**↵

指定高度或[两点(2P)/轴端点(A)]: **20**↵

Command: _cone

Current wire frame density: ISOLINES=4

Specify center point for base of cone or [3P/2P/

Ttr/Elliptical] <0,0,0>:↵

Specify radius for base of cone or [Diameter]: **10**↵

Specify height of cone or [Apex]: **20**↵

3. 复制

修改→复制(Modify→Copy)

复制同样的楔体和圆锥体。

命令: _copy

选择对象:

指定对角点: 找到 2 个

选择对象: ↵

指定基点或[位移(D)/模式(O)]<位移>:

指定位移的第二点或<用第一点作位移>:

Command: _copy

Select objects:

Specify opposite corner: 2 found

Select objects: ↵

Specify base point or [Displacement/Mode]<Displacement>

Specify second point of　placement or <use first point as displacement>:

4. 交集(求交)

修改→实体编辑→交集(Modify→Solidedit→Intersect) ⊚

不保留原物体求交(该命令在实体编辑菜单中)，如图 13-5(a)所示。

命令: _intersect

选择对象: 找到 1 个(选楔形体)

选择对象: 找到 1 个，总计 2 个(选圆锥体)

选择对象: ↵

Command: _intersect

Select objects: 1 found

Select objects: 1 found, 2 total

Select objects: ↵

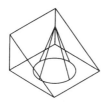　　　　

(a) 不保留原物体　　　　　　　　(b) 保留原物体

图 13-5　交集(求交)体

5. 干涉(求交)

修改→3D 操作→干涉检查(Modify→3D Operation→Interference)(自定义)

检查两物体是否干涉，也可保留原物体求交，系统自动比较两个相交的物体(该命令在绘制实体菜单中)，如图 13-5(b)所示。

命令: _interfere

选择实体的第一集合:

Command: _interfere

Select first set of solids:

选择对象: 找到 1 个(选复制的楔形体)	Select objects: 1 found
选择对象: 找到 1 个，总计 2 个(选圆锥体)	Select objects: 1 found, 2 total
选择对象: ↵	Select objects: ↵
选择实体的第二集合: ↵	Select second set of solids: ↵
选择对象: ↵	Select objects: ↵
未选择实体。	No solids selected.
互相比较 2 个实体。	Comparing 2 solids with each other.
干涉实体数: 2	Interfering solids: 2
干涉对数: 1	Interfering pairs : 1
是否创建干涉实体? [是(Y)/否(N)]<否>:**y** ↵	Create interference solids? [Yes/No] <N>: **y**↵

13.4　实体面的拉伸 (Extrude Faces)

拉伸三维实体面的操作与使用 EXTRUDE 命令将一个二维平面对象拉伸成三维实体的操作相类似，同样可以沿着指定的路径拉伸，或者指定拉伸高度和拉伸倾斜角度进行拉伸。实体面的法向作为拉伸时的正方向，如果输入的拉伸高度是正值，则表示沿着实体面的法向进行拉伸，否则将沿着其法向的反向进行拉伸。当拉伸的倾斜角为正值时，实体面拉伸时是收缩的，反之是放大的。如果输入的拉伸倾斜角或高度偏大，致使实体面未达到拉伸高度前已收缩为一个点，则不能拉伸。注意，所有面的选取一定点在面的中部，如选取面的边界，则同时选取边界两侧的两个面。

修改→实体编辑→拉伸面(Modify→Solidedit→Extrude Face)

(1) 拉伸三维实体面，如图 13-6 所示。如不指定角度，也可平行拉伸面。

命令: _solidedit	**Command:** _solidedit
实体编辑自动检查:	Solids editing automatic checking:
SOLIDCHECK=1	SOLIDCHECK=1
输入实体编辑选项[面(F)/边(E)/体(B)/	Enter a solids editing option [Face/Edge/
放弃(U)/退出(X)] <退出>: _face	Body/Undo/eXit] <eXit>: _face
输入面编辑选项[拉伸(E)/移动(M)/	Enter a face editing option
旋转(R)/偏移(O)/倾斜(T)/删除(D)/	[Extrude/Move/Rotate/Offset/Taper/Delete/
复制(C)/着色(L)/放弃(U)/退出(X)]	Copy/coLor/Undo/eXit]
<退出>: _extrude	<eXit>: _extrude
选择面或[放弃(U)/删除(R)]:	Select faces or [Undo/Remove]:
找到一个面。	1 face found.
选择面或[放弃(U)/删除(R)/	Select faces or [Undo/Remove/
全部(ALL)]: ↵	ALL]:↵
指定拉伸高度或[路径(P)]: **20** ↵	Specify height of extrusion or [Path]: **20**↵
指定拉伸的倾斜角度<0>: **20** ↵	Specify angle of taper for extrusion <0>: **20**↵
已开始实体校验。	Solid validation started.
已完成实体校验。	Solid validation completed.

输入面编辑选项[拉伸(E)/移动(M)/ | Enter a face editing option
旋转(R)/偏移(O)/倾斜(T)/删除(D)/ | [Extrude/Move/Rotate/Offset/Taper/Delete/
复制(C)/着色(L)/放弃(U)/退出(X)] | Copy/coLor/Undo/eXit]
<退出>: ↵ | <eXit>:↵
实体编辑自动检查: | Solids editing automatic checking:
SOLIDCHECK=1 | SOLIDCHECK=1
输入实体编辑选项[面(F)/边(E)/体(B)/ | Enter a solids editing option [Face/Edge/
放弃(U)/退出(X)] <退出>:↵ | Body/Undo/eXit] <eXit>:↵

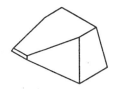

图 13-6　拉伸三维实体面

(2) 沿路径拉伸三维实体面，如图 13-7 所示。

命令: _pline | Command: _pline
指定起点: (捕捉棱台斜面上前面的一点) | Specify start point:
当前线宽为 0.0000 | Current line-width is 0.0000
指定下一点或[圆弧(A)/闭合(C)/半宽(H)/ | Specify next point or [Arc/Close/Halfwidth/
长度(L)/放弃(U)/宽度(W)]: **a** ↵(画弧) | Length/Undo/Width]: **a**↵
指定圆弧的端点或[角度(A)/圆心(CE)/ | Specify endpoint of arc or
闭合(CL)/方向(D)/半宽(H)/直线(L)/ | [Angle/CEnter/Close/Direction/Halfwidth/Line/
半径(R)/第二点(S)/放弃(U)/宽度(W)]: | Radius/Second pt/Undo/Width]:
r ↵(弧半径) | **r**↵
指定圆弧的半径: **10** ↵ | Specify radius of arc: **10**↵
指定圆弧的端点或[角度(A)]: **a** ↵(弧角度) | Specify endpoint of arc or [Angle]: **a**↵
指定包含角: **90** ↵ | Specify included angle: **90**↵
指定圆弧的弦方向 <0>: **180** ↵ | Specify direction of chord for arc <0>: **180**↵
指定圆弧的端点或[角度(A)/圆心(CE)/闭合 | Specify endpoint of arc or [Angle/CEnter/CLose/
(CL)/方向(D)/半宽(H)/直线(L)/半径(R)/ | Direction/Halfwidth/Line/Radius/
第二点(S)/放弃(U)/宽度(W)]: ↵ | Second pt/Undo/Width]: ↵

点选四棱台斜面，沿路径拉伸。

命令: _solidedit | Command: _solidedit
实体编辑自动检查: | Solids editing automatic checking:
SOLIDCHECK=1 | SOLIDCHECK=1
输入实体编辑选项[面(F)/边(E)/体(B)/ | Enter a solids editing option [Face/Edge/Body/
放弃(U)/退出(X)] <退出>: _face | Undo/Exit] < Exit >: _face
输入面编辑选项[拉伸(E)/移动(M)/旋转(R)/ | Enter a face editing option [Extrude/Move/Rotate/

偏移(O)/倾斜(T)/删除(D)/复制(C)/着色(L)/	Offset/Taper/Delete/Copy/coLor/
放弃(U)/退出(X)] <退出>: _extrude	Undo/Exit] < Exit >: _extrude
选择面或[放弃(U)/删除(R)]: 找到一个面。	Select faces or [Undo/Remove]: 1 face found.
选择面或[放弃(U)/删除(R)/全部(ALL)]: ↵	Select faces or [Undo/Remove/ALL]: ↵
指定拉伸高度或[路径(P)]: **p**↵	Specify height of extrusion or [Path]: **p**↵
选择拉伸路径: (用鼠标选刚画的弧)	Select extrusion path:
已开始实体校验。	Solid validation started.
已完成实体校验。	Solid validation completed.
输入面编辑选项[拉伸(E)/移动(M)/	Enter a face editing option [Extrude/Move/
旋转(R)/偏移(O)/倾斜(T)/删除(D)/复制(C)/	Rotate/Offset/Taper/Delete/Copy/
着色(L)/放弃(U)/退出(X)] <退出>: ↵*取消*	CoLor/Undo/Exit] <Exit>: ↵
实体编辑自动检查:	Solids editing automatic checking:
SOLIDCHECK=1	SOLIDCHECK=1
输入实体编辑选项[面(F)/边(E)/体(B)/	Enter a solids editing option [Face/Edge/Body/
放弃(U)/退出(X)] <退出>: ↵	Undo/Exit] <Exit>: ↵

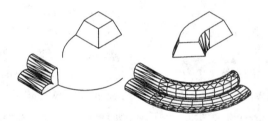

图 13-7　沿路径拉伸三维实体面

13.5　实体面的移动(Move Faces)

实体面的移动是指将三维实体中的面移动到指定的位置。利用该功能可以方便地将实体图形中的孔面从一个位置准确地移动到其他位置。用鼠标选取孔面，如图 13-8 所示。

修改→实体编辑→移动面(Modify→Solidedit→Move Faces)

命令: _solidedit	**Command:** _solidedit
实体编辑自动检查:	Solids editing automatic checking:
SOLIDCHECK=1	SOLIDCHECK=1
输入实体编辑选项[面(F)/边(E)/体(B)/	Enter a solids editing option [Face/Edge/Body/
放弃(U)/退出(X)] <退出>: _face	Undo/eXit] <eXit>: _face
输入面编辑选项[拉伸(E)/移动(M)/旋转(R)/	Enter a face editing option [Extrude/Move/Rotate/
偏移(O)/倾斜(T)/删除(D)/复制(C)/着色(L)/	Offset/Taper/Delete/Copy/coLor/
放弃(U)/退出(X)] <退出>: _move	Undo/eXit] <eXit>: _move
选择面或[放弃(U)/删除(R)]: 找到一个面。	Select faces or [Undo/Remove]: 1 face found.
选择面或[放弃(U)/删除(R)/全部(ALL)]: ↵	Select faces or [Undo/Remove/ALL]: ↵

指定基点或位移: (任选的一点)	Specify a base point or displacement:
指定位移的第二点: @**20,20,0**↵	Specify a second point of displacement: @**20,20,0**↵
已开始实体校验。	Solid validation started.
已完成实体校验。	Solid validation completed.
输入面编辑选项[拉伸(E)/移动(M)/旋转(R)/	Enter a face editing option[Extrude/Move/Rotate/
偏移(O)/倾斜(T)/删除(D)/复制(C)/着色(L)/	Offset/Taper/Delete/Copy/coLor/
放弃(U)/退出(X)] <退出>: ↵ *取消*	Undo/eXit] <eXit>:↵
实体编辑自动检查:	Solids editing automatic checking:
SOLIDCHECK=1	SOLIDCHECK=1
输入实体编辑选项[面(F)/边(E)/体(B)/	Enter a solids editing option [Face/Edge/Body/
放弃(U)/退出(X)] <退出>:	Undo/eXit] <eXit>:↵

图 13-8　实体面的移动

13.6　实体面的等距偏移(Offset Faces)

实体面的等距偏移是指将实体中的一个或多个面以相等的指定距离移动或通过指定的点移动。用鼠标选取左侧面偏移，如图 13-9 所示。

修改→实体编辑→偏移面(Modify→Solidedit→Offset Faces)

命令: _solidedit	**Command:** _solidedit
实体编辑自动检查:	Solids editing automatic checking:
SOLIDCHECK=1	SOLIDCHECK=1
输入实体编辑选项[面(F)/边(E)/体(B)/	Enter a solids editing option [Face/Edge/Body/
放弃(U)/退出(X)] <退出>: _face	Undo/eXit] <eXit>: _face
输入面编辑选项[拉伸(E)/移动(M)/旋转(R)/	Enter a face editing option[Extrude/Move/Rotate/
偏移(O)/倾斜(T)/删除(D)/复制(C)/着色(L)/	Offset/Taper/Delete/Copy/coLor/
放弃(U)/退出(X)] <退出>: _offset	Undo/eXit] <eXit>: _offset
选择面或[放弃(U)/删除(R)]: 找到一个面。	Select faces or [Undo/Remove]: 1 face found.
选择面或[放弃(U)/删除(R)/全部(ALL)]: ↵	Select faces or [Undo/Remove/ALL]:↵
指定偏移距离: **20** ↵	Specify the offset distance: **20**↵
已开始实体校验。	Solid validation started.
已完成实体校验。	Solid validation completed.
输入面编辑选项[拉伸(E)/移动(M)/旋转(R)/	Enter a face editing option[Extrude/Move/Rotate
偏移(O)/倾斜(T)/删除(D)/复制(C)/着色(L)/	/Offset/Taper/Delete/Copy/coLor/
放弃(U)/退出(X)] <退出>: ↵	Undo/eXit] <eXit>:↵

实体编辑自动检查:	Solids editing automatic checking:
SOLIDCHECK=1	SOLIDCHECK=1
输入实体编辑选项 [面(F)/边(E)/体(B)/	Enter a solids editing option [Face/Edge/Body/
放弃(U)/退出(X)] <退出>:↵	Undo/eXit] <eXit>:↵

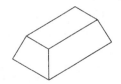

图 13-9　实体面的等距偏移

13.7　实体面的删除(Delete Faces)

实体面的删除功能是指将三维实体中的一个或多个面从实体中删去，例如将四棱锥变成三棱锥。

修改→实体编辑→删除面(Modify→Solidedit→Delete Faces)

命令: _solidedit	**Command:** _solidedit
实体编辑自动检查:　SOLIDCHECK=1	Solids editing automatic checking: SOLIDCHECK=1
输入实体编辑选项 [面(F)/边(E)/体(B)/	Enter a solids editing option [Face/Edge/Body/
放弃(U)/退出(X)] <退出>: _face	Undo/eXit] <eXit>: _face
输入面编辑选项[拉伸(E)/移动(M)/旋转(R)/	Enter a face editing option[Extrude/Move/Rotate/
偏移(O)/倾斜(T)/删除(D)/复制(C)/着色(L)/	Offset/Taper/Delete/Copy/coLor/
放弃(U)/退出(X)] <退出>: _delete	Undo/eXit] <eXit>: _delete
选择面或[放弃(U)/删除(R)]: 找到一个面。	Select faces or [Undo/Remove]: 1 face found.
选择面或 [放弃(U)/删除(R)/全部(ALL)]: ↵	Select faces or [Undo/Remove/ALL]:↵
已开始实体校验。	Solid validation started.
已完成实体校验。	Solid validation completed.
输入面编辑选项[拉伸(E)/移动(M)/旋转(R)/	Enter a face editing option[Extrude/Move/Rotate/
偏移(O)/倾斜(T)/删除(D)/复制(C)/着色(L)/	Offset/Taper/Delete/Copy/coLor/
放弃(U)/退出(X)] <退出>: ↵	Undo/eXit] <eXit>:↵
实体编辑自动检查: SOLIDCHECK=1	Solids editing automatic checking: SOLIDCHECK=1
输入实体编辑选项 [面(F)/边(E)/体(B)/	Enter a solids editing option [Face/Edge/Body/
放弃(U)/退出(X)] <退出>: ↵	Undo/eXit] <eXit>:↵

13.8　实体面的旋转(Rotate Faces)

实体面的旋转是将实体中的一个或多个面绕指定的轴旋转一个角度。它与使用将一个二维平面图形旋转成三维实体图形的操作相类似。旋转轴可以通过指定两点或选择一个对象来确定，也可以采用 UCS 的坐标轴为旋转轴，如图 13-10 所示。

修改→实体编辑→旋转面(Modify→Solidedit→Rotate Faces) ↻

用鼠标选取实体前面旋转。

命令: _solidedit	Command: _solidedit
实体编辑自动检查:	Solids editing automatic checking:
SOLIDCHECK=1	SOLIDCHECK=1
输入实体编辑选项[面(F)/边(E)/体(B)/	Enter a solids editing option [Face/Edge/Body/
放弃(U)/退出(X)] <退出>: _face	Undo/eXit] <eXit>: _face
输入面编辑选项[拉伸(E)/移动(M)/	Enter a face editing option[Extrude/Move/
旋转(R)/偏移(O)/倾斜(T)/删除(D)/复制(C)/	Rotate/Offset/Taper/Delete/Copy/
着色(L)/放弃(U)/退出(X)] <退出>: _rotate	coLor/Undo/eXit] <eXit>: _rotate
选择面或[放弃(U)/删除(R)]: 找到一个面。	Select faces or [Undo/Remove]: 1 face found.
选择面或[放弃(U)/删除(R)/全部(ALL)]: ↵	Select faces or [Undo/Remove/ALL]:↵
指定轴点或[经过对象的轴(A)/视图(V)/	Specify an axis point or [Axis by object/View/
X 轴(X)/Y 轴(Y)/Z 轴(Z)]<两点>:(捕捉点)	Xaxis/Yaxis/Zaxis] <2points>:
在旋转轴上指定第二个点:	Specify the second point on the rotation axis:
(捕捉左后面上下两点)	
指定旋转角度或[参照(R)]: **30** ↵	Specify a rotation angle or [Reference]: **30**↵
输入面编辑选项[拉伸(E)/移动(M)/旋转(R)/	Enter a face editing option [Extrude/Move/Rotate/
偏移(O)/倾斜(T)/删除(D)/复制(C)/着色(L)/	Offset/Taper/Delete/Copy/coLor/
放弃(U)/退出(X)] <退出>: ↵	Undo/eXit] <eXit>:↵
实体编辑自动检查:	Solids editing automatic checking:
SOLIDCHECK=1	SOLIDCHECK=1
输入实体编辑选项[面(F)/边(E)/体(B)/	Enter a solids editing option [Face/Edge/Body/
放弃(U)/退出(X)] <退出>: ↵	Undo/eXit] <eXit>:↵

原物体

图 13-10　实体面的旋转

13.9　实体面的倾斜(Taper Faces)

　　实体面的倾斜功能是将实体中的一个或多个面按指定的角度进行倾斜。当输入的倾斜角度为正值时，实体面将向内收缩倾斜，否则将向外放大倾斜，如图 13-11 所示。

修改→实体编辑→倾斜面(Modify→Solidedit→Taper Faces) 🖎

　　用鼠标选取前面倾斜。

命令: _solidedit	Command: _solidedit

实体编辑自动检查:	Solids editing automatic checking:
SOLIDCHECK=1	SOLIDCHECK=1
输入实体编辑选项[面(F)/边(E)/体(B)/	Enter a solids editing option [Face/Edge/Body/
放弃(U)/退出(X)] <退出>: _face	Undo/eXit] <eXit>: _face
输入面编辑选项[拉伸(E)/移动(M)/	Enter a face editing option[Extrude/Move/
旋转(R)/偏移(O)/倾斜(T)/删除(D)/复制(C)/	Rotate/Offset/Taper/Delete/Copy/
着色(L)/放弃(U)/退出(X)] <退出>: _taper	coLor/Undo/eXit] <eXit>: _taper
选择面或[放弃(U)/删除(R)]: 找到一个面。	Select faces or [Undo/Remove]: 1 face found.
选择面或[放弃(U)/删除(R)/全部(ALL)]: ↵	Select faces or [Undo/Remove/ALL]:↵
指定基点: (用鼠标选取面上的两点)	Specify the base point:
指定沿倾斜轴的另一个点:	Specify another point along the axis of tapering:
指定倾斜角度: **60** ↵	Specify the taper angle: **60**
输入面编辑选项[拉伸(E)/移动(M)/旋转(R)/	Enter a face editing option [Extrude/Move/Rotate/
偏移(O)/倾斜(T)/删除(D)/复制(C)/着色(L)/	Offset/Taper/Delete/Copy/coLor/
放弃(U)/退出(X)] <退出>: ↵	Undo/eXit] <eXit>:↵
实体编辑自动检查: SOLIDCHECK=1	Solids editing automatic checking:　SOLIDCHECK=1
输入实体编辑选项[面(F)/边(E)/体(B)/	Enter a solids editing option [Face/Edge/Body/
放弃(U)/退出(X)] <退出>: ↵	Undo/eXit] <eXit>:↵

原物体

 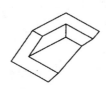 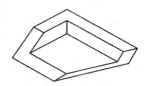

图 13-11　实体面的倾斜

13.10　实体面的复制(Copy Faces)

实体面的复制功能是将三维实体中的一个或多个面复制成与原面平行的三维表面，如图 13-12 所示。

修改→实体编辑→复制面(Modify→Solidedit→Copy Faces)

命令: _solidedit	**Command:** _solidedit
实体编辑自动检查:　SOLIDCHECK=1	Solids editing automatic checking:　SOLIDCHECK=1
输入实体编辑选项 [面(F)/边(E)/体(B)/	Enter a solids editing option [Face/Edge/Body/
放弃(U)/退出(X)] <退出>: _face	Undo/eXit] <eXit>: _face
输入面编辑选项[拉伸(E)/移动(M)/	Enter a face editing option
旋转(R)/偏移(O)/倾斜(T)/删除(D)/	[Extrude/Move/Rotate/Offset/Taper/Delete/
复制(C)/着色(L)/放弃(U)/退出(X)]	Copy/coLor/Undo/eXit]

<退出>: _copy	<eXit>: _copy
选择面或[放弃(U)/删除(R)]: 找到一个面。	Select faces or [Undo/Remove]: 1 face found.
选择面或[放弃(U)/删除(R)/全部(ALL)]:↵	Select faces or [Undo/Remove/ALL]: ↵
指定基点或位移: (选取右面上一点)	Specify a base point or displacement:
指定位移的第二点: @-10,-20 ↵	Specify a second point of displacement: @-10,-20↵
输入面编辑选项[拉伸(E)/移动(M)/旋转(R)/	Enter a face editing option [Extrude/Move/Rotate/
偏移(O)/倾斜(T)/删除(D)/复制(C)/着色(L)/	Offset/Taper/Delete/Copy/coLor/
放弃(U)/退出(X)] <退出>: ↵	Undo/eXit] <eXit>:↵
实体编辑自动检查: SOLIDCHECK=1	Solids editing automatic checking:　SOLIDCHECK=1
输入实体编辑选项[面(F)/边(E)/体(B)/	Enter a solids editing option [Face/Edge/Body/
放弃(U)/退出(X)] <退出>: ↵	Undo/eXit] <eXit>:↵

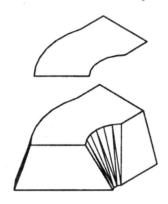

图 13-12　实体面的复制

13.11　实体面颜色的改变(Color Faces)

此命令把实体中的一个或多个面的颜色进行重新设置。注意要选取面的中部，如选取面的边界，则会同时选中边界两侧的两个面。

修改→实体编辑→着色面(Modify→Solidedit→Color Faces)

命令: _solidedit	**Command:** _solidedit
实体编辑自动检查: SOLIDCHECK=1	Solids editing automatic checking: SOLIDCHECK=1
输入实体编辑选项 [面(F)/边(E)/体(B)/	Enter a solids editing option
放弃(U)/退出(X)] <退出>: _face	[Face/Edge/Body/Undo/eXit] <eXit>: _face
输入面编辑选项[拉伸(E)/移动(M)/	Enter a face editing option [Extrude/Move/
旋转(R)/偏移(O)/倾斜(T)/删除(D)/	Rotate/Offset/Taper/Delete/
复制(C)/着色(L)/放弃(U)/退出(X)]	Copy/coLor/Undo/eXit]
<退出>: _color	<eXit>: _color
选择面或[放弃(U)/删除(R)]: 找到一个面。	Select faces or [Undo/Remove]: 1 face found.
选择面或[放弃(U)/删除(R)/全部(ALL)]: ↵	Select faces or [Undo/Remove/ALL]: ↵

输入新颜色<随层>: **3** ↵ (在对话框中选取	Enter new color<by layer>:**3** ↵
新颜色或输入 green)	
输入面编辑选项[拉伸(E)/移动(M)/旋转(R)/	Enter a face editing option [Extrude/Move/Rotate/
偏移(O)/倾斜(T)/删除(D)/复制(C)/着色(L)/	Offset/Taper/Delete/Copy/coLor/
放弃(U)/退出(X)] <退出>: ↵	Undo/eXit] <eXit>:↵
实体编辑自动检查: SOLIDCHECK=1	Solids editing automatic checking:　SOLIDCHECK=1
输入实体编辑选项 [面(F)/边(E)/体(B)/	Enter a solids editing option [Face/Edge/Body/
放弃(U)/退出(X)] <退出>: ↵	Undo/eXit] <eXit>:↵

13.12　复制实体的边(Copy Edges)

利用此命令将三维实体的边复制为单独的图形对象。能复制成的单独对象可以是直线、圆弧、圆、椭圆或样条曲线，如图 13-13 所示。

修改→实体编辑→复制边(Modify→Solidedit→Copy Edges)

命令: _solidedit	**Command:** _solidedit
实体编辑自动检查: SOLIDCHECK=1	Solids editing automatic checking: SOLIDCHECK=1
输入实体编辑选项[面(F)/边(E)/体(B)/	Enter a solids editing option [Face/Edge/Body/
放弃(U)/退出(X)] <退出>: _edge	Undo/eXit] <eXit>: _edge
输入边编辑选项[复制(C)/着色(L)/	Enter an edge editing option [Copy/coLor/
放弃(U)/退出(X)] <退出>: _copy	Undo/eXit] <eXit>: _copy
选择边或[放弃(U)/删除(R)]: (用鼠标选取)	Select edges or [Undo/Remove]:
选择边或[放弃(U)/删除(R)]: ↵ (选择完毕)	Select edges or [Undo/Remove]: ↵
指定基点或位移: (任选一点)	Specify a base point or displacement:
指定位移的第二点: @0,-10 ↵	Specify a second point of displacement: @0,-10 ↵
输入边编辑选项[复制(C)/着色(L)/	Enter an edge editing option [Copy/coLor/
放弃(U)/退出(X)] <退出>: ↵	Undo/eXit] <eXit>: ↵
实体编辑自动检查: SOLIDCHECK=1	Solids editing automatic checking: SOLIDCHECK=1
输入实体编辑选项[面(F)/边(E)/体(B)/	Enter a solids editing option [Face/Edge/Body/
放弃(U)/退出(X)] <退出>:*取消* ↵	Undo/eXit] <eXit>: ↵

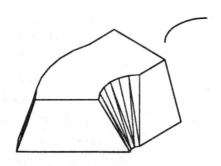

图 13-13　复制实体的边

13.13　实体边的颜色修改(Color Edges)

利用该命令可修改三维实体单独边的颜色。

修改→实体编辑→着色边(Modify→Solidedit→Color Edges)

命令: _solidedit	Command: _solidedit
实体编辑自动检查: SOLIDCHECK=1	Solids editing automatic checking: SOLIDCHECK=1
输入实体编辑选项[面(F)/边(E)/体(B)/	Enter a solids editing option [Face/Edge/Body/
放弃(U)/退出(X)] <退出>: _edge	Undo/eXit] <eXit>: _edge
输入边编辑选项[复制(C)/着色(L)/	Enter an edge editing option [Copy/coLor/
放弃(U)/退出(X)] <退出>: _color	Undo/eXit] <eXit>: _color
选择边或[放弃(U)/删除(R)]: (选取一条边)	Select edges or [Undo/Remove]:
选择边或[放弃(U)/删除(R)]: ↵	Select edges or [Undo/Remove]: ↵
输入新颜色<随层>: red ↵ (在对话框中选取	Enter new color<by layer>: red ↵
新颜色或输入 red)	
输入边编辑选项[复制(C)/着色(L)/	Enter an edge editing option [Copy/coLor/
放弃(U)/退出(X)] <退出>:↵	Undo/eXit] <eXit>:↵
实体编辑自动检查: SOLIDCHECK=1	Solids editing automatic checking: SOLIDCHECK=1
输入实体编辑选项[面(F)/边(E)/体(B)/	Enter a solids editing option [Face/Edge/Body/
放弃(U)/退出(X)] <退出>:↵	Undo/eXit] <eXit>:↵

13.14　实体的压印(Imprint)

在 AutoCAD 环境下，可以将一些平面图形对象压印(imprint)在三维实体的面上，从而创建新的面。需要注意的是，要压印的对象必须与所选实体中的一个或多个面相交，否则不能执行此功能。这些对象可以是直线、圆弧、圆、二维或三维多义线、样条曲线、面域和三维实体等，如图 13-14 所示。

1. 画正六边形

绘图→正多边形(Draw→Polygon)

用鼠标捕捉立体上的点，绘制多边形。

命令: _polygon	Command: _polygon
输入边的数目<4>: **6** ↵	Enter number of sides <4>: **6**↵
指定多边形的中心点或[边(E)]:	Specify center of polygon or [Edge]:
输入选项[内接于圆(I)/	Enter an option [Inscribed in circle/
外切于圆(C)]<I>: ↵	Circumscribed about circle] <I>:↵
指定圆的半径: **5** ↵	Specify radius of circle: **5**↵

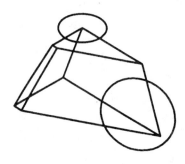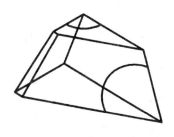

图 13-14 实体的压印

2. 画圆

绘图→圆→圆心、半径(Draw→Circle→Center Radius)

用鼠标捕捉多边形右边的点，绘制圆。

命令: _circle	Command: _circle
指定圆的圆心或[三点(3P)/两点(2P)/	Specify center point for circle or [3P/2P/
相切、相切、半径(T)]: (捕捉右边的点)	Ttr (tan tan radius)]:
指定圆的半径或[直径(D)]<10>: **5** ↵	Specify radius of circle or [Diameter]<10>: **5**↵

3. 压印

修改→实体编辑→压印(Modify→Solidedit→Imprint)

命令: _solidedit	Command: _solidedit
实体编辑自动检查: SOLIDCHECK=1	Solids editing automatic checking: SOLIDCHECK=1
输入实体编辑选项[面(F)/边(E)/体(B)/	Enter a solids editing option [Face/Edge/Body/
放弃(U)/退出(X)] <退出>: _body	Undo/eXit] <eXit>: _body
输入体编辑选项[压印(I)/分割实体(P)/	Enter a body editing option[Imprint/seParate solids/
抽壳(S)/清理(L)/检查(C)/放弃(U)/退出(X)]	Shell/cLean/Check/ Undo/eXit]
<退出>: _imprint	<eXit>: _imprint
选择三维实体: (用鼠标选取实体)	Select a 3D solid:
选择要压印的对象: (选取正六边形)	Select an object to imprint:
是否删除源对象? <N>: **y** ↵	Delete the source object [Yes/No] <N>: **y**↵
选择要压印的对象: (用鼠标选取圆)	Select an object to imprint:
是否删除源对象? <Y>: ↵	Delete the source object [Yes/No] <Y>:↵
选择要压印的对象: ↵	Select an object to imprint:↵
输入体编辑选项[压印(I)/分割实体(P)/	Enter a body editing option
抽壳(S)/清理(L)/检查(C)/放弃(U)/退出(X)]	[Imprint/sePatate solids/Shell/cLean/Check/
<退出>: ↵	Undo/eXit] <eXit>:↵
实体编辑自动检查: SOLIDCHECK=1	Solids editing automatic checking: SOLIDCHECK=1
输入实体编辑选项[面(F)/边(E)/体(B)/	Enter a solids editing option [Face/Edge/Body/
放弃(U)/退出(X)]<退出>: ↵	Undo/eXit] <eXit>:↵

13.15　实体的清除(Clean)

利用该命令可以将三维实体上所有多余的边、压印到实体上的对象以及不再使用的对象清除。

修改→实体编辑→清除(Modify→Solidedit→Clean)

命令: _solidedit	**Command:** _solidedit
实体编辑自动检查: SOLIDCHECK=1	Solids editing automatic checking: SOLIDCHECK=1
输入实体编辑选项[面(F)/边(E)/体(B)/	Enter a solids editing option [Face/Edge/Body/
放弃(U)/退出(X)] <退出>: _body	Undo/eXit] <eXit>: _body
输入体编辑选项[压印(I)/分割实体(P)/	Enter a body editing option
抽壳(S)/清理(L)/检查(C)/放弃(U)/	[Imprint/sePerate solids/Shell/cLean/Check/
退出(X)]<退出>: _clean	Undo/eXit] <eXit>: _clean
选择三维实体: (选取图 13-14 所示实体)	Select a 3D solid:
输入编辑选项[压印(I)/分割实体(P)/	Enter a body editing option
抽壳(S)/清理(L)/检查(C)/放弃(U)/	[Imprint/separate solids/Shell/cLean/Check/
退出(X)]<退出>: ↵	Undo/eXit] <eXit>:↵
实体编辑自动检查: SOLIDCHECK=1	Solids editing automatic checking: SOLIDCHECK=1
输入实体编辑选项[面(F)/边(E)/体(B)/	Enter a solids editing option [Face/Edge/Body/
放弃(U)/退出(X)] <退出>: ↵	Undo/eXit] <eXit>:↵

13.16　实体的有效性检查(Check)

实体的有效检查是指检查实体对象是否为有效的 ACIS 三维实体模型。该命令由系统变量 SOLIDCHECK 控制。当 SOLIDCHECK＝1 时，进行有效性检查，否则不进行此项检查。

修改→实体编辑→检查(Modify→Solidedit→Check)

命令: _solidedit	**Command:** _solidedit
实体编辑自动检查:　SOLIDCHECK=1	Solids editing automatic checking: SOLIDCHECK=1
输入实体编辑选项[面(F)/边(E)/体(B)/	Enter a solids editing option [Face/Edge/Body/
放弃(U)/退出(X)] <退出>: _body	Undo/eXit] <eXit>: _body
输入体编辑选项[压印(I)/分割实体(P)/	Enter a body editing option
抽壳(S)/清理(L)/检查(C)/放弃(U)/	[Imprint/sePerate solids/Shell/cLean/Check/
退出(X)]<退出>: _check	Undo/eXit] <eXit>: _check
选择三维实体: 此对象是有效的 ACIS	Select a 3D solid: This object is a valid ACIS solid.
实体。(用鼠标选取)	

13.17　实体的抽壳 (Shell)

实体的等距抽壳是将实体以相等的指定距离制作成薄壁壳体。例如对于一长方体，选取的位置不同，抽壳的结果也不同，如图 13-15 所示。

修改→实体编辑→抽壳(Modify→Solidedit→Shell) 🔲

命令: _solidedit	**Command:** _solidedit
实体编辑自动检查: SOLIDCHECK=1	Solids editing automatic checking: SOLIDCHECK=1
输入实体编辑选项[面(F)/边(E)/体(B)/	Enter a solids editing option [Face/Edge/Body/
放弃(U)/退出(X)]<退出>: _body	Undo/eXit] <eXit>: _body
输入体编辑选项[压印(I)/分割实体(P)/	Enter a body editing option
抽壳(S)/清理(L)/检查(C)/放弃(U)/退出(X)]	[Imprint/seParate solids/Shell/cLean/Check/
<退出>: _shell	Undo/eXit] <eXit>: _shell
选择三维实体: (用鼠标选取实体)	Select a 3D solid:
删除面或[放弃(U)/添加(A)/全部(ALL)]:	Remove faces or [Undo/Add/ALL]:
找到 2 个面，已删除 2 个。(选取面或边)	2 faces found, 2 removed.
删除面或[放弃(U)/添加(A)/全部(ALL)]: ↵	Remove faces or [Undo/Add/ALL]: ↵
输入抽壳偏移距离: **5** ↵	Enter the shell offset distance: **5** ↵
输入体编辑选项[压印(I)/分割实体(P)/	Enter a body editing option
抽壳(S)/清理(L)/检查(C)/放弃(U)/	[Imprint/seParate solids/Shell/cLean/Check/
退出(X)] <退出>: ↵	Undo/eXit] <eXit>: ↵
实体编辑自动检查: SOLIDCHECK=1	Solids editing automatic checking: SOLIDCHECK=1
输入实体编辑选项[面(F)/边(E)/体(B)/	Enter a solids editing option [Face/Edge/Body/
放弃(U)/退出(X)] <退出>: ↵	Undo/eXit] <eXit>: ↵

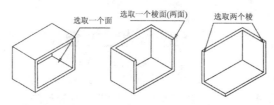

图 13-15　实体面的抽壳

13.18　实体的分割(Separate)

实体的分割是将两相加但不相交的实体分开。相交的实体相加后不能分开。

修改→实体编辑→分割(Modify→Solidedit→Separate)

命令: _solidedit	**Command:** _solidedit
实体编辑自动检查: SOLIDCHECK=1	Solids editing automatic checking: SOLIDCHECK=1
输入实体编辑选项[面(F)/边(E)/体(B)/	Enter a solids editing option [Face/Edge/Body/
放弃(U)/退出(X)] <退出>: _body	Undo/eXit] <eXit>: _body
输入体编辑选项[压印(I)/分割实体(P)/	Enter a body editing option
抽壳(S)/清理(L)/检查(C)/放弃(U)/退出(X)]	[Imprint/seParate solids/Shell/cLean/Check/
<退出>: _separate	Undo/eXit] <eXit>: _separate

选择三维实体: (用鼠标选取圆锥)	Select a 3D solid:
输入编辑选项[压印(I)/分割实体(P)/	Enter a body editing option
抽壳(S)/清理(L)/检查(C)/放弃(U)/退出(X)]	[Imprint/seParate solids/Shell/cLean/Check/
<退出>: ↵	Undo/eXit] <eXit>:↵
实体编辑自动检查: SOLIDCHECK=1	Solids editing automatic checking: SOLIDCHECK=1
输入实体编辑选项[面(F)/边(E)/体(B)/	Enter a solids editing option [Face/Edge/Body/
放弃(U)/退出(X)] <退出>: ↵	Undo/eXit] <eXit>:↵

13.19　圆角(Fillet)

　　该命令与二维圆角命令是同一命令，当选取 3D 实体时，其用法不同：不是选两边，而是选要圆角的棱边。圆角效果如图 13-16 所示。

修改→圆角(Modify→Fillet) ⌐

命令: _fillet	Command: _fillet
当前模式: 模式=修剪，半径=10.0000	Current settings: Mode = TRIM, Radius = 10.0000
(默认圆角半径=10)	
选择第一个对象或[多段线(P)/半径(R)/	Select first object or [Polyline/Radius/Trim]:
修剪(T)]: (选择物体要圆角的边)	
输入圆角半径<10.0000>: **2**↵	Specify fillet radius <10.0000>: **2**↵
选择边或[链(C)/半径(R)]: (选要圆角的边)	Select an edge or [Chain/Radius]:
选择边或[链(C)/半径(R)]: (选另一边)	Select an edge or [Chain/Radius]:
选择边或[链(C)/半径(R)]: (选另一边)	Select an edge or [Chain/Radius]:
选择边或[链(C)/半径(R)]: ↵	Select an edge or [Chain/Radius]:↵
选定圆角的 3 个边。	3 edge(s) selected for fillet.
命令: _fillet	Command: _fillet
当前模式: 模式=修剪，半径=5.0000	Current settings: Mode = TRIM, Radius = 5.0000
选择第一个对象或[多段线(P)/半径(R)/	Select first object or [Polyline/Radius/Trim]:
修剪(T)]: (选图形)	
输入圆角半径<2.0000>: **5**↵	Enter fillet radius <2.0000>: **5**↵
选择边或[链(C)/半径(R)]: (选图形的边)	Select an edge or [Chain/Radius]:
选择边或[链(C)/半径(R)]: ↵	Select an edge or [Chain/Radius]:↵
选定圆角的 1 个边。	1 edge(s) selected for fillet.

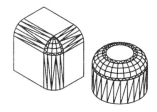

图 13-16　圆角

13.20　倒角(Chamfer)

　　该命令与二维倒角命令是同一命令，当选取 3D 实体时，其用法不同：选取的是要倒角的棱边。倒角效果如图 13-17 所示。

修改→倒角(Modify→Chamfer) ◢

命令: _chamfer

("修剪"模式)当前倒角距离 1 = 5.0000，

距离 2 = 5.0000

选择第一条直线或[多段线(P)/距离(D)/

角度(A)/修剪(T)/方法(M)]: (选取四棱台)

基面选择...

输入曲面选择选项[下一个(N)/ OK

(当前)] <OK>:↵

指定基面倒角距离<5.0000>: 4 ↵

(第一个方向倒角距离)

指定另一表面倒角距离<5.0000>: 4↵

(第二个方向倒角距离)

选择边或[环(L)]: (选取左面)

选择边或[环(L)]: ↵

命令: _chamfer

("修剪"模式)当前倒角距离 1 = 4.0000，

距离 2 = 4.0000

选择第一条直线或[多段线(P)/距离(D)/

角度(A)/修剪(T)/方法(M)]: (选图形)

基面选择...

输入曲面选择选项[下一个(N)/ OK

(当前)] <OK>: ↵

指定基面倒角距离<4.0000>:↵

(第一个方向倒角距离)

指定另一表面倒角距离<4.0000>:↵

(第二个方向倒角距离)

选择边或[环(L)]: (选图形的一面)

选择边或[环(L)]: ↵

Command: _chamfer

(TRIM mode) Current chamfer Dist1 = 5.0000,

Dist2 = 5.0000

Select first line or [Polyline/Distance/

Angle/Trim/Method]:

Base surface selection...

Enter surface selection option [Next/OK

(current)] <OK>:↵

Specify base surface chamfer distance <5.0000>:**4**↵

Specify other surface chamfer distance <5.0000>:**4**↵

Select an edge or [Loop]:

Select an edge or [Loop]:↵

Command: _chamfer

(TRIM mode) Current chamfer Dist1 = 4.0000,

Dist2 = 4.0000

Select first line or [Polyline/Distance/

Angle/Trim/Method]:

Base surface selection...

Enter surface selection option [Next/OK

(current)] <OK>:↵

Specify base surface chamfer distance <4.0000>:↵

Specify other surface chamfer distance <4.0000>:↵

Select an edge or [Loop]:

Select an edge or [Loop]:↵

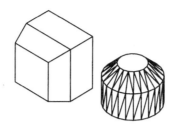

图 13-17   倒角

13.21   三维操作(3D Operation)

在修改(Modify)主菜单项的下拉菜单中，点击三维操作(3D Operation)菜单项，即打开下一级菜单，其中包括三维阵列、三维镜像、三维旋转和对齐命令等，如图 13-18 所示。三维阵列与二维阵列不同的是增加了层阵列，可以很方便地绘制高层建筑；三维镜像以面为对称面；三维旋转以两点为旋转轴。

图 13-18   三维操作菜单

13.21.1   三维阵列(3D Array)

将所选实体按设定的数目和距离一次性地在空间复制多个。按矩形阵列复制的图形与原图形一样，按行列排列整齐；按环形阵列复制的图形可能和原图形一样，也可能改变方向，如图 13-19 所示。

修改→三维操作→三维阵列(Modify→3D Operation→3D Array) ▦

命令: _3darray	**Command:** _3darray
正在初始化...已加载 3DARRAY。	Initializing... 3DARRAY loaded.
选择对象: 找到 1 个(选取图形)	Select objects: 1 found
选择对象: ↵	Select objects: ↵
输入阵列类型[矩形(R)/环形(P)] <矩形>:	Enter the type of array [Rectangular/Polar] <R>:
p↵ (环形阵列)	**p**↵

输入阵列中的项目数目: **5** ↵	Enter the number of items in the array: **5**↵
指定要填充的角度(+=逆时针, -=顺时针)	Specify the angle to fill (+=ccw, -=cw)
<360>: ↵	<360>:↵
旋转阵列对象? [是(Y)/否(N)] <是>: ↵	Rotate arrayed objects? [Yes/No] <Y>:↵
指定阵列的中心点: **50,50,50** ↵	Specify center point of array: **50,50,50**↵
指定旋转轴上的第二点: **@0,0,50** ↵	Specify second point on axis of rotation: **@0,0,50**↵
命令: _3darray	**Command:** _3darray
选择对象: 找到 1 个(选取原图形)	Select objects: 1 found
选择对象: ↵	Select objects: ↵
输入阵列类型[矩形(R)/环形(P)] <矩形>: ↵	Enter the type of array [Rectangular/Polar] <R>:↵
输入行数(---) <1>:**2** ↵	Enter the number of rows (---) <1>: **2**↵
输入列数(|||) <1>:**1** ↵	Enter the number of columns (|||) <1>:**1**↵
输入层次数(...) <1>: **5** ↵	Enter the number of levels (...) <1>:**5**↵
指定行间距(---): **-50** ↵	Specify the distance between rows (---): **-50**↵
指定层间距(...): **20** ↵	Specify the distance between levels (...): **20**↵

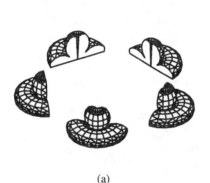   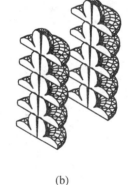

(a)   (b)

图 13-19　三维阵列

13.21.2　三维镜像(Mirror 3D)

三维镜像以面为对称面,将所选实体镜像。上下镜像以 XY 面为对称面,通过的点取决于 Z 坐标;前后镜像以 ZX 面为对称面,通过的点取决于 Y 坐标;左右镜像以 YZ 面为对称面,通过的点取决于 X 坐标。三维镜像效果如图 13-20 所示。

修改→三维操作→三维镜像(Modify→3D Operation→Mirror 3D)

命令: _mirror3d	**Command:** _mirror3d
正在初始化...	Initializing...
选择对象: 找到 1 个(选图形)	Select objects: 1 found
选择对象: ↵	Select objects: ↵
指定镜像平面的第一个点(三点)或[对象(O)/	Specify first point of mirror plane (3 points) or[Object/

最近的(L)/Z 轴(Z)/视图(V)/XY 平面(XY)/　　　　Last/Zaxis/View/XY/

YZ 平面(YZ)/ZX 平面(ZX)/三点(3)] <三点>:　　　YZ/ZX/3points] <3points>: **zx**↵

zx ↵(以 ZX 面为对称面上下镜像)

指定 ZX 平面上的点<0,0,0>: **50,-50** ↵　　　Specify point on ZX plane <0,0,0>: **50,-50**↵

(ZX 面所通过的点)

是否删除源对象? [是(Y)/否(N)] <否>: ↵　　　Delete source objects? [Yes/No] <N>:↵

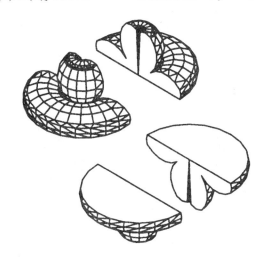

图 13-20　三维镜像

命令: _mirror3d　　　　　　　　　　　**Command:** _mirror3d

选择对象: 找到 1 个(选原图形)　　　　　Select objects: 1 found

选择对象: 找到 1 个, 总计 2 个　　　　　Select objects: 1 found, 2 total

选择对象: ↵　　　　　　　　　　　　　　Select objects: ↵

指定镜像平面的第一个点(三点)或　　　Specify first point of mirror plane (3 points) or

[对象(O)/最近的(L)/Z 轴(Z)/视图(V)/XY 平　　[Object/Last/Zaxis/View/

面(XY)/YZ 平面(YZ)/ZX 平面(ZX)/三点(3)]　　XY/YZ/ZX/3points]

<三点>: **xy**(以 XY 面为对称面上下镜像)　　<3points>: **xy**↵

指定 XY 平面上的点<0,0,0>: **0,0,-50** ↵　　Specify point on XY plane <0,0,0>: **0,0,-50**↵

(XY 面所通过的点)

是否删除源对象? [是(Y)/否(N)] <否>: ↵　　Delete source objects? [Yes/No] <N>:↵

13.21.3　三维旋转(Rotate 3D)

三维旋转将所选实体以两点或坐标轴为旋转轴旋转一个角度。可绕 X 轴旋转，通过的点取决于 Y、Z 坐标；可绕 Y 轴旋转，通过的点取决于 X、Z 坐标；可绕 Z 轴旋转，通过的点取决于 X、Y 坐标。三维旋转效果如图 13-21 所示。

修改→三维操作→三维旋转(Modify→3D Operation→Rotate 3D)

命令: _rotate3d　　　　　　　　　　　**Command:** _rotate3d

当前正向角度:　　　　　　　　　　　　Current positive angle:

ANGDIR=逆时针 ANGBASE=0

选择对象: 找到 1 个(选取图形)

选择对象: ↵

指定轴上的第一个点或定义轴依据

[对象(O)/最近的(L)/视图(V)/X 轴(X)/

Y 轴(Y)/Z 轴(Z)/两点(2)]: **y**↵

指定 Y 轴上的点<0,0,0>: **30,20,40**↵

(Y 轴所通过的点)

指定旋转角度或[参照(R)]: **90.**↵

ANGDIR=counterclockwise ANGBASE=0

Select objects: 1 found

Select objects:↵

Specify first point on axis or define axis by

[Object/Last/View/Xaxis/

Yaxis/Zaxis/2points]: **y.**↵

Specify a point on the Y axis <0,0,0>: **30,20,40.**↵

Specify rotation angle or [Reference]: **90.**↵

原物体

图 13-21　三维旋转

13.21.4　对齐(Align)

将两个物体上的三点分别对齐，从而移动一个物体，使两个物体的方位对齐。例如圆锥和旋转体的对齐如图 13-22 所示。

1. 立方体

绘图→建模→立方体(Draw→Modeling→Box)

绘制立方体。

命令: _box

指定长方体的角点或 [中心点(CE)]

<0,0,0>:**20,20** ↵

指定角点或 [立方体(C)/长度(L)]: @25,20↵

指定高度: **20** ↵

Command: _box

Specify corner of box or [CEnter]

<0,0,0>: **20,20** ↵

Specify corner or [Cube/Length]: @25,20 ↵

Specify height: **20** ↵

2. 楔形体

绘图→建模→楔形体(Draw→Modeling→Wedge)

绘制楔形体。

命令: _wedge

指定楔体的第一个角点或 [中心点(CE)]

<0,0,0>: **50,40** ↵

指定角点或 [立方体(C)/长度(L)]: @20,20↵

指定高度: **15** ↵

Command: _wedge

Specify first corner of wedge or [CEnter]

<0,0,0>: **50,40.**↵

Specify corner or [Cube/Length]: @20,20↵

Specify height: **15.**↵

3. 对齐

修改→三维操作→三维对齐(Modify→3D Operation→Align) 🔳

将立方体和楔形体对齐。

命令: _align	**Command:** _align
选择对象: 找到 1 个(选楔形体)	Select objects: 1 found
选择对象: ↵	Select objects:↵
指定第一个源点: (选点 1)	Specify first source point:
指定第一个目标点: (选点 2)	Specify first destination point:
指定第二个源点: (选点 3)	Specify second source point:
指定第二个目标点: (选点 4)	Specify second destination point:
指定第三个源点或<继续>: (选点 5)	Specify third source point or <continue>:
指定第三个目标点: (选点 6)	Specify third destination point:

完成任务后的效果如图 13-22(a)所示。

命令: _align	**Command:** _align
选择对象: 找到 1 个(选倒放圆锥体)	Select objects: 1 found
选择对象: ↵	Select objects: ↵
指定第一个源点: (选点 1 锥顶点)	Specify first source point:
指定第一个目标点:(选点 2 圆锥锥顶)	Specify first destination point:
指定第二个源点: (选点 3 圆锥锥底圆心)	Specify second source point:
指定第二个目标点: (选点 4 圆锥锥底圆心)	Specify second destination point:
指定第三个源点或<继续>:↵	Specify third source point or <continue>:↵
是否基于对齐点缩放对象?	Scale objects based on alignment points?
[是(Y)/否(N)]<否>:↵	[Yes/No] <N>:↵

完成任务后的效果如图 13-22(b)所示。

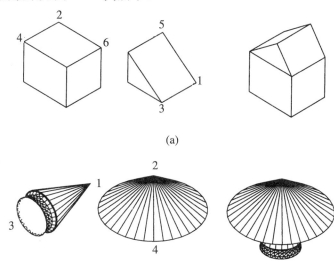

(a)

(b)

图 13-22　对齐

第14章　网格曲面

本章主要介绍 AutoCAD 2010 中的网格曲面命令及其形成方式。与早前版本不同，AutoCAD 最新的版本更侧重于网格曲面体的命令，同时也将 3D 曲面的命令保留。

学习命令：网格曲面图元——长方体、楔体、圆锥体、球体、圆柱体、圆环体、棱锥体，平滑度，旋转网格曲面、平移网格曲面、直纹网格曲面、边界网格曲面。

在 AutoCAD 的主菜单中，点击绘图(Draw)的下拉菜单建模选项中的网格，即显示下一级菜单，如图 14-1 所示。在网格的下一级下拉菜单中，可看到有图元、平滑网格、三维面、旋转网格、平移网格、直纹网格、边界网格等命令。在其中的图元下拉菜单中，可直观地选取常用的基本网格式几何体。平滑网格曲面图元工具条如图 14-2 所示，平滑网格曲面工具条如图 14-3 所示。在平滑网格曲面工具条中，有平滑对象、提高网格曲面平滑度、降低网格曲面平滑度、优化网格曲面、锐化网格曲面、取消锐化网格曲面等命令。

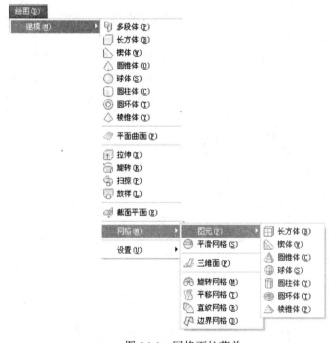

图 14-1　网格下拉菜单

图 14-2　平滑网格曲面图元工具条 　　　　　图 14-3　平滑网格曲面工具条

由本章的 3D 网格曲面命令所绘制的 3D 图形均是空壳表面，不是实体，不能进行布尔

运算。3D 网格曲面是由一些线通过各种方式组合而成的，所以又称为 3D 组合面。

学习应用网格曲面的各种命令，绘制如图 14-4 所示的常用基本几何网格曲面。制作完每种图形后，均可观看其消隐和着色效果。

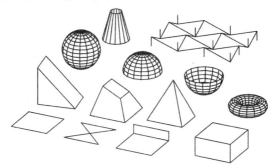

图 14-4　常用基本几何曲面

1. 3D 视点

视图→三维视点→西南(View→3DViews→SW Isometric)

设置西南视点，观看三维效果。

命令: _-view	Command: _-view
输入选项 [?/删除(D)/正交(O)/	Enter an option[?/Delete/Orthographic/
恢复(R)/保存(S)/设置(E)/窗口(W)]:	Restore/Save/sEttings/Window]:
_swiso	_swiso

2. 缩放

视图→缩放→中心点(View→Zoom→Center)

在三维作图中，选用中心点缩放，便于确定屏幕的中心。

命令: '_zoom	Command: '_zoom
指定窗口角点，输入比例因子	Specify corner of window, enter a scale factor
(nX 或 nXP)，或[全部(A)/中心(C)/	(nX or nXP), or [All/Center/
动态(D)/范围(E)/上一个(P)/比例(S)/	Dynamic/Extents /Previous/Scale/
窗口(W)/对象(O)]<实时>: _c	Window/Object] <real time>: _c
指定中心点: **30,70** ↵	Specify center point: **30,70**↵
输入比例或高度<577>: **95** ↵	Enter magnification or height <577>: **95**↵

14.1　二维实体(2D Solid)

用二维实体命令绘制的图形为填充图形，第三点需交叉给出，如图 14-5(a)所示。若顺序给出，则如图 14-5(b)所示。

命令: **_solid** ↵	Command: **_solid** ↵
指定第一点: **0,0** ↵	Specify first point: **0,0**
指定第二点: **@20,0** ↵	Specify second point: **@20,0**↵
指定第三点: **@-20,0** ↵	Specify third point: **@-20,0**↵

指定第四点或 <退出>: **@20,0**↵   Specify fourth point or <exit>: **@20,0**↵

指定第三点: ↵(按回车键，也可以继续做)   Specify third point:↵

命令：**_solid** 指定第一点: **30,0** ↵   **Command: _solid** Specify first point: **30,0** ↵

指定第二点: **@20,0** ↵   Specify second point: **@20,0** ↵

指定第三点: **@0,20** ↵(第三点不交叉)   Specify third point: **@0,20** ↵

指定第四点或 <退出>: **@-20,0** ↵   Specify fourth point or <exit>: **@-20,0** ↵

指定第三点: ↵(按回车键，也可以继续做)   Specify third point: ↵

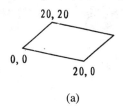

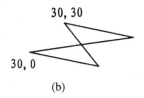

(a)   (b)

图 14-5 二维实体

14.2 三维面(3D Face)

在三维空间中创建三侧面或四侧面的曲面。

定义三维面的起点。在输入第一点后，可按顺时针或逆时针顺序输入其余的点，以创建普通三维面，如图 14-6 所示。如果将所有的四个顶点定位在同一平面上，那么将创建一个类似于面域对象的平整面。当着色或渲染对象时，平整面将被填充。

绘图→建模→网格→三维面(Draw→Modeling→Meshes→3D Face) ✍

命令：_3dface   **Command: _3dface**

指定第一点或[不可见(I)]: **60,0**↵   Specify first point or [Invisible]: **60,0**↵

指定第二点或[不可见(I)]: **@20,0** ↵   Specify second point or [Invisible]: **@20,0**↵

指定第三点或[不可见(I)] <退出>: **@0,20**↵   Specify third point or [Invisible] <exit>: **@0,20**↵

指定第四点或[不可见(I)] <创建三侧面>:   Specify fourth point or [Invisible] <create three-sided

@-20,0 ↵   face>: **@-20,0**↵

指定第三点或[不可见(I)] <退出>:   Specify third point or [Invisible] <exit>:

0,0,5 ↵(按回车键结束也可以)   **0,0,5**↵

指定第四点或[不可见(I)] <创建三侧面>:   Specify fourth point or [Invisible] <create three-sided

@20,0 ↵(第四点: 完成两个面)   face>:**@20,0**↵

指定第三点或[不可见(I)] <退出>: ↵   Specify third point or [Invisible] <exit>:↵

(按回车键，也可以继续做面)

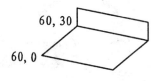

图 14-6 三维面

14.3　网格曲面长方体(Box)

给定长、宽、高，创建一个三维网格曲面长方体，如图 14-7 所示。

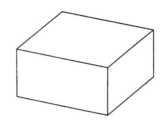

图 14-7　长方体

绘图→建模→网格→图元→长方体(Draw→Modeling→Meshes→Primitives→Box) ▦

命令: _.MESH

当前平滑度设置为: 0

输入选项[长方体(B)/圆锥体(C)/圆柱体
(CY)/棱锥体(P)/球体(S)/楔体(W)/
圆环体(T)/设置(SE)] <长方体>: _BOX

指定第一个角点或[中心(C)]: **100,10** ↵

指定其他角点或[立方体(C)/长度(L)]: l↵

指定长度: **20** ↵

指定宽度:**20**↵

指定高度或 [两点(2P)] <0.0001>: **10**↵

Command: _.MESH

Current smoothness level is set to: 0

Enter an option [Box/Cone/
CYlinder/Pyramid/Sphere/Wedge/
Torus/SEttings] <Box>:_BOX

Specify first corner or [Center]: **100,10** ↵

Specify other corner or [Cube/Length]: l↵

Specify length: **20** ↵

Specify width: **20** ↵

Specify height or [2Point] <0.0001>: **10** ↵

14.4　网格曲面楔体(Wedge)

给定长、宽、高，创建一个网格曲面楔体，如图 14-8 所示。

绘图→建模→网格→图元→楔体(Draw→Modeling→Meshes→Primitives→Wedge) ◪

命令: _.MESH

当前平滑度设置为: 0

输入选项[长方体(B)/圆锥体(C)/圆柱体
(CY)/棱锥体(P)/球体(S)/楔体(W)/
圆环体(T)/设置(SE)] <长方体>: _WEDGE

指定第一个角点或 [中心(C)]: **0,30** ↵

指定其他角点或 [立方体(C)/长度(L)]: l↵

指定长度: **20** ↵

指定宽度: **15** ↵

指定高度或 两点(2P)] <0.0001>: **20**↵

Command: _.MESH

Current smoothness level is set to: 0

Enter an option [Box/Cone/
CYlinder/Pyramid/Sphere/Wedge/
Torus/SEttings] <Wedge>: _WEDGE

Specify first corner or [Center]: **0,30**↵

Specify other corner or [Cube/Length]:l↵

Specify length: **20** ↵

Specify width: **15**↵

Specify height or [2Point]<0.0001>: **20**↵

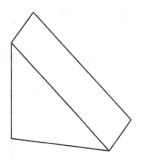

图 14-8 楔体

14.5 网格曲面圆锥体(Cone)

给定圆心、底圆半径和顶圆半径，创建一个网格圆锥体或圆锥台，如图 14-9 所示。

绘图→建模→网格→图元→圆锥体(Draw→Modeling→Meshes→Primitives→Cone)

命令: _.MESH

当前平滑度设置为: 0

输入选项[长方体(B)/圆锥体(C)/圆柱体
(CY)/棱锥体(P)/球体(S)/楔体(W)/
圆环体(T)/设置(SE)] <楔体>: _CONE

指定底面的中心点或[三点(3P)/两点(2P)/
切点、切点、半径(T)/椭圆(E)]: **0,120** ↵

指定底面半径或[直径(D)]: **7** ↵

指定高度或[两点(2P)/轴端点(A)/
顶面半径(T)] <0>: t↵

指定顶面半径<0.0000>:**3** ↵

指定高度或[两点(2P)/轴端点(A)]: **15** ↵

命令: _.MESH

当前平滑度设置为: 0

输入选项[长方体(B)/圆锥体(C)/圆柱体(CY)/
棱锥体(P)/球体(S)/楔体(W)/圆环体(T)/
设置(SE)] <楔体>: _CONE

指定底面的中心点或[三点(3P)/两点(2P)/
切点、切点、半径(T)/椭圆(E)]:**30,30**↵

指定底面半径或[直径(D)]: **7** ↵

指定高度或[两点(2P)/轴端点(A)/
顶面半径(T)] <15.0000>:**15** ↵

Command: _.MESH

Current smoothness level is set to: 0

Enter an option[Box/Cone/
CYlinder/Pyramid/Sphere/Wedge/
Torus/SEttings] <Box>: _CONE

Specify center point of base or [3P/2P/
Ttr/Elliptical]: **0,120**↵

Specify base radius or [Diameter]: **7**↵

Specify height or [2Point/Axis endpoint/
Top radius] <0>:t↵

Specify top radius <0.0000>: **3**↵

Specify height or [2Point/Axis endpoint]:**15**↵

Command: _.MESH

Current smoothness level is set to: 0

Enter an option [Box/Cone/CYlinder/
Pyramid/Sphere/Wedge/Torus/
SEttings] <Box>: _CONE

Specify center point of base or [3P/2P/
Ttr/Elliptical]: **30,30**↵

Specify base radius or [Diameter]: **7**↵

Specify height or [2Point/Axis endpoint/
Top radius] <15.0000>:**15** ↵

(a) (b)

图 14-9 圆台与圆锥

14.6 网格曲面棱锥体(Pyramid)

给定棱台各顶点，创建一个网格棱台体，如图 14-10(a)所示。给定棱锥各顶点，创建一个网格棱锥体，如图 14-10(b)所示。

绘图→建模→网格→图元→棱锥体(Draw→Modeling→Meshes→Primitives→Pyramid)

命令: _.MESH

当前平滑度设置为: 0

输入选项[长方体(B)/圆锥体(C)/圆柱体(CY)/

棱锥体(P)/球体(S)/楔体(W)/圆环体(T)/

设置(SE)]<球体>: _PYRAMID

4 个侧面 外切

指定底面的中心点或[边(E)/侧面(S)]:**30,30**↵

指定底面半径或[内接(I)]:**20**↵

指定高度或[两点(2P)/轴端点(A)/顶面半径(T)]

<10.1771>: t↵

指定顶面半径<0>:**5**↵

指定高度或[两点(2P)/轴端点(A)] <0>:**20**↵

Command: _.MESH

Current smoothness level is set to: 0

Enter an option [Box/Cone/CYlinder/

Pyramid/Sphere/Wedge/Torus/

SEttings] <Cylinder>: _PYRAMID

4 sides Circumscribed

Specify center point of base or [Edge/Sides]: **30,30**↵

Specify base radius or [Inscribed]:**20**↵

Specify height or [2Point/Axis endpoint/Top radius]:

<10.1771>t↵

Specify Top radius<0>:**5**↵

Specify height or [2Point/Axis endpoint]<0>:**20**↵

命令: _.MESH

当前平滑度设置为: 0

输入选项[长方体(B)/圆锥体(C)/圆柱体(CY)/

棱锥体(P)/球体(S)/楔体(W)/圆环体(T)/

设置(SE)] <球体>: _PYRAMID

4 个侧面 外切

指定底面的中心点或[边(E)/侧面(S)]: **30,30**↵

指定底面半径或[内接(I)]:i↵

指定底面半径或[外切(C)]: **20**↵

指定高度或[两点(2P)/轴端点(A)]/

Command: _.MESH

Current smoothness level is set to : 0

Enter an option [Box/Cone/CYlinder/

Pyramid/Sphere/Wedge/Torus/

SEttings] <Cone>: _PYRAMID

4 sides Circumscribed

Specify center point of base or [Edge/Sides]: **30,30**↵

Specify base radius or [Inscribed]: i↵

Specify base radius or [Circumscribed]: **20**↵

Specify height or [2Point/Axis

顶面半径(T)] <0>:**20.**↵   endpoint] <0>:**20.**↵

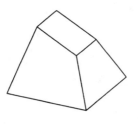
(a)

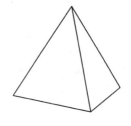
(b)

图 14-10　棱台与棱锥

14.7　网格曲面球体(Sphere)

给定圆心和半径，创建一个网格球体，如图 14-11 所示。

绘图→建模→网格→图元→球体(Draw→Modeling→Meshes→Primitives→Sphere)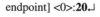

命令: _.MESH   Command: _.MESH

当前平滑度设置为: 0   Current smoothness level is set to: 0

输入选项[长方体(B)/圆锥体(C)/圆柱体(CY)/   Enter an option [Box/Cone/CYlinder/

棱锥体(P)/球体(S)/楔体(W)/圆环体(T)/   Pyramid/Sphere/Wedge/Torus/

设置(SE)] <棱锥体>: _SPHERE   SEttings] <Pyramid>: _SPHERE

指定中心点或[三点(3P)/两点(2P)/   Specify center point or [3P/2P/

切点、切点、半径(T)]: **0,80,10** ↵   Ttr]: **0,80,10.**↵

指定半径或[直径(D)]: **10** ↵   Specify radius or [Diameter]: **10.**↵

图 14-11　球体

14.8　网格曲面圆柱体(Cylinder)

给定圆心、地面半径和圆柱高度，创建一个网格圆柱，如图 14-12 所示。

绘图→建模→网格→图元→圆柱体(Draw→Modeling→Meshes→Primitives→Cylinder)

命令: _.MESH   Command: _.MESH

当前平滑度设置为: 0

输入选项[长方体(B)/圆锥体(C)/圆柱体(CY)/
棱锥体(P)/球体(S)/楔体(W)/圆环体(T)/
设置(SE)] <球体>: _CYLINDER

指定底面的中心点或[三点(3P)/两点(2P)/
切点、切点、半径(T)/椭圆(E)]:**60,30**↵

指定底面半径或[直径(D)] <7.0000>:**4**↵

指定高度或[两点(2P)/轴端点(A)]
<15.0000>:**15**↵

Current smoothness level is set to: 0

Enter an option [Box/Cone/CYlinder/
Pyramid/Sphere/Wedge/Torus/
SEttings] <Cone>: _CYLINDER

Specify center point of base or [3P/2P/
Ttr/Elliptical]: **60,30**↵

Specify base radius or [Diameter] <7.0000>:**4**↵

Specify height or [2Point/Axis endpoint]
<15.0000>:**15**↵

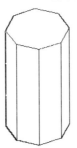

图 14-12 圆柱体

14.9 圆环体(Torus)

给定圆心、环的半径和管的半径，绘制一个圆环体，如图 14-13 所示。

绘图→建模→网格→图元→圆环体(Draw→Modeling→Meshes→Primitives→Torus) ⊛

命令: _.MESH

当前平滑度设置为: 0

输入选项[长方体(B)/圆锥体(C)/圆柱体(CY)/
棱锥体(P)/球体(S)/楔体(W)/圆环体(T)/
设置(SE)] <圆柱体>: _TORUS

指定中心点或[三点(3P)/两点(2P)/切点、
切点、半径(T)]: **100,80,3** ↵

指定半径或[直径(D)]: **10** ↵

指定圆管半径或[两点(2P)/直径(D)]: **3** ↵

Command: _.MESH

Current smoothness level is set to: 0

Enter an option [Box/Cone/CYlinder/
Pyramid/Sphere/Wedge/Torus/
SEttings] <Wedge>: _TORUS

Specify center point or [3P/2P/
Ttr]: **100,80,3** ↵

Specify radius or [Diameter]:**10** ↵

Specify tube radius or [2Point/Diameter]: **3** ↵

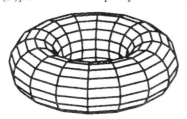

图 14-13 圆环体

14.10　网格密度一(Surftab1)

要改善曲面的效果，用户可通过更改 M 向的线数来实现，线的密度越大，曲面越光滑。网格密度是系统变量，只能键入。

命令: surftab1↵

输入 SURFTAB1 的新值 <6>: 15 ↵

Command: surftab1↵

Enter new value for SURFTAB1 <6>: 15↵

14.11　网格密度二(Surftab2)

要改善曲面的效果，用户还可通过更改 N 向的线数来实现。线的密度越大，曲面越光滑。

命令: surftab2↵

输入 SURFTAB2 的新值 <6>: 25 ↵

Command: surftab2↵

Enter new value for SURFTAB2 <6>: 25↵

14.12　平　滑　度

在 AutoCAD 2010 中，增加了网格编辑下拉菜单，可以编辑网格曲面，如图 14-14 所示。

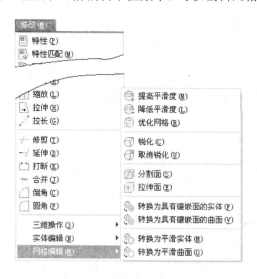

图 14-14　网格编辑下拉菜单

平滑度是网格体的一个特性，不同平滑度的网格体的效果不同。平滑度有 5 个级别，分别为无、级别 1、级别 2、级别 3 和级别 4。随着平滑度级别的增加，网格体的锐度降低。创建网格体时默认的平滑度级别为无。

注意：改变平滑度级别并不改变其组成面数。

1. 网格长方体

绘图→建模→网格→图元→长方体(Draw→Modeling→Meshes→Primitives→Box)

创建一个网格长方体，如图 14-15 所示。

命令: _.MESH	**Command: _.MESH**
当前平滑度设置为: 0	Current smoothness level is set to: 0
输入选项[长方体(B)/圆锥体(C)/圆柱体(CY)/	Enter an option [Box/Cone/CYlinder/
棱锥体(P)/球体(S)/楔体(W)/圆环体(T)/	Pyramid/Sphere/Wedge/Torus/
设置(SE)] <长方体>: _BOX	SEttings] <Box>: _BOX
指定第一个角点或[中心(C)]: **100,10**↵	Specify first corner or [Center]: **100,10** ↵
指定其他角点或[立方体(C)/长度(L)]: **l**↵	Specify other corner or [Cube/Length]: **l**↵
指定长度: **20** ↵	Specify length: **20** ↵
指定宽度: **20**↵	Specify width: **20** ↵
指定高度或[两点(2P)] <0.0001>: **10**↵	Specify height or [2Point] <0.0001>:**10**↵

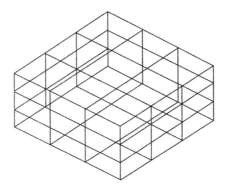

图 14-15　网格长方体

2. 平滑度级别

修改→网格编辑→提高网格平滑度级别

通过此方式可将任意网格体改成各个平滑度级别的网格体。

将默认的无平滑度级别的网格体改成高平滑度级别的网格体的步骤是：在需要增加平滑度的网格体上单击，出现如图 14-16 所示的对话框，将级别改为所需级别即可。也可通过工具菜单来修改。修改后的立体如图 14-17(a)所示。

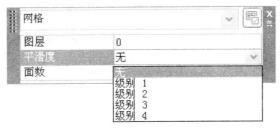

图 14-16　平滑度级别选择

14.13 优 化 网 格

优化网格对象可增加可编辑面的数目，从而提供对精细建模细节的附加控制。优化对象会将指定给该对象的平滑度重置为 0 (零)。

优化图 14-17(a)所示的网格体，优化后如图 14-17(b)所示。

修改→网格编辑→优化网格

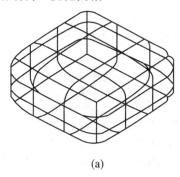
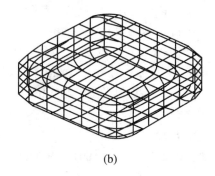

(a)　　　　　　　　　　　　　　　　　　(b)

图 14-17　高级别平滑度网格体

14.14　旋转网格曲面(Revolved Surface)

旋转网格曲面是由一条轮廓线绕一条轴线旋转而形成的。因此，在使用旋转网格曲面命令之前，必须准备一个旋转网格曲面的轴和创建旋转网格曲面的轮廓线，如图 14-18 所示。轮廓线可以是闭合的，也可以是不闭合的。

图 14-18　旋转网格曲面的轴线及轮廓线

1. 直线

绘图→直线(Draw→Line)

绘制旋转曲面的轴。

命令: _line 指定第一点: **10,0** ↵　　　　　　　Command: _line Specify first point: **10,0**↵

指定下一点或[放弃(U)]: **@0,0,20** ↵　　　　Specify next point or [Undo]: **@0,0,20**↵

指定下一点或[放弃(U)]: ↵　　　　　　　　　Specify next point or [Undo]:↵

命令: ↵　　　　　　　　　　　　　　　　　Command:↵

LINE 指定第一点: **70,0** ↵　　　　　　　　　LINE Specify first point: **70,0**↵

指定下一点或[放弃(U)]: **@0,0,20** ↵　　　　Specify next point or [Undo]: **@0,0,20**↵

指定下一点或[放弃(U)]: ↵　　　　　　　　　Specify next point or [Undo]: ↵

2. 坐标变换

工具→新建 UCS→X(Tools→UCS→X Axis Rotate)

将坐标系统绕 X 轴转 90°，以便绘制旋转曲面的轮廓线。

命令: _ucs ↵

当前 UCS 名称: *世界*

指定 UCS 的原点或[面(F)/命名(NA)/
对象(OB)/上一个(P)/视图(V)/世界(W)/
X/Y/Z/Z 轴(ZA)] <世界>: _x

指定绕 X 轴的旋转角度<90>: ↵

Command: _ucs↵

Current ucs name: *WORLD*

Specify origin of UCS or [Face/NAmed/
OBject/Previous View/World/
X/Y/Z/ZAxis]<World>: _x

Specify rotation angle about X axis <90>:↵

3. 捕捉端点

工具→草图设置(Tools→Drafting Setting→Object Snap) ✏

在捕捉对话框中勾选 Endpoint 捕捉端点，以便在构成曲面时捕捉线的端点。

命令: '_dsettings

Command: '_dsettings

4. 多段线

绘图→多段线(Draw→Pline) ↵

绘制旋转曲面的轮廓。也可以用多义线 Spline 绘制轮廓线。

命令: _pline

指定起点: **10,0** ↵ (或捕捉第一条线下端)

当前线宽为 0.0000

指定下一点或[圆弧(A)/半宽(H)/长度(L)/
放弃(U)/宽度(W)]: **@5,0** ↵

指定下一点或[圆弧(A)/闭合(C)/半宽(H)/
长度(L)/放弃(U)/宽度(W)]: **a** ↵

指定圆弧的端点或[角度(A)/圆心(CE)/
闭合(CL)/方向(D)/半宽(H)/直线(L)/
半径(R)/ 第二个点(S)/放弃(U)/宽度(W)]:

(画弧: 线的形状由用户用鼠标自定)

指定圆弧的端点或[角度(A)/圆心(CE)/
闭合(CL)/方向(D)/半宽(H)/直线(L)/
半径(R)/第二点(S)/放弃(U)/宽度(W)]: ↵

Command: _pline

Specify start point: **10,0**↵

Current line-width is 0.0000

Specify next point or[Arc/Halfwidth/Length/
Undo/Width]: **@5,0**↵

Specify next point or [Arc/Close/Halfwidth/
Length/Undo/Width]: **a**↵

Specify endpoint of arc or[Angle/Center/
CLose/Direction/Halfwidth/Line/Radius/
Second pt/Undo/Width]:

Specify endpoint of arc or[Angle/CEnter/
CLose/Direction/Halfwidth/Line/
Radius/Second pt/Undo/Width]: ↵

命令: _pline

指定起点: **85,0** ↵

当前线宽为 0.0000

指定下一点或[圆弧(A)/闭合(C)/半宽(H)/
长度(L)/放弃(U)/宽度(W)]: **@20,0** ↵

指定下一点或[圆弧(A)/闭合(C)/半宽(H)/
长度(L)/放弃(U)/宽度(W)]: **@0,20** ↵

指定下一点或[圆弧(A)/闭合(C)/半宽(H)/
长度(L)/放弃(U)/宽度(W)]: **@-4,0** ↵

指定下一点或[圆弧(A)/闭合(C)/半宽(H)/

Command: _pline

Specify start point: **85,0**↵

Current line-width is 0.0000

Specify next point or [Arc/Close/Halfwidth/
Length/Undo/Width]: **@20,0**↵

Specify next point or [Arc/Close/Halfwidth/
Length/Undo/Width]: **@0,20**↵

Specify next point or [Arc/Close/Halfwidth/
Length/Undo/Width]: **@-4,0**↵

Specify next point or [Arc/Close/Halfwidth/

长度(L)/放弃(U)/宽度(W)]: @**0,-3** ↵

Length/Undo/Width]: @**0,-3**↵

指定下一点或[圆弧(A)/闭合(C)/半宽(H)/

Specify next point or [Arc/Close/Halfwidth/

长度(L)/放弃(U)/宽度(W)]: @**-4,0** ↵

Length/Undo/Width]: @**-4,0**↵

指定下一点或[圆弧(A)/闭合(C)/半宽(H)/

Specify next point or [Arc/Close/Halfwidth/

长度(L)/放弃(U)/宽度(W)]: @**0,-3** ↵

Length/Undo/Width]: @**0,-3**

指定下一点或[圆弧(A)/闭合(C)/半宽(H)/

Specify next point or [Arc/Close/Halfwidth/

长度(L)/放弃(U)/宽度(W)]: @**-4,0** ↵

Length/Undo/Width]: @**-4,0**↵

指定下一点或[圆弧(A)/闭合(C)/半宽(H)/

Specify next point or [Arc/Close/Halfwidth/

长度(L)/放弃(U)/宽度(W)]: @**0,-3** ↵

Length/Undo/Width]: @**0,-3**↵

指定下一点或[圆弧(A)/闭合(C)/半宽(H)/

Specify next point or [Arc/Close/Halfwidth/

长度(L)/放弃(U)/宽度(W)]: @**-4,0** ↵

Length/Undo/Width]: @**-4,0**↵

指定下一点或[圆弧(A)/闭合(C)/半宽(H)/

Specify next point or [Arc/Close/Halfwidth/

长度(L)/放弃(U)/宽度(W)]: **c** ↵

Length/Undo/Width]: **c**↵

5. 坐标变换

工具→新建 UCS→世界(Tools→UCS→World) 🔘

回到世界坐标系。

命令: ucs ↵

Command: _ucs↵

当前 UCS 名称: *没有名称*

Current ucs name:　*NO NAME*

指定 UCS 的原点或[面(F)/命名(NA)/

Specify orgin of UCS or [Face/NAmed/

对象(OB)/上一个(P)/视图(V)/世界(W)/

OBject/Previous/View/World/X/Y/Z/Zaxis]

X/Y/Z/Z 轴(ZA)] <世界>: **_w**

<World>: **_w**

6. 改变网格平滑度

改变曲面的效果(注意：用户可按需随时更改)。

修改→网格编辑→提高平滑度

7. 旋转曲面

绘图→表面→旋转曲面(Draw→Surfaces→Revolved Surface) 🔘

用复合线绕轴线构成旋转曲面，如图 14-19 所示。

命令: _revsurf

Command: _revsurf

当前线框密度:

Current wire frame density:

SURFTAB1=6　SURFTAB2=6

SURFTAB1=6　SURFTAB2=6

选择定义旋转的对象: (选一条轮廓线)

Select object to revolve:

选择定义旋转轴的对象:

Select object that defines the axis of

(选旋转轴 1: Line)

revolution:

指定起点角度<0>: ↵(起始角度)

Specify start angle <0>:↵

指定包含角(+=逆时针, -=顺时针)

Specify included angle (+=ccw, -=cw)

<360>: ↵(包含角度)

<360>:↵

命令：↵

REVSURF

当前线框密度:

SURFTAB1=15　SURFTAB2=6

选择定义旋转轴的对象: (选第二条轮廓线)

选择定义旋转轴的对象:

(选旋转的轴 2：Line)

指定起点角度 <0>: ↵ (起始角度)

指定包含角(+=逆时针，-=顺时针) <360>:

220 ↵

Command: ↵

REVSURF

Current wire frame density:

SURFTAB1=15　SURFTAB2=6

Select object to revolve:

Select object that defines the axis of

revolution:

Specify start angle <0>: ↵

Specify included angle (+=ccw, -=cw) <360>:

220. ↵

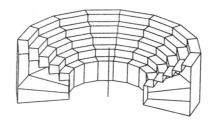

图 14-19　旋转曲面

14.15　平移网格曲面(Tabulated Surface)

平移网格曲面是由一条轮廓线和一条平移方向线构成的。因此在使用平移网格曲面命令之前，必须准备一个平移网格曲面的平移方向线和创建平移网格曲面的轮廓线，如图 14-20 所示。轮廓线可以是闭合的，也可以是不闭合的。

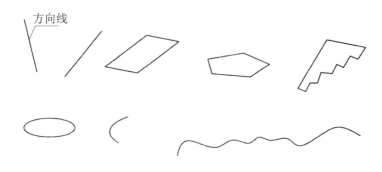

图 14-20　平移网格的平移方向线和轮廓线

1. 直线

绘图→直线(Draw→Line) ✐

绘制平移曲面的平移方向线。

命令: _line

指定第一点: **0,0** ↵

Command: _line

Specify first point: **0,0** ↵

指定下一点或[放弃(U)]: @-5,0,20 ↵	Specify next point or [Undo]: @-5,0,20↵
指定下一点或[放弃(U)]: ↵	Specify next point or [Undo]:↵

2. 直线

绘图→直线(Draw→Line) ╱

用鼠标随意绘制一些直线、圆、弧、矩形、多边形、复合线和多义线等平面图形，作为平移网格曲面的轮廓线。

命令: _line	**Command:** _line
指定第一点: (用鼠标任选一点)	Specify first point:
指定下一点或[放弃(U)]: (任选一点)	Specify next point or [Undo]:
指定下一点或[放弃(U)]: ↵	Specify next point or [Undo]:↵
命令: _circle	**Command:** _circle
指定圆的圆心或	Specify center point for circle or
[三点(3P)/两点(2P)/相切、相切、半径(T)]:	[3P/2P/Ttr (tan tan radius)]:
(任选一点)	
指定圆的半径或[直径(D)]:	Specify radius of circle or [Diameter]
(用鼠标任选一点)	

3. 平移网格曲面

绘图→建模→网格→平移网格曲面(Draw→Modeling→Meshes→Tabulated Surface) 🔲

重复该命令,分别选取直线、矩形、多边形和复合线与方向线构成平移曲面,如图 14-21(a)所示。

命令: _tabsurf	**Command:** _tabsurf
当前线框密度: SURFTAB1=6	Current wire frame density: SURFTAB1=6
选择用作轮廓曲线的对象: (选直线)	Select object for path curve:
选择用作方向矢量的对象: (选平移方向线的下	Select object for direction vector:
(上)端: 上下端效果不一样)	

4. 改变曲面网格密度一

命令: surftab1↵	**Command:** surftab1↵
输入 SURFTAB1 的新值<6>: 25 ↵	Enter new value for SURFTAB1 <6>: 25 ↵
(如网格密度太小, 则曲面的效果像折平面)	

5. 平移曲面

绘图→建模→网格→平移网格曲面(Draw→Modeling→Meshes→Tabulated Surface) 🔲

重复该命令, 分别选圆、弧、多义线与方向线构成平移曲面, 如图 14-21(b)所示。

命令: _tabsurf	**Command:** _tabsurf
选择用作轮廓曲线的对象: (选圆)	Select object for path curve:
选择用作方向矢量的对象:	Select object for direction vector:
(选平行方向线下端)	

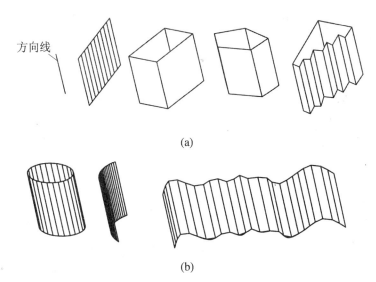

(a)

(b)

图 14-21　平移曲面

> **注意**：如要绘制其他方向的平移网格，只要改变 UCS，再绘制不同方向的平移方向线和轮廓线即可。

14.16　直纹网格曲面(Ruled Surface)

直纹网格曲面是由两条边构成的。因此，在使用直纹网格曲面命令之前，必须准备两条边。两条边可以是闭合的，也可以是不闭合的。两条边可以在一个平面内，也可以不在一个平面内。点取的两条边的端点不同，得到的直纹网格曲面也不同。

1. 直线

绘图→直线(Draw→Line)

重复该命令，绘制直纹网格曲面的边，如图 14-22 所示。

命令: _line	Command: _line
指定第一点: **0,20** ↵	Specify first point: **0,20** ↵
指定下一点或[放弃(U)]: **@0,-20** ↵	Specify next point or [Undo]: **@0,-20** ↵
指定下一点或[放弃(U)]: **@20,0** ↵	Specify next point or [Undo]: **@20,0** ↵
指定下一点或[闭合(C)/放弃(U)]: ↵	Specify next point or [Close/Undo]:↵
命令: _line	Command: _line
指定第一点: **30,0** ↵	Specify first point: **30,0** ↵
指定下一点或[放弃(U)]: **@0,0,20** ↵	Specify next point or [Undo]: **@0,0,20** ↵
指定下一点或[闭合(C)/放弃(U)]: ↵	Specify next point or [Close/Undo]:↵
命令: _line	Command: _line
指定第一点: **50,0** ↵	Specify first point: **50,0** ↵

指定下一点或[放弃(U)]: **@0,20** ↵　　　　　Specify next point or [Undo]:**@0,20** ↵

指定下一点或[闭合(C)/放弃(U)]: ↵　　　　Specify next point or [Close/Undo]:↵

命令: _line　　　　　　　　　　　　　Command: _line

指定第一点: **70,20** ↵　　　　　　　　Specify first point: **70,20** ↵

指定下一点或[放弃(U)]: **@0,-20,20** ↵　　Specify next point or [Undo]: **@0,-20,20** ↵

指定下一点或[闭合(C)/放弃(U)]: ↵　　　　Specify next point or [Close/Undo]:↵

命令: _line　　　　　　　　　　　　　Command: _line

指定第一点: **90,0** ↵　　　　　　　　　Specify first point: **90,0** ↵

指定下一点或[放弃(U)]: **@0,20,20** ↵　　Specify next point or [Undo]: **@0,20,20** ↵

指定下一点或[闭合(C)/放弃(U)]: ↵　　　　Specify next point or [Close/Undo]:↵

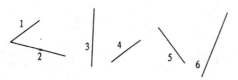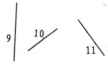

图 14-22　直纹网格的边

2. 改变曲面网格密度一

改变曲面的效果。

命令: **surftab1**↵　　　　　　　　　　Command: **surftab1**↵

输入 SURFTAB1 的新值 <6>: **10** ↵　　Enter new value for SURFTAB1 <6>: **10** ↵

3. 复制直线

修改→复制(Modify→Copy)

复制所有直线，作为直纹曲面的边。

命令: _copy　　　　　　　　　　　　Command: _copy

选择对象:　　　　　　　　　　　　Select objects:

指定对角点: 找到 6 个　　　　　　　Specify opposite corner: 6 found

选择对象: ↵　　　　　　　　　　　Select objects: ↵

指定基点或位移，或者[重复(M)]:　　　Specify base point or displacement, or [Multiple]:

-30,70 ↵　　　　　　　　　　　**-30,70**↵

指定位移的第二点或<用第一点作位移>: ↵　Specify second point of displacement or <use first

　　　　　　　　　　　　　　　point as displacement>:↵

4. 直纹曲面

绘图→建模→网格→直纹曲线(Draw→Modeling→Meshes→Ruled Surface)

重复该命令，选取各边，分别构成不同的直纹曲面，如图 14-23 所示。

(1) 绘制第一个直纹曲面，如图 14-23(a)所示。

命令: _rulesurf　　　　　　　　　　Command: _rulesurf

当前线框密度: SURFTAB1=10	Current wire frame density: SURFTAB1=10
选择第一条定义曲线: (选线 1 的后端)	Select first defining curve:
选择第二条定义曲线: (选线 2 的右端)	Select second defining curve:

(2) 绘制第二个直纹曲面，如图 14-23(b)所示。

命令: ↵　　　　　　　　　　　　　　　**Command: ↵**

RULESURF　　　　　　　　　　　　RULESURF

当前线框密度: SURFTAB1=10　　　　Current wire frame density: SURFTAB1=10

选择第一条定义曲线: (选线 3 的上端)　Select first defining curve:

选择第二条定义曲线: (选线 4 的后端)　Select second defining curve:

(3) 绘制第三个直纹曲面，如图 14-23(c)所示。

命令: ↵　　　　　　　　　　　　　　　**Command: ↵**

RULESURF　　　　　　　　　　　　RULESURF

当前线框密度: SURFTAB1=10　　　　Current wire frame density: SURFTAB1=10

选择第一条定义曲线: (选线 5 的上端)　Select first defining curve:

选择第二条定义曲线: (选线 6 的上端)　Select second defining curve:

(4) 绘制第四个直纹曲面，如图 14-23(d)所示。

命令: ↵　　　　　　　　　　　　　　　**Command: ↵**

RULESURF　　　　　　　　　　　　RULESURF

当前线框密度: SURFTAB1=10　　　　Current wire frame density: SURFTAB1=10

选择第一条定义曲线: (选线 7 的前端)　Select first defining curve:

选择第二条定义曲线: (选线 8 的右端)　Select second defining curve:

(5) 绘制第五个直纹曲面，如图 14-23(e)所示。

命令: ↵　　　　　　　　　　　　　　　**Command: ↵**

RULESURF　　　　　　　　　　　　RULESURF

当前线框密度: SURFTAB1=10　　　　Current wire frame density: SURFTAB1=10

选择第一条定义曲线: (选线 9 的下端)　Select first defining curve:

选择第二条定义曲线: (选线 10 的后端)　Select second defining curve:

(6) 绘制第六个直纹曲面，如图 14-23(f)所示。

命令: ↵　　　　　　　　　　　　　　　**Command: ↵**

RULESURF　　　　　　　　　　　　RULESURF

当前线框密度: SURFTAB1=10　　　　Current wire frame density: SURFTAB1=10

选择第一条定义曲线: (选线 11 的下端)　Select first defining curve:

选择第二条定义曲线: (选线 12 的上端)　Select second defining curve:

　(a)　　　　　　(b)　　　　　　(c)　　　　　　(d)　　　　　　(e)　　　　　　(f)

图 14-23　直纹曲面

5. 样条曲线

绘图→样条曲线(Draw→Spline) 〜

用此方法绘制任意平面图形作为外轮廓，再在轮廓内绘制一个点，选取两者构成三维面，着色后可观看其效果，如图 14-24 所示。

命令: _spline	Command: _spline
指定第一个点或[对象(O)]:	Specify first point or [Object]:
(用鼠标任选一点)	
指定下一点:	Specify next point:
(用鼠标任选一点)	
指定下一点或[闭合(C)/拟合公差(F)]	Specify next point or [Close/Fit tolerance]
<起点切向>: (用鼠标任选一点)	<start tangent>:
指定下一点或[闭合(C)/拟合公差(F)]	Specify next point or [Close/Fit tolerance]
<起点切向>: (用鼠标任选一点)	<start tangent>:
指定下一点或[闭合(C)/拟合公差(F)]	Specify next point or [Close/Fit tolerance]
<起点切向>:	<start tangent>:
指定下一点或[闭合(C)/拟合公差(F)]	Specify next point or [Close/Fit tolerance]
<起点切向>:	<start tangent>:
指定下一点或[闭合(C)/拟合公差(F)]	Specify next point or [Close/Fit tolerance]
<起点切向>:	<start tangent>:
指定下一点或[闭合(C)/拟合公差(F)]	Specify next point or [Close/Fit tolerance]
<起点切向>:c↵	<start tangent>:
指定切向: ↵	Specify tangent: ↵

图 14-24　多义线外轮廓

6. 单点

绘图→点→单点(Draw→Point→Single Point)

绘制直纹曲面的内点。

命令: _point	Command: _point
当前点模式: PDMODE=0	Current point modes: PDMODE=0
PDSIZE=0.0000	PDSIZE=0.0000
指定点: ↵	Specify a point: ↵

7. 直纹曲面

绘图→建模→网格→直纹曲面(Draw→Modeling→Meshes→Ruled Surface)

选取轮廓线和点，构成三维面，如图 14-25 所示。

命令: _rulesurf	**Command:** _rulesurf
当前线框密度: SURFTAB1=6	Current wire frame density: SURFTAB1=6
选择第一条定义曲线: (选轮廓多义线)	Select first defining curve:
选择第二条定义曲线: (选内点)	Select second defining curve:

图 14-25　直纹曲面

8. 正多边形

绘图→正多边形(Draw→Polygon)

　　用此方法绘制任意平面图形作为外轮廓，再复制两个同样的图形，如图 14-26 所示。将一个图形沿 Z 向复制，两者用直纹曲面构成三维柱面。将另一个图形作为轮廓，与一个点构成三维面，然后移至三维柱面上，着色后观看立体效果。

命令: _polygon	**Command:** polygon
输入边的数目<6>: **10** ↵	Enter number of sides <6>: **10** ↵
指定多边形的中心点或[边(E)]: **-20,100** ↵	Specify center of polygon or [Edge]: **-20,100** ↵
输入选项[内接于圆(I)/	Enter an option [Inscribed in circle/
外切于圆(C)]<I>: ↵	Circumscribed about circle] <I>: ↵
指定圆的半径: **10** ↵	Specify radius of circle: **10** ↵

9. 复制多边形

修改→复制(Modify→Copy)

　　复制两个多边形，作为直纹曲面的边，如图 14-26 所示。

命令: _copy	**Command:** _copy
选择对象: 找到 1 个(选第一个多边形)	Select objects:　1 found
选择对象: ↵	Select objects: ↵
指定基点或位移，或者[重复(M)]:	Specify base point or displacement, or [Multiple]:
0,0,20 ↵	**0,0,20**↵
指定位移的第二点或	Specify second point of displacement or
<用第一点作位移>: ↵	<use first point as displacement>:↵
命令: _copy	**Command:** _copy
选择对象: 找到 1 个	Select objects:　1 found
(选第一个多边形)	
选择对象: ↵	Select objects: ↵
指定基点或位移，或者[重复(M)]:	Specify base point or displacement, or [Multiple]:
30,30 ↵	**30,30**↵

指定位移的第二点或

<用第一点作位移>: ↵

Specify second point of displacement or

<use first point as displacement>: ↵

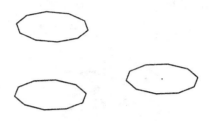

图 14-26　正多边形

10. 旋转曲面

修改→旋转(Modify→Rotate) ◌

将上面的多边形旋转 90°。旋转后为扭曲柱面，不旋转为直柱面。

命令: _rotate	**Command:** _rotate
UCS 当前的正角方向:	Current positive angle in UCS:
ANGDIR=逆时针　ANGBASE=0	ANGDIR=counterclockwise　ANGBASE=0
选择对象: 找到 1 个	Select objects: 1 found
选择对象: ↵	Select objects: ↵
指定基点: **-20,100** ↵	Specify base point: **-20,100** ↵
指定旋转角度，或[复制(C)/参照(R)]: **90** ↵	Specify rotation angle or [Copy/Reference]: **90** ↵

11. 单点

绘图→点→单点(Draw→Point→Single Point) ·

绘制直纹曲面的内点。

命令: _point	**Command:** _point
当前点模式: PDMODE=0	Current point modes:　PDMODE=0
PDSIZE=0.0000	PDSIZE=0.0000
指定点: **10,130** ↵	Specify a point: **10,130**↵

12. 直纹曲面

绘图→建模→网格→直纹曲面(Draw→Modeling→Meshes→Ruled Surface) ▨

重复该命令，绘制直纹曲面。绘制的柱曲面如图 14-27 所示。

命令: _rulesurf	**Command:** _rulesurf
当前线框密度: SURFTAB1=6	Current wire frame density: SURFTAB1=6
选择第一条定义曲线: (选上面的多边形)	Select first defining curve:
选择第二条定义曲线: (选下面的多边形)	Select second defining curve:

绘制一个多边形曲面，如图 14-28 所示。

命令: _rulesurf	**Command:** _rulesurf
当前线框密度: SURFTAB1=6	Current wire frame density: SURFTAB1=6
选择第一条定义曲线: (选轮廓多边形)	Select first defining curve:

选择第二条定义曲线: (选点)   Select second defining curve:

图 14-27 直纹柱曲面   图 14-28 多边形曲面

13. 复制

修改→复制(Modify→Copy)

复制一个多边形曲面, 作为柱曲面的盖, 如图 14-29 所示。

命令: _copy	Command: _copy
选择对象: 找到 1 个	Select objects: 1 found
选择对象: ↵	Select objects: ↵
指定基点或位移, 或者[重复(M)]:	Specify base point or displacement, or [Multiple]:
10,130.↵	**10,130.**↵
指定位移的第二点或	Specify second point of displacement or
<用第一点作位移>:**-20,100,20.**↵	<use first point as displacement>:**-20,100,20.**↵

图 14-29 柱曲面

14.17 边界网格曲面(Edge Surface)

边界网格曲面是由四条头尾相接的边构成的。因此, 在使用边界网格曲面命令之前, 必须准备四条边, 四条边一定是封闭的。这四条边可在一个平面内, 也可不在一个平面内。

1. 缩放

视图→缩放→中心点(View→Zoom→Center)

选用中心点缩放, 便于确定屏幕的中心。

命令: '_zoom   Command: '_zoom

指定窗口的角点，输入比例因子 (nX 或 nXP)，或者[全部(A)/中心(C)/ 动态(D)/范围(E)/上一个(P)/ 比例(S)/窗口(W)/对象(O)] <实时>: _c

Specify corner of window, enter a scale factor (nX or nXP), or[All/Center/ Dynamic/Extents/Previous/ Scale/Window/Object] <real time>: _c

指定中心点: **30,30** ↵

Specify center point: **30,30** ↵

输入比例或高度 <85>:**50** ↵

Enter magnification or height <85>: **50** ↵

2. 直线

绘图→直线(Draw→Line)

绘制边界曲面的第一条边。

命令: _line

Command: _line

指定第一点: **0,0** ↵

Specify first point: **0,0**↵

指定下一点或[放弃(U)]: **0,20** ↵

Specify next point or [Undo]: **0,20**↵

指定下一点或[放弃(U)]: ↵

Specify next point or [Undo]: ↵

3. 画弧

绘图→圆弧(Draw→Arc)

绘制边界曲面的第二条边。

命令: _arc

Command: _arc

指定圆弧的起点或[圆心(C)]: **0,0** ↵

Specify start point of arc or [Center]: **0,0** ↵

指定圆弧的第二个点或[圆心(C)/ 端点(E)]: **@10,8** ↵

Specify second point of arc or [Center/ End]: **@10,8** ↵

指定圆弧的端点: **@20,0** ↵

Specify end point of arc: **@20,0**↵

4. 复制

修改→复制(Modify→Copy)

复制边界曲面的第三、四条边，如图 14-30 所示。

命令: _copy

Command: _copy

选择对象: 找到 1 个(选线)

Select objects: 1 found

选择对象: ↵

Select objects: ↵

指定基点或位移，或者[重复(M)]: **20,0** ↵

Specify base point or displacement, or [Multiple]: **20,0**↵

指定位移的第二点或 <用第一点作位移>: ↵

Specify second point of displacement or <use first point as displacement>:↵

命令: _copy

Command: _copy

选择对象: 找到 1 个(选弧)

Select objects: 1 found

选择对象: ↵

Select objects: ↵

指定基点或位移，或者[重复(M)]: **0,20** ↵

Specify base point or displacement, or [Multiple]: **0,20**↵

指定位移的第二点或 <用第一点作位移>: ↵

Specify second point of displacement or <use first point as displacement>: ↵

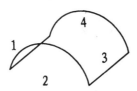

图 14-30　曲面四边

5. 改变曲面网格密度一

命令: **surftab1**↵

输入 SURFTAB1 的新值 <6>: **8**↵

Command: **surftab1** ↵

Enter new value for SURFTAB1 <6>: **8** ↵

6. 改变曲面网格密度二

命令: **surftab2**↵

输入 SURFTAB2 的新值 <6>: **12**↵

Command: **surftab2** ↵

Enter new value for SURFTAB2 <6>: **12** ↵

7. 边界曲面

绘图→建模→网格→边界曲面(Draw→Modeling→Meshes→Edge Surfaces)

顺序选取四条边，构成边界曲面，如图 14-31 所示。

命令: _edgesurf

当前线框密度: SURFTAB1=8

SURFTAB2=12

选择用作曲面边界的对象 1: (选第一条边)

选择用作曲面边界的对象 2: (选第二条边)

选择用作曲面边界的对象 3: (选第三条边)

选择用作曲面边界的对象 4: (选第四条边)

Command: _edgesurf

Current wire frame density: SURFTAB1=8

SURFTAB2=12

Select object 1 for surface edge:

Select object 2 for surface edge:

Select object 3 for surface edge:

Select object 4 for surface edge:

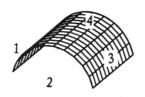

图 14-31　边界曲面

8. 坐标变换

工具→新建 UCS→X (Tools→UCS→X Axis Rotate)

将坐标系绕 X 轴转 90°，以便绘制正平圆弧。

命令: _ucs

当前 UCS 名称: *世界*

指定 UCS 的原点或[面(F)/命名(NA)/

对象(OB)/上一个(P)/视图(V)/世界(W)/

X/Y/Z/Z 轴(ZA)] <世界>: _x

指定绕 X 轴的旋转角度<90>: ↵

Command: _ucs

Current ucs name: *WORLD*

Specify origin of UCS or [Face/NAmed/

OBject/Previous/View/World/

X/Y/Z/ZAxis]<World>: _x

Specify rotation angle about X axis <90>: ↵

9. 画弧

绘图→圆弧→三点(Draw→Arc→3 Points)

绘制边界曲面的第一条边。

命令: _arc

指定圆弧的起点或

[圆心(C)]: **30,0,0** ↵ （新坐标系的点）

指定圆弧的第二点或[圆心(C)/端点(E)]:

@30,15 ↵

指定圆弧的端点: **90,0** ↵

Command: _arc

Specify start point of arc or

[Center]: **30,0,0** ↵

Specify second point of arc or [Center/End]:

@30,15 ↵

Specify end point of arc: **@90,0** ↵

10. 坐标变换

工具→新建 UCS→Y(Tools→UCS→Y Axis Rotate)

将坐标系统 Y 轴转 90°，以便绘制侧面圆弧。

命令: _ucs

当前 UCS 名称: *没有名称*

指定 UCS 的原点或[面(F)/命名(NA)/

对象(OB)/上一个(P)/视图(V)/世界(W)/

X/Y/Z/Z 轴(ZA)]<世界>: _y

指定绕 Y 轴的旋转角度<90>: ↵

Command: _ucs

Current ucs name: *NO NAME*

Specify origin of UCS or [Face/NAmed/

OBject/Previous/View/World/

X/Y/Z/ZAxis] <World>: _y

Specify rotation angle about X axis <90>: ↵

11. 画弧

绘图→圆弧→三点(Draw→Arc→3 Points)

绘制边界曲面的第二条边。

命令: _arc

指定圆弧的起点或[圆心(C)]:

0,0,30 ↵

指定圆弧的第二点或[圆心(C)/端点(E)]: **@ 5,5** ↵

指定圆弧的端点: **@ 5,-5** ↵

Command: _arc

Specify start point of arc or [Center]:

0,0,30 ↵

Specify second point of arc or [Center/End]: **@5,5** ↵

Specify end point of arc: **@5,-5** ↵

12. 坐标变换

工具→新建 UCS→世界(Tools→UCS→World)

回到世界坐标系。

命令: _ucs

当前 UCS 名称: *没有名称*

指定 UCS 的原点或[面(F)/命名(NA)/

对象(OB)/上一个(P)/视图(V)/世界(W)/

X/Y/Z/Z 轴(ZA)] <世界>: _w

Command: _ucs

Current ucs name: *NO NAME*

Specify origin of UCS or [Face/NAmed/

OBject/Previous/View/World/

X/Y/Z/ZAxis]<World>: _w

13. 复制

修改→复制(Modify→Copy)

复制边界曲面的第三、四条边，如图 14-32 所示。

命令: _copy

Command: _copy

选择对象: 找到 1 个(选小弧)　　　　　　Select objects: 1 found

选择对象: ↵　　　　　　　　　　　　　Select objects: ↵

指定基点或位移，或者[重复(M)]:　　　Specify base point or displacement, or [Multiple]:

60,0 ↵　　　　　　　　　　　　　　**60,0**↵

指定位移的第二点或　　　　　　　　　Specify second point of displacement or

<用第一点作位移>: ↵　　　　　　　　<use first point as displacement>: ↵

命令: _copy　　　　　　　　　　　　**Command:** _copy

选择对象: 找到 1 个(选大弧)　　　　　Select objects: 1 found

选择对象: ↵　　　　　　　　　　　　Select objects: ↵

指定基点或位移，或者[重复(M)]:　　　Specify base point or displacement, or [Multiple]:

0,10 ↵　　　　　　　　　　　　　　**0,10**↵

指定位移的第二点或　　　　　　　　　Specify second point of displacement or

<用第一点作位移>: ↵　　　　　　　　<use first point as displacement>: ↵

14. 改变网格密度一

命令: surftab1↵　　　　　　　　　　**Command:** surftab1↵

输入 SURFTAB1 的新值 <10>: **12** ↵　　Enter new value for SURFTAB1 <10>: **12**↵

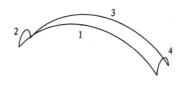

图 14-32　曲面四边

15. 边界曲面

绘图→建模→网格→边界曲面(Draw→Modeling→Meshes→Edge Surfaces)

顺序选取四条边，构成边界曲面，如图 14-33 所示。

命令: _edgesurf　　　　　　　　　　**Command:** _edgesurf

当前线框密度:　　　　　　　　　　　Current wire frame density:

SURFTAB1=12　SURFTAB2=6　　　　　SURFTAB1=12　SURFTAB2=6

选择用作曲面边界的对象 1: (选第一条边)　Select object 1 for surface edge:

选择用作曲面边界的对象 2: (选第二条边)　Select object 2 for surface edge:

选择用作曲面边界的对象 3: (选第三条边)　Select object 3 for surface edge:

选择用作曲面边界的对象 4: (选第四条边)　Select object 4 for surface edge:

16. 消隐效果

视图→消隐(View→Hide)

命令: _hide　　　　　　　　　　　　**Command:** _hide

17. 存盘

文件→保存

命令: _qsave 　　　　　　　　　　　**Command:** _qsave

图 14-33　边界曲面

造型实例

第四篇

第 15 章　机械零件造型

本章应用三维实体命令，通过制作几个机械零件的模型来学习造型的方法和技巧。

15.1　阀　　杆

根据 9.2 节图 9-3 所示阀杆的视图及尺寸，精确制作机械零件阀杆的三维模型，如图 15-1 所示。通过本例，主要学习用旋转体构成实体、实体切割、布尔运算等命令，并掌握锥体的造型方法。

图 15-1　阀杆

1. 打开文件

文件→打开(File→Open)

打开图 9-3，另存一文件：Fglt。利用删除及修剪命令修改图形，只保留轮廓线及中心线，如图 15-2 所示。

命令: _open　　　　　　　　　　　Command: _open

图 15-2　阀杆部分图形

2. 边界

绘图→边界(Draw→Boudary)

用鼠标点击封闭区域，将其周围的边构成为一条边界，便于制做面域。

命令: _boundary	Command: _boundary
拾取内部点: 正在选择所有对象...	Select internal point: Selecting everything...
正在选择所有可见对象...	Selecting everything visible...

正在分析所选数据…	Analyzing the selected data...
正在分析内部孤岛…	Analyzing internal islands...
拾取内部点：·	Select internal point:
BOUNDARY 已创建 2 个多段线	BOUNDARY created 2 polylines

3．面域

绘图→面域(Draw→Region) ◎

用鼠标选取两条刚作好的边界来构成面域，以便用面域构成回转实体。

命令：_region	Command: _region
选择对象：找到 1 个	Select objects: 1 found
选择对象：找到 1 个，总计 2 个	Sclcct objccts: 1 found, 2 total
选择对象：	Select objects:
已提取 1 个环。	Picked-up 1 ring.
已创建 1 个面域。	Established 1 region.

4．旋转体

绘图→建模→旋转体(Draw→Modeling→Revolve) ◎

用回转体构成一个阀杆主体，如图 15-3 所示。

命令：_revolve	Command: _revolve
当前线框密度：ISOLINES=4	Current wire frame density: ISOLINES=4
选择要旋转的对象：找到 1 个	Select objects: 1 found
选择要旋转的对象：↲	Select objects: ↲
指定轴起点或根据以下选项之一定义轴	Specify start point for axis of revolution or define axis by
[对象(O)/X/Y/Z] <对象>：	[Object/X (axis)/Y (axis)/Z(axis)]<object>:
指定轴端点：	Specify endpoint of axis:
指定旋转角度或[起点角度(ST)] <360>：↲	Specify angle of revolution <360>: ↲

图 15-3　阀杆主体

5．3D 视点

视图→三维视点→西南(View→3Dviewpoint→SW Isometric) ◇

设置西南视点，观看三维效果。

命令: _-view	Command: _-view
输入选项[?/正交(O)/删除(D)/恢复(R)/	Enter an option [?/Orthographic/Delete/Restore/
保存(S)/设置(E)/窗口(W)]: _swiso	Save/sEttings/Window]:_swiso

6. 视觉样式

视图→视觉样式(View→Shade) ●

执行该命令后，出现如图 11-5 所示对话框，用户可根据需要，设置各种视觉样式效果。

命令: _vscurrent	Command: _vscurrent

7. 圆柱体

绘图→建模→圆柱体(Draw→ModeLing→Cylinder) ▢

绘制小圆柱，如图 15-4 所示。

命令: _cylinder	Command: _cylinder
当前线框密度: ISOLINES=4	Current wire frame density: ISOLINES=4
指定底面的中心点或[三点(3P)/两点(2P)/	Specify center point of base or [3P/2P/
切点、切点、半径(T)/椭圆(E)]:	Ttr/Elliptical]:
(捕捉轴线上孔的交点)	
指定底面半径或 [直径(D)]: **5**↵	Specify radius for base of cylinder or [Diameter]: **5**↵
指定高度或 [两点(2P)/轴端点(A)]:**40** ↵	Specify height or [2Point/Axis endpoint]: **40**↵

图 15-4　阀杆小孔圆柱

8. 移动

修改→移动(Modify→Move) ✛

将小圆柱向下移动到对称位置，如图 15-5 所示。

命令: _move	Command: _move
选择对象: 找到 1 个	Select objects: 1 found
选择对象:↵	Select objects: ↵
指定基点或位移: **0,0,-20**↵	Specify base point or displacement: **0,0,-20**↵
指定位移的第二点或	Specify second point of displacement or
<用第一点作位移>:↵	<use first point as displacement>:↵

9. 求差

修改→实体编辑→差集(Modify→Boolean→Subtract) ⊚

挖去小孔，如图 15-6 所示。

命令: _subtract	Command: _subtract
选择要从中删除的实体或面域…	Select solids and regions to subtract from…
选择对象: 找到 1 个(选主体)	Select objects: 1 found
选择对象: ↵	Select objects: ↵
选择要删除的实体或面域…	Select solids and regions to subtract…
选择对象: 找到 1 个(选小圆柱)	Select objects: 1 found
选择对象: ↵	Select objects: ↵

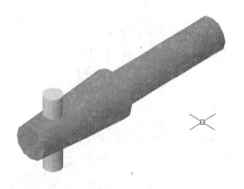

图 15-5　对称小圆柱　　　　　　　　　图 15-6　阀杆小孔

10. 3D 视点

视图→三维视图→东南等轴测(View→3D Views→SE Isometric) ◈

设置东南视点，可以观看阀杆的另一端。

命令: _-view	Command: _-view
输入选项[?/正交(O)/删除(D)/恢复(R)/	Enter an option[?/Orthographic/Delete/Restore/
保存(S)/设置(E)/窗口(W)]: _seiso	Save/sEttings/Window]: _seiso

11. 移动

修改→移动(Modify→Move) ✛

将阀杆移动到坐标原点位置，以便准确切割，如图 15-7 所示。

命令: _move	Command: _move
选择对象: 找到 1 个	Select objects: 1 found
选择对象: ↵	Select objects: ↵
指定基点或位移:	Specify base point or displacement:
(捕捉圆柱的圆心)	
指定位移的第二点或	Specify second point of displacement or
<用第一点作位移>: **0,0,0**↵	<use first point as displacement>: **0,0,0**↵

图 15-7 移动到原点

12. 缩放

视图→缩放→全部(View→Zoom→All) 🔍

　　显示全图。

命令: '_zoom	Command: '_zoom
指定窗口的角点,	Specify corner of window,
输入比例因子(nX 或 nXP),	enter a scale factor(nX or nXP),
或者[全部(A)/中心(C)/动态(D)/	or[All/Center/ Dynamic/ Extents/
范围(E)/上一个(P)/比例(S)/窗口(W)/对象(O)]	Previous/Scale/Window/Object]
<实时>: _all	<real time>: _all

13. 剖切

修改→三维操作→剖切(Modify→3D Operation→Slice)

　　(1) 将阀杆切成两部分。

命令: _slice	Command: _slice
选择要剖切的对象: 找到 1 个	Select objects: 1 found
选择要剖切的对象: ↵	Select objects: ↵
指定切面上的第一个点或依照[对象(O)/	Specify first point on slicing plane or by [Object/
曲面(S)/ Z 轴(Z)/视图(V)/	Surface/Zaxis/View/
XY(XY)/YZ(YZ)/ZX(ZX)/	XY/YZ/ZX/3points]
三点(3)] <三点>: **yz** ↵	<3points>: **yz**↵
指定 YZ 平面上的点 <0,0,0>: **107,0** ↵	Specify a point on the YZ-plane <0,0,0>: **107,0**↵
在所需的侧面上指定点或	Specify a point on desired side of the plane or
[保留两个侧面(B)]<保留两个侧面>: **b** ↵	[keep Both sides] <keep both sides>: **b** ↵

　　(2) 切除圆柱前部分, 如图 15-8 所示。

命令: ↵	Command: ↵
SLICE	SLICE
选择要剖切的对象: 找到 1 个	Select objects: 1 found
选择要剖切的对象: ↵	Select objects: ↵
指定切面上的第一个点或依照[对象(O)/	Specify first point on slicing plane by [Object/
曲面(S)/Z 轴(Z)/视图(V)/	Surface/Zaxis/View/

XY(XY)/YZ(YZ)/ZX(ZX)/三点(3)] <三点>: **zx**↵   XY/YZ/ZX/3points] <3points>: **zx**↵

指定 ZX 平面上的点<0,0,0>: **0,5** ↵   Specify a point on the ZX-plane <0,0,0>: **0,5**↵

在所需的侧面上指定点或   Specify a point on desired side of the plane or

[保留两个侧面(B)]<保留两个侧面>: **0,0,0** ↵   [keep Both sides]<keep both sides>: **0,0,0**↵

图 15-8 切除圆柱前部分

(3) 切除圆柱后部分。

命令: _slice   **Command:** _slice

选择要剖切的对象: 找到 1 个   Select objects: 1 found

选择要剖切的对象: ↵   Select objects: ↵

指定切面的起点或[平面对象(O)/曲面(S)/   Specify first point on slicing plane by[Object/Surface/

Z 轴(Z)/视图(V)/XY(XY)/YZ(YZ)/ZX(ZX)/   Zaxis/View/XY/YZ/ZX/3points]

三点(3)] <三点>: **zx**↵   <3points>: **zx**↵

指定 ZX 平面上的点<0,0,0>: **0,-5** ↵   Specify a point on the ZX-plane <0,0,0>: **0,-5**↵

在所需的侧面上指定点或   Specify a point on desired side of the plane

[保留两个侧面(B)] <保留两个侧面>: **0,0,0** ↵   or [keep Both sides] <keep both sides>: **0,0,0**↵

14. 求和

修改→实体编辑→并集(Modify→Boolean→Union) ◎◎

将对称的两部分合并成一体，完成造型，如图 15-1 所示。

命令: _union   **Command:** _union

选择对象: 找到 1 个   Select objects: 1 found

选择对象: 找到 1 个，总计 2 个   Select objects: 1 found, 2 total

选择对象: ↵   Select objects: ↵

15.2 压 紧 螺 母

根据 9.3 节图 9-17 所示压紧螺母的视图及尺寸，精确制作压紧螺母的三维模型，如图 15-9 所示。通过本例，学习精确制作平面立体类机械零件的造型方法，同时学习从模型空间到图纸空间出图的过程。要掌握 AutoCAD 具备的多窗口、多视点操作以及将三维立体直接投影成二维平面图的功能，学会用旋转体、拉伸体构成实体、布尔运算等命令，并掌握螺纹的造型方法。

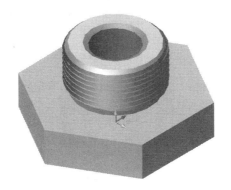

图 15-9 压紧螺母

1．3D 视点

视图→三维视点→西南(View→3Dviewpoint→SW Isometric)

设置西南视点，观看三维效果。

命令: _-view	Command: _-view
输入选项[?/正交(O)/删除(D)/恢复(R)/	Enter an option [?/Orthographic/ Delete/Restore/
保存(S)/设置(E)/ 窗口(W)]: _swiso	Save/sEttings/Window]: _swiso

2．多边形

绘图→正多边形(Draw→Polygon)

绘制六角螺母。已知内切圆半径绘制六边形，如图 15-10 所示。

命令: _polygon	Command: _polygon
输入边的数目 <4>: **6** ↵	Enter number of sides <4>: **6** ↵
指定正多边形的中心点或[边(E)]: **0,0**↵	Specify center of polygon or [Edge]: **0,0**↵
输入选项[内接于圆(I)/	Enter an option [Inscribed in circle/Circumscribed
外切于圆(C)] <I>: **c** ↵	about circle] <I>: **c**↵
指定圆的半径: **32** ↵	Specify radius of circle: **32**↵

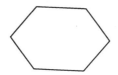

图 15-10 六边形

3．拉伸体

绘图→建模→拉伸体(Draw→Modeling→Extrude)

将平面六边形拉伸成六棱柱立体，如图 15-11 所示。

命令: _extrude	Command: _extrude
当前线框密度: ISOLINES=4	Current wire frame density: ISOLINES=4
选择对象: 找到 1 个(选六形)	Select objects to extrude: 1 found

选择对象: ↵	Select objects: ↵
指定拉伸的高度或[方向(D)/路径(P)/	Specify height of extrusion or [Direction/Path/
倾斜角(T)]: **15** ↵	Taper angle]: **15**↵

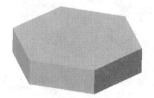

图 15-11　六棱柱

4. 视觉样式

视图→视觉样式(View→Shade) 🔵

　　执行该命令后，出现如图 11-5 所示对话框，用户可根据需要，设置各种视觉样式效果。

命令: _vscurrent	**Command:** _vscurrent

5. 圆柱体

绘图→实体→圆柱体(Draw→Solids→Cylinder) ⬜

　　绘制大圆柱，如图 15-12 所示。

命令: _cylinder	**Command:** _cylinder
当前线框密度: ISOLINES=4	Current wire frame density: ISOLINES=4
指定底面的中心点或[三点(3P)/两点(2P)/	Specify center point of base or [3P/2P/
切点、切点、半径(T)/椭圆(E)] <0,0,0>: ↵	Ttr/Elliptical] <0,0,0>:↵
指定底面半径或	Specify radius for base of cylinder or
[直径(D)]: **19.5**↵	[Diameter]: **19.5**↵
指定高度或[两点(2P)/轴端点(A)]: **35** ↵	Specify height or [2Point/Axis endpoint]: **35**↵

　　绘制小圆柱孔，如图 15-13 所示。

命令: _cylinder	**Command:** _cylinder
当前线框密度: ISOLINES=4	Current wire frame density: ISOLINES=4
指定底面的中心点或[三点(3P)/两点(2P)/	Specify center point of base or [3P/2P/
切点、切点、半径(T)/椭圆(E)]: ↵	Ttr/Elliptical]:↵
指定底面半径或[直径(D)]: **10**↵	Specify radius for base of cylinder or [Diameter]: **10**↵
指定高度或[两点(2P)/轴端点(A)]: **36** ↵	Specify height or [2Point/Axis endpoint]: **36**↵

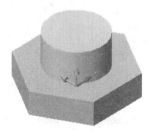

图 15-12　大圆柱

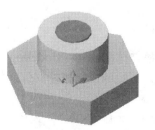

图 15-13　小圆柱

6. 求差

修改→实体编辑→差集(Modify→Boolean→Subtract) ◎◎

叠加六棱柱与大圆柱，并挖去小孔，如图 15-14 所示。

命令：_subtract	Command: _subtract
选择要从中减去的	Select solids and
实体、曲面和面域…	regions to subtract from…
选择对象：找到 1 个(选六棱柱)	Select objects: 1 found
选择对象：找到 1 个，总计 2 个(选大圆柱)	Select objects: 1 found, 2 total
选择对象：↵	Select objects: ↵
选择要减去的实体、曲面和面域…	Select solids and regions to subtract…
选择对象：找到 1 个(选小圆柱)	Select objects: 1 found
选择对象：↵	Select objects: ↵

7. 倒角

修改→倒角(Modify→Chamfer) ⌐

将螺母上端内外倒角，如图 15-15 所示。

(1) 将螺母上端外圆边倒角。

命令：_chamfer	Command: _chamfer
(“修剪”模式)当前倒角距离 1 = 0.0000，	(TRIM mode) Current chamfer Dist1 = 0.0000,
距离 2 = 0.0000	Dist2 = 0.0000
选择第一条直线或[放弃(U)/多段线(P)/	Select first line or [Undo/Polyline/
距离(D)/角度(A)/修剪(T)/方式(E)/多个(M)]：	Distance/Angle/Trim/mEthod/Multiple]:
基面选择…	Base surface selection…
输入曲面选择选项[下一个(N)/当前(OK)]	Enter surface selection option [Next/OK
<当前(OK)>：	(current)] <OK>:
指定基面的倒角距离：**2**↵	Specify base surface chamfer distance: **2**↵
指定其他曲面的倒角距离<2.0000>：↵	Specify other surface chamfer distance <2.0000>: ↵
选择边或[环(L)]：选择边或[环(L)]：	Select an edge or [Loop]: Select an edge or [Loop]:
(选要倒角的棱边)	

图 15-14　螺母主体

图 15-15　倒角立体

(2) 将螺母上端内孔边倒角。

命令：↵　　　　　　　　　　　　　Command: ↵

CHAMFER

("修剪"模式)当前倒角距离 1 = 2.0000，

距离 2 = 2.0000

选择第一条直线或[放弃(U)/多段线(P)/

距离(D)/角度(A)/修剪(T)/方式(E)/多个(M)]:

基面选择...

输入曲面选择选项[下一个(N)/当前(OK)]

<当前(OK)>:

指定基面的倒角距离<2.0000>: ↲

指定其他曲面的倒角距离<2.0000>:1↲

选择边或[环(L)]: 选择边或[环(L)]:

(选要倒角的棱边)

CHAMFER

(TRIM mode) Current chamfer Dist1 = 2.0000,

Dist2 = 2.0000

Select first line or [Undo/Polyline/

Distance/Angle/Trim/mEethod/Multiple]:

Base surface selection...

Enter surface selection option [Next/OK

(current)] <OK>:

Specify base surface chamfer distance <2.0000>:↲

Specify other surface chamfer distance <2.0000>: 1.↲

Select an edge or [Loop]: Select an edge or [Loop]:

8. 圆柱体

绘图→建模→圆柱体(Draw→Modeling→Cylinder)

绘制大圆柱，以便制作退刀槽。

命令: _cylinder

当前线框密度: ISOLINES=4

指定底面中心点或

[椭圆(E)] <0,0,0>: **0,0,15**↲

指定底面的中心点或[三点(3P)/两点(2P)/

切点、切点、半径(T)/椭圆(E)]: **19.5**↲

指定高度或[两点(2P)/轴端点(A)]: **3** ↲

Command: _cylinder

Current wire frame density: ISOLINES=4

Specify center point for base of cylinder or

[Elliptical] <0,0,0>:**0,0,15**↲

Specify radius for base of cylinder or

[3P/2P/Ttr/Diameter]: **19.5**↲

Specify height of cylinder or [2Point/Axis endpoint]: **3.**↲

绘制小圆柱孔，以便制作退刀槽。

命令: _cylinder

当前线框密度: ISOLINES=4

指定底面中心点或[椭圆(E)]

<0,0,0>: **0,0,15**↲

指定底面的中心点或[三点(3P)/两点(2P)/

切点、切点、半径(T)/椭圆(E)]: **17.5**↲

指定高度或[两点(2P)/

轴端点(A)]: **3** ↲

Command: _cylinder

Current wire frame density: ISOLINES=4

Specify center point for base of cylinder or [Elliptical]

<0,0,0>:**0,0,15**↲

Specify radius for base of cylinder or [3P/2P/

Ttr/Diameter]: **17.5** ↲

Specify height of cylinder or [2Point/

Axis/endpoint]: **3** ↲

9. 视觉样式

视图→视觉样式(View→Shade)

在二维线框的效果下便于选线。(在后面的步骤中，用户可根据情况随时改变视觉样式效果，文中不再加入此步骤。)

命令: _vscurrent

Command: _vscurrent

10. 求差

修改→实体编辑→差集(Modify→Boolean→Subtract) ◎◎

重复命令，从大圆柱中挖去小圆柱孔，制作退刀槽，如图 15-16 所示。之后再从主体上减去退刀槽，如图 15-17 所示。

命令: _subtract	Command: _subtract
选择要从中减去的实体、曲面和面域...	Select solids and regions to subtract from…
选择对象: 找到 1 个	Select objects: 1 found
选择对象: ↵	Select objects: ↵
选择要减去的实体、曲面和面域...	Select solids and regions to subtract…
选择对象: 找到 1 个(选小圆柱)	Select objects: 1 found
选择对象: ↵	Select objects: ↵

图 15-16　退刀槽圆柱　　　　　　　　　　　　　　图 15-17　退刀槽

11. 3D 视点

视窗→三维视图→前视(3D 视点 View→3D Viewpoint→Front) ▢

将窗口设为前视图。

命令: _-view	Command: _-view
输入选项[?/正交(O)/	Enter an option [?/Orthographic/
删除(D)/恢复(R)/保存(S)/设置(E)/	Delete/Restore/Save/sEttings/
窗口(W)]: _front	Window]: _front

12. 复合线

绘图→多段线(Draw→Pline) ↗

绘制普通三角螺纹的牙形，如图 15-18 所示。

命令: _pline	Command: _pline
指定起点:<点捕捉　开>	Specify start point: <点捕捉　开>
当前线宽为 0.0000	Current line-width is 0.0000
指定下一点或[圆弧(A)/闭合(C)/半宽(H)/	Specify next point or [Arc/Close/Halfwidth/Length/
长度(L)/放弃(U)/宽度(W)]: **@2.5<150** ↵	Undo/Width]: **@2.5<150** ↵
指定下一点或[圆弧(A)/闭合(C)/半宽(H)/	Specify next point or [Arc/Close/Halfwidth/Length/
长度(L)/放弃(U)/宽度(W)]: **@2.5<30** ↵	Undo/Width]: **@2.5<30** ↵
指定下一点或[圆弧(A)/闭合(C)/半宽(H)/	Specify next point or [Arc/Close/Halfwidth/
长度(L)/放弃(U)/宽度(W)]: **c** ↵	Length/Undo/Width]: **c** ↵

图 5-18　螺纹的牙形

13．移动

修改→移动(Modify→Move)

将三角螺纹的牙形向外移动一点。

命令：_move

选择对象：找到 1 个

选择对象：↲

指定基点或位移：**0.2,0** ↲

指定位移的第二点或

<用第一点作位移>：↲

Command: _move

Select objects: 1 found

Select objects: ↲

Specify base point or displacement: **0.2,0** ↲

Specify second point of displacement or

<use first point as displacement>: ↲

14．旋转体

绘图→建模→旋转体(Draw→Modeling→Revolve)

用回转体构成一个立体的三角螺纹牙形，如图 15-19 所示。

命令：_revolve

当前线框密度：ISOLINES=4

选择要旋转的对象：找到 1 个(选取三角牙形)

选择要旋转的对象：↲

指定轴起点或根据以下选项之一定义轴

[对象(O)/X/Y/Z] <对象>

指定轴端点：(捕捉轴线上的二个圆心)

指定旋转角度或[起点角度(ST)] <360>：↲

Command: _revolve

Current wire frame density: ISOLINES=4

Select objects: 1 found

Select objects: ↲

Specify start point for axis of revolution or define axis by

[Object/X (axis)/Y(axis)/Z(axis)]:

Specify endpoint of axis:

Specify angle of revolution <360>:↲

图 15-19　立体的螺纹牙形

15．旋转

修改→旋转(Modify→Rotate)

将螺纹旋转一个角度(注意：用此方法制作的不是螺旋线，仅是一种类似的效果)，如图 15-20 所示。

命令：_rotate

UCS 当前的正角方向：

ANGDIR=逆时针 ANGBASE=0

Command: _rotate

Current positive angle in UCS:

ANGDIR=counterclockwise ANGBASE=0

选择对象: 找到 1 个	Select objects:　1 found
选择对象: ↵	Select objects: ↵
指定基点: (捕捉图形转动的圆心点: 1)	Specify base point: _cen of
指定旋转角度, 或[复制(C)/参照(R)]:	Specify rotation angle or [Copy/Reference]:
3 ↵ (图形转动的角度)	3 ↵

图 15-20　倾斜的螺纹　　　　　　　图 15-21　阵列立体的螺纹

16. 阵列

修改→阵列(Modify→Array)

按矩形阵列, 给定行数为 10、列数为 1、行间距为 2.1 复制多个齿形, 如图 15-21 所示。

命令: _array	Command: _array
选择对象: 找到 1 个	Select objects: 1 found
选择对象: ↵	Select objects: ↵

17. 缩放

视图→缩放→全部(View→Zoom→All)

显示全图。

命令: '_zoom	Command: '_zoom
指定窗口的角点, 输入比例因子(nX 或 nXP),	Specify corner of window, enter a scale factor (nX or nXP),
或者[全部(A)/中心(C)/动态(D)/范围(E)/	or[All/Center/Dynamic/Extents/
上一个(P)/比例(S)/窗口(W)/对象(O)]	Previous/Scale/Window/Object]
<实时>: _all	<real time>: _all

18. 求差

修改→实体编辑→差集(Modify→Boolean→Subtract)

减去螺纹, 完成任务后的效果如图 15-9 所示。

命令: _subtract	Command: _subtract
选择要从中减去的实体、曲面和面域...	Select solids and regions to subtract from…
选择对象: 找到 1 个(选主体)	Select objects: 1 found
选择对象: ↵	Select objects: ↵
选择要减去的实体、曲面和面域...	Select solids and regions to subtract…
选择对象: 找到 10 个(窗选的螺纹)	Select objects: 10 found

选择对象: ↵   Select objects: ↵

19. 图纸空间

点击"布局 1(layout1)"到图纸空间，出现出图对话框，选取"确定(OK)"按钮，出现一个默认的视图，用删除命令窗选删除(注意不要激活窗口删除模型，而是将视窗删除)。

命令: <开关: 布局 1>   Command:　<Switching to: Layout1>

20. 层

格式→层(Format→Layer)

设一新层为当前层，以便使所开多窗口的边线在不要时关闭或冻结。

命令: '_layer   Command: '_layer

21. 视窗变换

视图→视口→4 个视口(View→Floating Viewports→4 Viewports)

在视窗变换中，设置四个视窗及其大小，如图 15-22 所示。

命令: _-vports   Command: _-vports

指定视口的角点或[开(ON)/关(OFF)/   Specify corner of viewport or[ON/OFF/

布满(F)/视觉样式打印(S)/锁定(L)/对象(O)/   Fit/Shadeplot/Lock/Object/

多边形(P)/恢复(R)/图层(LA)/2/3/4] <布满>: _4   Polygonal/Restore/2/3/4] <Fit>: _4

指定第一个角点或[布满(F)] <布满>:↵   Specify first corner or [Fit] <Fit>: ↵

图 15-22　布局图纸空间(四视窗)

22. 模型(兼容)空间

点击状态行中的图纸/模型(Paper/Model)，模型(兼容)空间将每个窗口变为一个小模型空间。只有在模型(兼容)空间，才能对每个窗口进行操作。

命令: _.MSPACE   Command: _.MSPACE

注意：在调整每个视图之前必须先点击该视窗，将其击活。

23. 3D 视点

视图→三维视图(View→3D Viewpoint)

重复该命令，按照机械制图的规定，给四个窗口设置不同的视点，如图 15-23 所示。

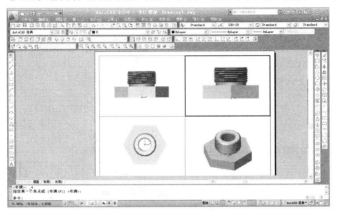

图 15-23　不同视点的布局模型空间(四视窗)

(1) 将左上视窗的视点变为前(主)视图。

视图→三维视图→主(前)视(View→3D Viewpoint→Front) 🗔

命令: _-view	Command: _-view
输入选项[?/正交(O)/删除(D)/	Enter an option [?/Orthographic/Delete/
恢复(R)/保存(S)/设置(E)/窗口(W)]: _front	Restore/Save/sEttings/Window]: _front

(2) 将左下视窗的视点变为顶(俯)视图。

视图→三维视图→俯视(View→3D Viewpoint→Top) 🗔

命令: _-view	Command: _-view
输入选项[?/正交(O)/删除(D)/恢复(R)/	Enter an option [?/Orthographic/Delete/Restore/
保存(S)/设置(E)/窗口(W)]: _top	Save/sEttings/Window]: _top

(3) 将右上视窗的视点变为左视图。

视图→三维视图→左视(View→3D Viewpoint→Left) 🗔

命令: _-view	Command: _-view
输入选项[?/正交(O)/删除(D)/恢复(R)/	Enter an option [?/Orthographic/Delete/Restore/
保存(S)/设置(E)/窗口(W)]: _left	Save/sEttings/Window]: _left

(4) 右下视窗保留原西南视点。

24. 缩放

视图→缩放→比例(View→Zoom→Scale) 🔍

重复该命令，将各视图按比例缩放，以便使各个视图大小一致。

命令: '_zoom	Command: '_zoom
指定窗口的角点，输入比例因子 (nX 或 nXP)，	Specify corner of window, enter a scale factor(nX or nXP),
或者[全部(A)/中心(C)/动态(D)/范围(E)/上一个(P)/	or [All/Center/Dynamic/Extents/Previous/
比例(S)/窗口(W)/对象(O)] <实时>: _s	Scale/Window/Object] <real time>: _s
输入比例因子 (nX 或 nXP): **3** ⏎(按比例放大 3 倍)	Enter a scale factor (nX or nXP): **3** ⏎

25. 平移

视图→平移(View→Pan)

分别将各视图移到合适位置，保证长对正、高平齐、宽相等。

命令: '_pan   **Command:** '_pan

26. 层

格式→层(Format→Layer)

设一新层，线型设为消隐线(Hidden)。

命令: '_layer   **Command:** '_layer

27. 轮廓线

绘图→建模→设置→轮廓(Draw→Modeling→Setup→Profile)

重复该命令，分别击活各视窗，选取实体，自动产生各方向的平面轮廓线，不可见轮廓线产生虚线，所产生的平面线与立体轮廓线重合在一起，如图 15-24 所示。注意要在线框状态下进行。

命令: _solprof   **Command:** _solprof

选择对象: 找到 1 个   Select objects: 1 found

选择对象: ↵   Select objects: ↵

是否在单独的图层中显示隐藏的轮廓线?   Display hidden profile lines on separate layer?

[是(Y)/否(N)] <是>:↵   [Yes/No] <Y>:↵

是否将轮廓线投影到平面? [是(Y)/否(N)]   Project profile lines onto a plane? [Yes/No]

　<是>:↵   <Y>:↵

是否删除相切的边? [是(Y) /否(N)] <是>:↵   Delete tangential edges? [Yes/No] <Y>:↵

已选定一个实体。   One solid selected.

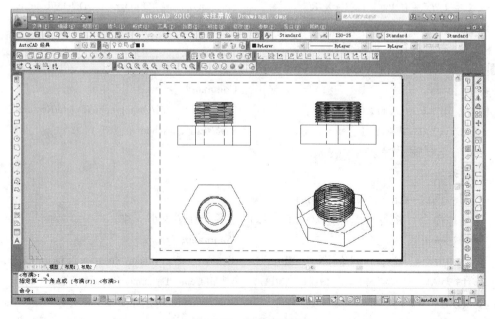

图 15-24　投影四视图

28. 层

格式→层(Format→Layer)

将立体图所在层关闭(可以将窗口边线层也关闭),改变虚线所在层的颜色。

命令:'_layer   **Command:** '_layer

29. 图纸空间

点击状态行中的"布局"。在图纸空间中,可以再进行二维绘制,例如增加中心线、标注尺寸、绘制图框等。

命令:_.pspace   **Command:** _.pspace

30. 出图

文件→打印(File→Print)

只有在图纸空间才能将多窗口的多个视图同时绘制在一幅图纸上。

命令:_plot   **Command:** _plot

31. 存盘

文件→存盘(File→Save)

命令:_qsave   **Command:** _qsave

15.3   阀   体

根据 9.3 节图 9-26 所示阀体的视图及尺寸,精确制作机械零件阀体的三维模型,如图 15-25 所示。通过本例,主要学习用拉伸体、旋转体构成实体的步骤,熟悉实体切割、布尔运算等命令,并掌握复杂零件的造型方法。

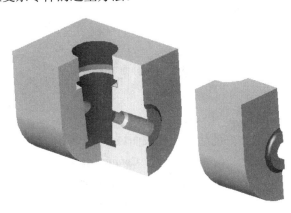

图 15-25   阀体

1. 打开

文件→打开(File→Open)

打开图 9-26,另存一文件:Fati。利用删除及修剪命令将图形修改,只保留轮廓线及中心线等,如图 15-26 所示。

命令:_open   **Command:** _open

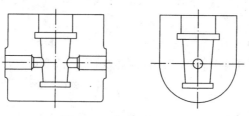

图 15-26　阀体部分图形

2. 边界 ⊡

绘图→边界(Draw→Boudary)

重复命令，用鼠标点击封闭区域，将其周围的边构成边界，以便制做面域，如图 15-27 所示。

命令: _boundary	Command: _boundary
选择内部点: 正在选择所有对象...	Select internal point: Selecting everything...
正在选择所有可见对象...	Selecting everything visible...
正在分析所选数据...	Analyzing the selected data...
正在分析内部孤岛...	Analyzing internal islands...
选择内部点:	Select internal point:
BOUNDARY 已创建 1 个多段线	BOUNDARY created 1 polylines

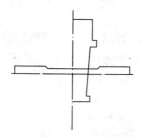

图 15-27　部分面域图形

3. 面域

绘图→面域(Draw→Region) ▣

重复命令，用鼠标选取作好的边界，构成面域。

命令: _region	Command: _region
选择对象: 找到 1 个	Select objects: 1 found
选择对象: ↵	Select objects: ↵
已提取 1 个环。	Picked-up 1 ring.
已创建 1 个面域。	Established 1 region.

4. 三维旋转

修改→三维操作→三维旋转(Modify→3D Operation→Rotate 3D) ⊕

将左视图外形绕 Y 轴旋转 90°，使其与孔方向一致，再将所有物体绕 X 轴旋转 90°，使其垂直于水平面。

命令: _rotate3d	Command: _rotate3d
UCS 当前的正角方向:	Current positive angle in UCS:
ANGDIR=逆时针　ANGBASE=0	ANGDIR=counterclockwise　ANGBASE=0
选择对象: 找到 1 个(选取图形)	Select objects: 1 found
选择对象: ↵	Select objects: ↵
指定基点:	Specify base point:
拾取旋转轴: (用鼠标在屏幕上选取 Y 轴)	Pick a rotation axis:
指定角的起点或键入角度: **90**↵	Specify angle start point or type an angle: **90** ↵

5. 拉伸

绘图→建模→拉伸(Draw→Modeling→Extrude) ⬆

拉伸阀体主体，如图 15-28 所示。

命令: _extrude	Command: _extrude
当前线框密度: ISOLINES=4	Current wire frame density: ISOLINES=4
选择对象: 找到 1 个	Select objects: 1 found
选择对象: ↵	Select objects: ↵
指定拉伸的高度或 [方向(D)/路径(P)/	Specify height of extrusion or [Direction/
倾斜角(T)]: **100** ↵	Path/Taper angle]: **100** ↵

图 15-28　主体外形

6. 旋转体

绘图→建模→旋转体(Draw→Modeling→Revolve) 🔲

重复命令，用旋转体构成两个孔体，如图 15-29 所示。

命令: _revolve	Command: _revolve
当前线框密度:　ISOLINES=4	Current wire frame density: ISOLINES=4
选择要旋转的对象: 找到 1 个(选取面域)	Select objects: 1 found
选择要旋转的对象: ↵	Select objects: ↵
指定轴起点或根据以下选项之一定义轴	Specify start point for axis of revolution or define axis by
[对象(O)/X/Y/Z] <对象>:	[Object/X (axis)/Y (axis)/Z(axis)]:
指定轴端点: (捕捉轴线上的二个交点)	Specify endpoint of axis:
指定旋转角度<360>: ↵	Specify angle of revolution <360>:↵

图 15-29　旋转体构成两个孔体

7. 3D 镜像

修改→三维操作→三维镜像(Modify→3D Operation→Mirror 3D) %

将左边孔镜像，制作右边孔。

命令: _mirror3d	**Command:** _mirror3d
选择对象: 找到 1 个	Select objects: 1 found
选择对象: ↵	Select objects: ↵
指定镜像平面(三点)的第一个点或	Specify first point of mirror plane (3 points) or
[对象(O)/最近的(L)/Z 轴(Z)/视图(V)/	[Object/Last/Zaxis/View/
XY 平面(XY)/YZ 平面(YZ)/ZX 平面(ZX)/	XY/YZ/ZX/
三点(3)] <三点>: **yz**↵	3points] <3points>: **yz** ↵
指定 YZ 平面上的点<0,0,0>: ↵	Specify point on YZ plane <0,0,0>: ↵
是否删除源对象? [是(Y)/否(N)] <否>:↵	Delete source objects? [Yes/No] <N>: ↵

8. 求和

修改→实体编辑→并集(Modify→Boolean→Union) ◎

将对称的两部分及中间部分合并成一体，如图 15-30 所示。

命令: _union	**Command:** _union
选择对象: 找到 1 个	Select objects: 1 found
选择对象: 找到 1 个，总计 2 个	Select objects: 1 found, 2 total
选择对象: 找到 1 个，总计 3 个	Select objects: 1 found, 3 total
选择对象: ↵	Select objects: ↵

图 15-30　旋转体构成两个孔体

9．3D 视点

视图→三维视点→东南(View→3DViewpoint→SE Isometric)

设置东南视点，观看三维效果。

命令：_-view	Command: _-view
输入选项[?/正交(O)/删除(D))/恢复(R)/	Enter an option [?/Orthographic/Delete/Restore/
保存(S)/设置(E)/窗口(W)]: _swiso	Save/sEttings/Window]: _swiso

10．圆柱体

绘图→建模→圆柱体(Draw→Modeling→Cylinder)

绘制圆柱体以制作凸台，如图 15-31 所示。

命令：_cylinder	Command: _cylinder
当前线框密度：ISOLINES=4	Current wire frame density: ISOLINES=4
指定底面的中心点或[三点(3P)/两点(2P)/	Specify center point for base of cylinder or [3P/2P/
切点、切点、半径(T)/椭圆(E)]: ↵	Ttr/Elliptical]: ↵
指定底面半径或[直径(D)]: **10.**↵	Specify radius for base of cylinder or [Diameter]: **10.**↵
指定高度或[两点(2P)/轴端点(A)]: **3.**↵	Specify height of cylinder or [2Point/Axis endpoint]: **3.**↵

图 15-31　阀体主体

11．三维镜像

修改→三维操作→三维镜像(Modify→3DOperation→Mirror 3D)

将圆柱体凸台对称地镜像成后面的凸台。

命令：_mirror3d	Command: _mirror3d
选择对象：找到 1 个	Select objects: 1 found
选择对象：↵	Select objects: ↵
指定镜像平面(三点)的第一个点或	Specify first point of mirror plane (3 points) or
[对象(O)/最近的(L)/Z 轴(Z)/视图(V)/	[Object/Last/Zaxis/View/
XY 平面(XY)/YZ 平面(YZ)/ZX 平面(ZX)/	XY/YZ/ZX/
三点(3)] <三点>:**yz** ↵	3points] <3points>: **yz.**↵
指定 YZ 平面上的点<0,0,0>: ↵	Specify point onYZ plane <0,0,0>: ↵
是否删除源对象？[是(Y)/否(N)] <否>: ↵	Delete source objects? [Yes/No] <N>:↵

12．移动

修改→移动(Modify→Move)

重复命令，捕捉点，将两立体重合在一起，如图 15-32 所示。

命令：_move   **Command:** _move

选择对象：找到 1 个   Select objects: 1 found

选择对象：找到 1 个，总计 2 个   Select objects: 1 found, 2 total

选择对象：↵   Select objects: ↵

指定基点或位移：↵   Specify base point or displacement: ↵

指定位移的第二点或   Specify second point of displacement or

<用第一点作位移>：↵   <use first point as displacement>: ↵

图 15-32   对位

13. 求差

修改→实体编辑→差集(Modify→Boolean→Subtract) ◎

从主体上减去孔，如图 15-33 所示。

命令：_subtract   **Command:** _subtract

选择要从中减去的实体、曲面和面域...   Select solids and regions to subtract from …

选择对象：找到 1 个(选阀体)   Select objects: 1 found

选择对象：找到 1 个，总计 2 个   Select objects: 1 found, 2 total

选择对象：找到 1 个，总计 3 个   Select objects: 1 found, 3 total

选择对象：↵   Select objects: ↵

选择要减去的实体、曲面和面域...   Select solids and regions to subtract …

选择对象：找到 1 个(选两圆柱孔)   Select objects: 1 found

选择对象：↵   Select objects: ↵

图 15-33   挖孔阀体

14. 圆角

修改→圆角(Modify→Fillet) ◻

选取实体边及凸台下边圆角，如图 15-34 所示。

命令: _fillet	Command: _fillet
当前设置: 模式=修剪，半径=10.0000	Current settings: Mode = TRIM, Radius = 10.0000
选择第一个对象或[放弃(U)/多段线(P)/	Select first object or [Undo/Polyline/
半径(R)/修剪(T)/多个(M)]: r	Radius/Trim/Multiple]: r
指定圆角半径<10.0000>: **2.**↵	Specify fillet radius <10.0000>: **2** ↵
选择第一个对象或[放弃(U)/多段线(P)/	Select first object or [Undo/Polyline/
半径(R)/修剪(T)/多个(M)]: m↵	Radius/Trim/Multiple]: m ↵
选择第一个对象或[放弃(U)/多段线(P)/	Select first object or [Undo/Polyline/
半径(R)/修剪(T)/多个(M)]: (选要圆角的边)	Radius/Trim/Multiple]:
选定圆角的 3 个边。	3 edge(s) selected for fillet.

图 15-34　圆角阀体

15. 复制

修改→复制(Modify→Copy) 🗗

将图形再复制一个。

命令: _copy	Command: _copy
选择对象: 找到 1 个	Select objects: 1 found
选择对象: ↵	Select objects: ↵
指定基点或[位移(D)/模式(O)] <位移>:	Specify base point or [displacement/mOde]<Displacement>:
指定第二个点或<使用第一个点作为位移>:	Specify second point or <use first point as displacement>:
指定第二个点或[退出(E)/放弃(U)] <退出>:	Specify second point or [Exit/Undo]<exit>:

16. 移动

修改→移动(Modify→Move) ✛

重复命令，捕捉孔中心点，将立体移动到坐标原点。

命令: _move	Command: _move
选择对象: 找到 1 个	Select objects: 1 found
选择对象: ↵	Select objects: ↵
指定基点或位移: _cen of	Specify base point or displacement: _cen of
指定位移的第二点或	Specify second point of displacement or
<用第一点作位移>: **0,0** ↵	<use first point as displacement>: **0,0** ↵

17．缩放

视图→缩放→全部(View→Zoom→All)

显示全图。

命令: '_zoom

指定窗口的角点，输入比例因子(nX
或 nXP)，或者[全部(A)/中心(C)/动态(D)/
范围(E)/上一个(P)/比例(S)/窗口(W)/对象(O)]
<实时>: _all

Command: '_zoom

Specify corner of window, enter a scale factor (nX
or nXP), or [All/Center/ Dynamic/
Extents/Previous/Scale/Window/Object]
<real time>: _all

18．截面

重复命令，过圆柱中心作两个方向的剖面轮廓线，如图 15-35 所示(注意在线框状态下观看)。

命令: _section ↵

选择对象: 找到 1 个(选阀体)

选择对象: ↵

指定截面上的第一个点，依照[对象(O)/
Z 轴(Z)/视图(V)/XY(XY)/YZ(YZ)/
ZX(ZX)/三点(3)]<三点>: **zx**↵

指定 ZX 平面上的点<0,0,0>: ↵

Command: _section↵

Select objects: 1 found

Select objects: ↵

Specify first point on Section plane by [Object/
Zaxis/View/XY/YZ/
ZX/3points] <3points>: **zx** ↵

Specify a point on the ZX-plane <0,0,0>: ↵

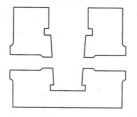

图 15-35　剖面轮廓线

19．剖切

修改→3D 操作→剖切(Modify→3D Operation→Slice)

将阀体前后剖切成两部分。

命令: _slice

选择要剖切的对象: 找到 1 个

选择要剖切的对象: ↵

指定切面的起点或[平面对象(O)/曲面(S)/
Z 轴(Z)/视图(V)/XY(XY)/YZ(YZ)/ZX(ZX)/
三点(3)] <三点>: **zx** ↵

指定 ZX 平面上的点<0,0,0>:　 ↵

在所需的侧面上指定点或
[保留两个侧面(B)] <保留两个侧面>: **b** ↵

(两部分都要保留)

Command: _slice

Select objects: 1 found

Select objects: ↵

Specify first point on slicing plane by [Object/Surface/
Zaxis/View/XY/YZ/ZX/3points]
<3points>: **zx** ↵

Specify a point on the ZX-plane <0,0,0>: ↵

Specify a point on desired side of the plane or
[keep Both sides]<keep both sides>: **b** ↵

将阀体前部分切成左右两部分。

命令: ↵	Command: ↵
SLICE	SLICE
选择要剖切的对象: 找到 1 个	Select objects: 1 found
选择要剖切的对象: ↵	Select objects: ↵
指定切面的起点或[平面对象(O)/曲面(S)/	Specify first point on slicing plane by [Object/Surface/
Z 轴(Z)/视图(V)/XY(XY)/YZ(YZ)/ZX(ZX)/	Zaxis/View/XY/YZ/ZX/
三点(3)] <三点>: **yz**↵	3points] <3points>: **yz** ↵
指定 ZX 平面上的点<0,0,0>: ↵	Specify a point on the ZX-plane <0,0,0>: ↵
在所需的侧面上指定点或	Specify a point on desired side of the plane or
[保留两个侧面(B)]<保留两个侧面>:	[keep Both sides]<keep both sides>:
b↵(两部分都要保留)	**b** ↵

20. 移动

修改→移动(Modify→Move)✣

重复命令，将立体前部移开，将剖面轮廓线移出，如图 15-25 所示。

命令: _move	Command: _move
选择对象: 找到 1 个	Select objects: 1 found
选择对象: ↵	Select objects: ↵
指定基点或位移:	Specify base point or displacement:
指定位移的第二点或<用第一点作位移>:	Specify second point of displacement or <use first point as displacement>:

21. 面着色

修改→实体编辑→面着色(Modify→Solidedit→Color Faces)

按需要重新设置实体中多个面的颜色，注意选取面的中部。

命令: _solidedit	Command: _solidedit
实体编辑自动检查:	Solids editing automatic checking:
SOLIDCHECK=1	SOLIDCHECK=1
输入实体编辑选项[面(F)/边(E)/体(B)/放弃(U)/	Enter a solids editing option[Face/Edge/Body/Undo/
退出(X)] <退出>: _face	eXit] <eXit>: _face
输入面编辑选项[拉伸(E)/	Enter a face editing option[Extrude/
移动(M)/旋转(R)/偏移(O)/倾斜(T)/删除(D)/	Move/ Rotate/Offset/Taper/Delete/
复制(C)/颜色(L)/放弃(U)/退出(X)] <退出>:_color	Copy/coLor/Undo/eXit] <eXit>: _color
选择面或[放弃(U)/删除(R)]: 找到一个面。	Select faces or [Undo/Remove]: 1 face found.
选择面或[放弃(U)/删除(R)/全部(ALL)]: ↵	Select faces or [Undo/Remove/ALL]: ↵
(在选择颜色对话框中选择绿色)	
输入面编辑选项[拉伸(E)/移动(M)/旋转(R)/	Enter a face editing option[Extrude/Move/Rotate/
偏移(O)/倾斜(T)/删除(D)/复制(C)/颜色(L)/	Offset/Taper/Delete/Copy/coLor/
放弃(U)/退出(X)] <退出>: ↵	Undo/eXit] <eXit>:↵

实体编辑自动检查: SOLIDCHECK=1	Solids editing automatic checking: SOLIDCHECK=1
输入实体编辑选项[面(F)/边(E)/体(B)/	Enter a solids editing option [Face/Edge/Body/
放弃(U)/退出(X)] <退出>: ↵	Undo/eXit] <eXit>:↵

22. 坐标变换

工具→新建 UCS→X(Tools→UCS→X Axis Rotate)

将坐标系绕 X 轴转 90°，以便填充剖面线。

命令: _ucs	Command: _ucs
当前 UCS 名称: *世界*	Current UCS name: *WORLD*
指定 UCS 的原点或[面(F)/命名(NA)/	Specify origin of UCS or [Face/Named/
对象(OB)/上一个(P)/视图(V)/世界(W)/	OBject/Previous/View/World/X/Y/Z/ZAxis]
X/Y/Z/Z 轴(ZA)]<世界>: _x	<World>: _x
指定绕 X 轴的旋转角度<90>: ↵	Specify rotation angle about X axis <90>:↵

23. 填充剖面线

绘图→图案填充(Draw→Hatch)

在对话框中设置用户图案，角度为 45°，间距为 2。点选绘制剖面线区域。(注意：图案填充是平面命令，只能在 XY 面内填充，所以必须变换坐标系，平移物体到原点。)

命令:_bhatch	Command:_bhatch

24. 坐标变换

工具→新建 UCS→Y(Tools→UCS→Y Axis Rotate)

将坐标系绕 Y 轴转 90°。

命令: _ucs	Command: _ucs
当前 UCS 名称: *左视*	Current UCS name:*LEFT*
指定 UCS 的原点或[面(F)/命名(NA)/	Specify origin of UCS or [Face/NAmed/
对象(OB)/上一个(P)/视图(V)/世界(W)/	OBject/Previous/View/World/
X/Y/Z/Z 轴(ZA)] <世界>: _y	X/Y/Z/ZAxis]<World>:_y
指定绕 Y 轴的旋转角度<90>: ↵	Specify rotation angle about Y axis <90>:↵

25. 剖面线

绘图→图案填充(Draw→Hatch)

在对话框中设置用户图案，角度为 90°,间距为 2。点选绘制剖面线区域，如图 15-36 所示。

命令: _bhatch	Command:_bhatch

图 15-36　剖面线

26. 坐标变换

工具→新建 UCS→世界(Tools→UCS→World)

命令: _ucs	Command: _ucs
当前 UCS 名称: *没有名称*	Current ucs name: *NO NAME*
指定 UCS 的原点或[面(F)/命名(NA)/	Specify origin of UCS or [Face/NAmed/
对象(OB)/上一个(P)/视图(V)/世界(W)/	OBject/Previous/View/World/
X/Y/Z/Z 轴(ZA)] <世界>: _w	X/Y/Z/ZAxis] <World>: _w

27. 三维动态观察器

用三维动态观察器(3DORBIT)旋转查看模型中的任意视图方向。

命令: '_3dorbit	Command: '_3dorbit

28. 存盘

文件→存盘(File→Save)

命令: _qsave	Command:_qsave

15.4　阀　　门

根据阀体、阀杆、压紧螺母的三维模型，绘制阀门的三维模型，如图 15-37 所示。通过本例主要学习移动各个模型对位，并掌握复杂部件及整体机器的造型方法。

1. 打开

文件→打开(File→Open)

打开 Fati 图，另存一文件：FAMEN。利用插入命令将阀杆、压紧螺母的三维模型插入，如图 15-38 所示。

命令: _open	Command:_open

图 15-37　阀门

图 15-38　阀门零件

2. 三维旋转

修改→三维操作→三维旋转(Modify→3D Operation→Rotate 3D)

将方向不一致的阀杆、压紧螺母旋转，使其与阀体方向一致，如图 15-39 所示。

命令: _rotate3d	Command: _rotate3d
当前正向角度:	Current positive angle:
ANGDIR=逆时针　ANGBASE=0	ANGDIR=counterclockwise　ANGBASE=0

选择对象: 找到 1 个(选取图形)	Select objects: 1 found
选择对象: ↵	Select objects: ↵
指定基点: (捕捉轴线上的交点 D)	Specify base point
拾取旋转轴: (拾取 y 轴)	Pick a rotation axis:
指定 Y 轴上的点<0,0,0>: ↵	Specify the point on raxis<0, 0, 0>
指定角的起点或键入角度: **90**↵	Specify angle start point or type an angle: **90**↵

图 15-39   零件方向

3. 移动

修改→移动(Modify→Move)

重复命令，捕捉孔中心点，将立体移动到对齐位置，如图 15-40 所示。

命令: _move	**Command:** _move
选择对象: 找到 1 个	Select objects: 1 found
选择对象: ↵	Select objects: ↵
指定基点或位移: _cen of	Specify base point or displacement: _cen of
指定位移的第二点或<用第一点作位移>:	Specify second point of displacement or <use first point as displacement>:

图 15-40   阀门

4. 存盘

文件→存盘(File→Save)

命令: _qsave	**Command:**_qsave

15.5 练 习 题

练习一 绘制如图 15-41 所示机械零件。

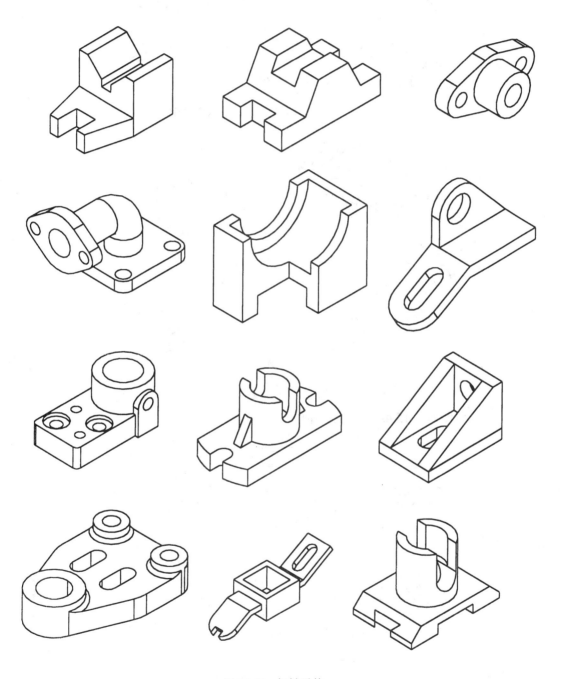

图 15-41 机械零件一

练习二　绘制如图 15-42 所示机械零件。

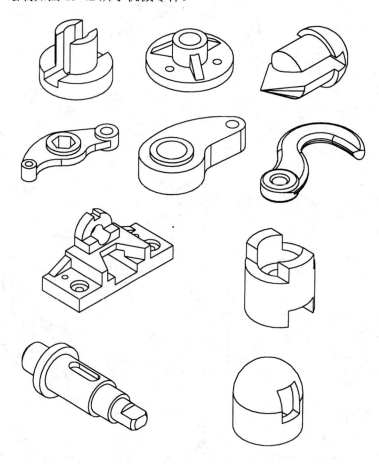

图 15-42　机械零件二

练习三　绘制如图 15-43 所示机械零件。

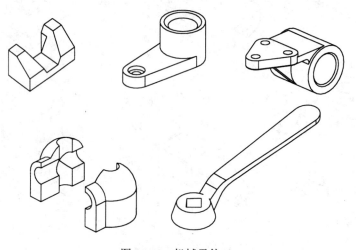

图 15-43　机械零件三

练习四　绘制如图 15-44 所示机械零件。

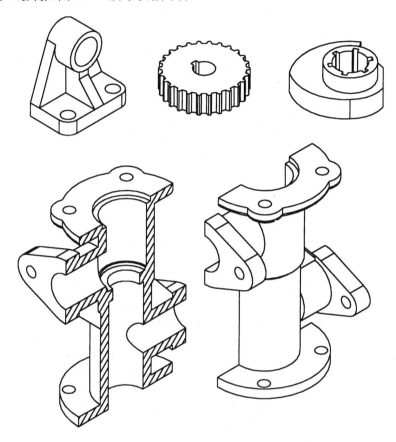

图 15-44　机械零件四

第16章 家具及装潢

本章综合应用 3D 命令绘制常见的写字台等家具。

16.1 写 字 台

绘制写字台，如图 16-1 所示。

1. 3D 视点

视图→三维视点→西南(View→3D Viewpoint→SW Isometric) ◇

设置西南视点，观看三维效果。

命令: _-view	Command: _-view
输入选项[?/正交(O)/删除(D)/恢复(R)/	Enter an option[?/Orthographic/Delete/Restore/
保存(S)/设置(E)/窗口(W)]: _swiso(正在重生成模型)	Save/sEttings/Window]: _swiso

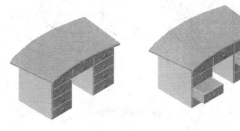

图 16-1 写字台

2. 立方体

绘图→建模→长方体(Draw→Modeling→Box) ▯

绘制立方体，构成写字台腿的一部分，如图 16-2 所示。

命令: _box	Command: _box
指定第一个角点或[中心(C)]: <0,0,0>: ↵	Specify first corner of box or [CEnter] <0,0,0>:↵
指定其他角点或[立方体(C)/长度(L)]: @**50,80** ↵	Specify other corners or [Cube/Length]: @**50,80.**↵
指定高度或[两点(2P)]: **20** ↵	Specify height[2 point]: **20**↵

图 16-2 部分写字台腿

3. 缩放

视图→缩放→窗口(View→Zoom→Window)

将写字台的腿用窗口放大。

命令: '_zoom	Command: '_zoom
指定窗口的角点，输入比例因子(nX 或 nXP)，	Specify corner of window, enter a scale factor (nX or nXP),
或者[全部(A)/中心(C)/动态(D)/范围(E)/	or [All/Center/Dynamic/Extents/
上一个(P)/比例(S)/窗口(W)/对象(O)]	Previous/Scale/Window/Object]
<实时>: _w	<real time>: _w
指定第一个角点:	Specify first corner:
指定对角点:	Specify opposite corner:

4. 抽壳

修改→实体编辑→抽壳(Modify→Solidedit→Shell)

从写字台的腿中抽出抽屉孔，如图 16-3 所示。

命令: _solidedit	Command: _solidedit
实体编辑自动检查: SOLIDCHECK=1	Solids editing automatic checking: SOLIDCHECK=1
输入实体编辑选项[面(F)/边(E)/体(B)/	Enter a solids editing option [Face/Edge/Body/
放弃(U)/退出(X)] <退出>: _body	Undo/eXit] <eXit>: _body
输入体编辑选项[压印(I)/分割实体(P)/	Enter a body editing option[Imprint/seP\`arate solids/
抽壳(S)/清除(L)/检查(C)/放弃(U)/退出(X)]	Shell/cLean/Check/Undo/eXit]
<退出>: _shell	<eXit>: _shell
选择三维实体: (选长方体的上前棱)	Select a 3D solid:
删除面或[放弃(U)/添加(A)/全部(ALL)]:	Remove faces or [Undo/Add/ALL]:
找到 2 个面，已删除 2 个。	2 faces found, 2 removed.
删除面或[放弃(U)/添加(A)/全部(ALL)]: ↵	Remove faces or [Undo/Add/ALL]: ↵
输入抽壳偏移距离: **2** ↵	Enter the shell offset distance: **2.**↵
已开始实体校验。	Solid validation started.
实体校验已完成。	Solid validation completed.
输入体编辑选项[压印(I)/分割实体(P)/	Enter a body editing option[Imprint/sePaɾate
抽壳(S)/清理(L)/检查(C)/放弃(U)/退出(X)]	solids/Shell/cLean/Check/Undo/eXit]
<退出>: ↵	<eXit>: ↵
实体编辑自动检查:	Solids editing automatic checking:
SOLIDCHECK=1	SOLIDCHECK=1
输入实体编辑选项[面(F)/边(E)/体(B)/	Enter a solids editing option [Face/Edge/Body/
放弃(U)/退出(X)] <退出>: ↵	Undo/eXit] <eXit>: ↵

图 16-3　抽屉孔

5. 层

格式→层(Format→Layer)

设一新层及其颜色，用以绘制抽屉。

命令: '_layer　　　　　　　　　　　　　Command: '_layer

6. 立方体

绘图→建模→长方体(Draw→Modeling→Box)

绘制立方体，构成抽屉外形。

命令: _box	Command: _box
指定第一个角点或[中心(C)]<0,0,0>: **2,-1,2** ↵	Specify corner of box or [CEnter] <0,0,0>: **2,-1,2**↵
指定其他角点或[立方体(C)/长度(L)]: **@46,78** ↵	Specify corner or [Cube/Length]: **@46,78**↵
指定高度或[两点(2P)]: **18** ↵	Specify height: **18**↵

7. 抽壳

修改→实体编辑→抽壳(Modify→Solidedit→Shell)

构成抽屉内孔，如图 16-4 所示。

图 16-4　抽屉内孔

命令: _solidedit	Command: _solidedit
实体编辑自动检查: SOLIDCHECK=1	Solids editing automatic checking: SOLIDCHECK=1
输入实体编辑选项[面(F)/边(E)/体(B)/	Enter a solids editing option [Face/Edge/Body/
放弃(U)/退出(X)] <退出>: _body	Undo/eXit] <eXit>: _body
输入体编辑选项[压印(I)/分割实体(P)/	Enter a body editing option[Imprint/seParate
抽壳(S)/清除(L)/检查(C)/放弃(U)/退出(X)]	solids/Shell/cLean/Check/Undo/eXit]
<退出>: _shell	<eXit>: _shell
选择三维实体: 删除面或[放弃(U)/	Select a 3D solid: Remove faces or [Undo/
添加(A)/全部(ALL)]: 找到一个面，已删除 1 个。	Add/ALL]: 1 face found, 1 removed.
(选长方体的上面)	
删除面或[放弃(U)/添加(A)/全部(ALL)]:	Remove faces or [Undo/Add/ALL]:
输入抽壳偏移距离: **2** ↵	Enter the shell offset distance: **2**↵
已开始实体校验。	Solid validation started.
实体校验已完成。	Solid validation completed.
输入体编辑选项[压印(I)/分割实体(P)/	Enter a body editing option[Imprint/seParate
抽壳(S)/清理(L)/检查(C)/放弃(U)/退出(X)]	solids/Shell/cLean/Check/Undo/eXit]
<退出>: ↵	<eXit>: ↵
实体编辑自动检查: SOLIDCHECK=1	Solids editing automatic checking: SOLIDCHECK=1
输入实体编辑选项[面(F)/边(E)/体(B)/	Enter a solids editing option [Face/Edge/Body/
放弃(U)/退出(X)] <退出>: ↵	Undo/eXit] <eXit>: ↵

8. 颜色

格式→颜色(Format→Color)

设一新颜色，用以绘制抽屉把手。

命令: '_color　　　　　　　　　　　　　Command:'_color

9. 多段线

绘图→多段线 (Draw→Polyline) ⌐⊃

绘制回转体的轮廓线，以便构成回转体抽屉把手。如图 16-5(a)所示

命令: _pline	Command: _pline
指定起点: (任选一点)	Specify start point:
当前线宽为 0.0	Current line-width is 0.0
指定下一点或[圆弧(A)/半宽(H)/	Specify next point or [Arc/Halfwidth/
长度(L)/放弃(U)/宽度(W)]: **0 ,-3.**↵	Length/Undo/Width]: **@0,-3.**↵
指定下一点或 [圆弧(A)/闭合(C)/半宽(H)/	Specify next point or [Arc/Close/Halfwidth/
长度(L)/放弃(U)/宽度(W)]: **@3,0.**↵	Length/Undo/Width]: **@3,0.**↵
指定下一点或 [圆弧(A)/闭合(C)/半宽(H)/	Specify next point or [Arc/Close/Halfwidth/
长度(L)/放弃(U)/宽度(W)]: **a.**↵	Length/Undo/Width]: **a.**↵
指定圆弧的端点或[角度(A)/圆心(CE)/	Specify endpoint of arc or [Angle/Center/
闭合(CL)/方向(D)/半宽(H)/直线(L)/半径(R)/	CLose/Direction/Halfwidth/Line/Radius/
第二点(S)/放弃(U)/宽度(W)]: (任选一点)	Second pt/Undo/Width]:
指定圆弧的端点或[角度(A)/圆心(CE)/	Specify endpoint of arc or[Angle/Center/
闭合(CL)/方向(D)/半宽(H)/直线(L)/半径(R)/	CLose/Direction/Halfwidth/Line/Radius/
第二点(S)/放弃(U)/宽度(W)]: (任选一点)	Second pt/Undo/Width]:
指定圆弧的端点或[角度(A)/圆心(CE)/闭	Specify endpoint of arc or
合(CL)/方向(D)/半宽(H)/直线(L)/半径(R)/	[Angle/CEnter/CLose/Direction/Halfwidth/
第二点(S)/放弃(U)/宽度(W)]: **L.**↵	Line/Radius/Second pt/Undo/Width]: **L.**↵
指定下一点或[圆弧(A)/闭合(C)/半宽(H)/	Specify next point or [Arc/Close/Halfwidth/
长度(L)/放弃(U)/宽度(W)]: **@0,2.**↵	Length/Undo/Width]: **@0,2.**↵
指定下一点或[圆弧(A)/闭合(C)/半宽(H)/	Specify next point or [Arc/Close/
长度(L)/放弃(U)/宽度(W)]: **c.**↵	Halfwidth/Length/Undo/Width]: **c.**↵

　　　　(a)　　　　　　　　　　　(b)

图 16-5　抽屉把手

10. 旋转体

绘图→建模→旋转体(Draw→Modeling→Revolve) ⌐🖫

用回转体构成一个抽屉把手，如图 16-5(b) 所示。

命令: _revolve	Command: _revolve
当前线框密度: ISOLINES=4	Current wire frame density: ISOLINES=4
选择要旋转的对象: 找到 1 个	Select objects: 1 found
(选取轮廓线)	

选择要旋转的对象: ↵	Select objects: ↵
指定轴起点或根据以下选项之一定义轴	Specify start point for axis of revolution or define axis by
[对象(O)/X/Y/Z] <对象>:	[Object/X (axis)/Y (axis)/Z(axis)]:
指定轴端点: (回转轴上第二点)	Specify endpoint of axis:
指定旋转角度或[起点角度(ST)] <360>: ↵	Specify angle of revolution <360>:↵

11. 3D 视点

视窗→三维视图→前视(3D 视点 View→3D Viewpoint→Front)

将窗口设为前视图。

命令: _-view	Command: _-view
输入选项[?/正交(O)/删除(D)/恢复(R)/	Enter an option [?/Orthographic/Delete/ Restore/
保存(S)/设置(E)/窗口(W)]: _front	Save/sEttings/Window]: _front

12. 移动

修改→移动(Modify→Move)

将抽屉把手向上移动到对称位置。

命令: _move	Command: _move
选择对象: 找到 1 个	Select objects: 1 found
选择对象: ↵	Select objects: ↵
指定基点或位移: **0,10**↵	Specify base point or displacement: **0,10**↵
指定位移的第二点或<用第一点作位移>:↵	Specify second point of displacement or <use first point as displacement>:↵

13. 3D 视点

视图→三维视点→西南(View→3D Viewpoint→SW Isometric)

设置西南视点, 观看三维效果。

命令:_-view	Command: _-view
输入选项[?/正交(O)/删除(D)/恢复(R)/	Enter an option[?/Orthographic/Delete/Restore/
保存(S)/UCS(U)/窗口(W)]: _swiso	Save/sEttings/Window]: _swiso

14. 求和

修改→实体编辑→并集(Modify→Boolean→Union)

将把手与抽屉合成一体, 如图 16-6 所示。

命令: _union	Command: _union
选择对象: 找到 1 个(选抽屉及把手)	Select objects: 1 found
选择对象: 找到 1 个, 总计 2 个	Select objects: 1 found, 2 total
选择对象: ↵	Select objects: ↵

图 16-6 有把手的抽屉

15. 坐标变换

工具→新建 UCS→世界(Tools→UCS→World)

回到世界坐标系。

命令: _ucs	Command: _ucs
当前 UCS 名称: *没有名称*	Current ucs name: *NO NAME*
指定 UCS 的原点或[面(F)/命名(NA)/对象(OB)/	Specify origin of UCS or [Face/NAmed/ OBject/
上一个(P)/视图(V)/世界(W)/X/Y/Z/Z 轴(ZA)]	Previous/View/World/X/Y/Z/ZAxis]
<世界>: _w	<World>: _w

16. 三维阵列

修改→三维操作→三维阵列(Modify→3D Operation→3D Array)

将所有物体阵列，如图 16-7 所示。

命令: _3darray	Command: _3darray
选择对象: **all** ↵(全选)	Select objects: **all**↵
选择对象: 找到 1 个，总计 2 个	Select objects: 1 found, 2 total
选择对象:	Select objects:
输入阵列类型[矩形(R)/环形(P)] <矩形>: ↵	Enter the type of array[Rectangular/Polar]<R>:↵
输入行数(---) <1>: ↵ (1 行)	Enter the number of raws(---) <1>: ↵
输入列数(|||) <1>: **3** (3 列)	Enter the number of columns(|||) <1>: **3**↵
输入层次数(...) <1>: **4** ↵ (4 层)	Enter the number of levels(...) <1>: **4**↵
指定列间距(|||): **50** ↵	Specify the distance between columns(|||): **50**↵
指定层间距(...): **20** ↵	Specify the distance between levels(...): **20** ↵

图 16-7　12 个抽屉

17. 3D 视点

视图→三维视图→前视(View→3D Viewpoint→Front)

将视窗的视点设置为前视。

命令: _-view	Command: _-view
输入选项[?/正交(O)/	Enter an option [?/Orthographic/
/删除(D)/恢复(R)/保存(S)/设置(E)/	Delete/Restore/Save/sEttings/
窗口(W)]: _front	Window]: _front

18. 删除

修改→删除(Modify→Erase)

将中间的下面三组抽屉删除，如图 16-8 所示。

命令: _erase	Command: _erase

选择对象: (用鼠标窗选)	Select objects:
指定对角点: 找到 6 个	Specify opposite corner: 6 found
选择对象: ↵	Select objects: ↵

图 16-8　9 个抽屉

19.　3D 视点

视图→三维视图→俯视(View→3D Viewpoint→Top) ⬚

将视窗的视点设置为俯视。

命令_-view	**Command:** _-view
输入选项 [?/正交(O)/	Enter an option [?/Orthographic/
删除(D)/恢复(R)/保存(S)/设置(E)/	Delete/Restore/Save/sEttings/
窗口(W)]: _top	Window]: _top

20.　层

格式→层(Format→Layer) ⬚

回到前一层，换层到 0 层。

21.　直线

绘图→直线(Draw→Line) ◹

画一条竖线。

命令: _line	**Command:** _line
指定第一点:	Specify first point:
指定下一点或[放弃(U)]:	Specify next point or [Undo]:
指定下一点或[放弃(U)]: ↵	Specify next point or [Undo]: ↵

22.　镜像

修改→镜像(Modify→Mirror) ⬚

捕捉中间抽屉的前后两个中点作为对称轴，将直线对称复制一条。

命令: _mirror	**Command:** _mirror
选择对象: 找到 1 个	Select objects: 1 found
选择对象: ↵	Select objects: ↵
指定镜像线的第一点:	Specify first point of mirror line:
指定镜像线的第二点:	Specify second point of mirror line:
要删除源对象吗? [是(Y)/否(N)] <N>: ↵	Delete source objects? [Yes/No] <N>: ↵

23.　圆弧

绘图→圆弧(Draw→Arc) ◹

重复命令，用三点绘制两条圆弧，如图 16-9(a)所示。

命令：_arc

Command: _arc

指定圆弧的起点或[圆心(CE)]:

Specify start point of arc or [Center]:

(用鼠标捕捉线端点)

指定圆弧的第二点或[圆心(C)/端点(E)]:

Specify second point of arc or [Center/End]:

指定圆弧的端点(用鼠标捕捉线端点)

Specify end point of arc:

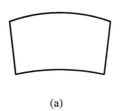

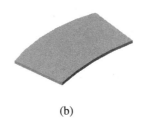

(a)　　　　　　　　　　　　　　　　　　　(b)

图 16-9　绘制台面

24．边界

绘图→边界(Draw→Boudary)

用鼠标点击封闭区域，将其周围的边构成一条边界，以便制作面域。

命令：_boundary

Command: _boundary

拾取内部点: 正在选择所有对象…

Select internal point: Selecting everything…

正在选择所有可见对象…

Selecting everything visible…

正在分析所选数据…

Analyzing the selected data…

正在分析内部孤岛…

Analyzing internal islands…

拾取内部点:

Select internal point:

正在分析内部孤岛…

Analyzing internal islands…

拾取内部点:

Select internal point:

BOUNDARY 已创建 2 个多段线

BOUNDARY created 2 polylines

25．面域

绘图→面域(Draw→Region)

用鼠标选取两条刚作好的边界，构成面域。

命令：_region

Command: _region

选择对象: 找到 1 个

Select objects: 1 found

选择对象:

Select objects:

已提取 1 个环。

Picked-up 1 ring.

已创建 1 个面域。

Established 1 region.

26．拉伸

绘图→建模→拉伸(Draw→Modeling→Extrude)

拉伸一个立体，构成写字台的面，如图 16-9(b)所示。

命令：_extrude

Command: _extrude

当前线框密度: ISOLINES=4

Current wire frame density: ISOLINES=4

选择对象：找到 1 个(选图 16-9(a))	Select objects: 1 found
选择对象：↵	Select objects: ↵
指定拉伸的高度或[方向(D)/路径(P)/	Specify height of extrusion or [Direction/Path/
倾斜角(T)]: **5** ↵	Taper angle]: **5**↵

27. 3D 视点

视图→三维视点→西南(View→3D Viewpoint→SW Isometric) ⬡

设置西南视点(或回到上一窗口)。

命令: _-view	**Command:** _-view
输入选项[?/正交(O)	Enter an option [?/Orthographic
删除(D)/恢复(R)/保存(S)/设置(E)/	/Delete/Restore/Save/sEttings/
窗口(W)]: _swiso	Window]: _swiso

28. 移动

修改→移动(Modify→Move) ✛

将写字台的面向上移动到位。

命令: _move	**Command:** _move
选择对象：找到 1 个	Select objects: 1 found
选择对象：↵	Select objects: ↵
指定基点或位移: **0, 0,80** ↵	Specify base point or displacement: **0, 0,80**↵
指定位移的第二点或<用第一点作位移>:↵	Specify second point of displacement or <use first point as displacement>: ↵

29. 缩放

视图→缩放→窗口(View→Zoom→Window) 🔍

将写字台的面用窗口放大。

命令: '_zoom	**Command:** '_zoom
指定窗口的角点，输入比例因子(nX 或	Specify corner of window, enter a scale factor (nX or
nXP)，或者[全部(A)/中心(C)/动态(D)/	nXP), or[All/Center/Dynamic/
范围(E)/上一个(P)/比例(S)/窗口(W)/对象(O)]	Extents/Previous/Scale/Window/Object]<real time>:_w
<实时>: _w 指定第一个角点: 指定对角点:	Specify first corner: Specify opposite corner:

30. 圆角

修改→圆角(Modify→Fillet) ⬜

重复命令，给写字台面圆角，如图 16-10 所示。

命令: _fillet	**Command:** _fillet
当前设置: 模式=修剪，半径=0.0000	Current settings: Mode = TRIM, Radius = 10.0000
选择第一个对象或[放弃(U)/多段线(P)/	Select first object or [Undo/Polyline/
半径(R)/修剪(T)/多个(M)]: r↵	Radius/Trim/Multiple]: r↵
指定圆角半径<0.0000>: **2** ↵	Specify fillet radius <10.0000>: **2**↵
选择第一个对象或[放弃(U)/多段线(P)/	Select first object or [Undo/Polyline/
半径(R)/修剪(T)/多个(M)]:	Radius/Trim/Multiple]:

图 16-10 圆角台面

31. 缩放

视图→缩放→全部(View→Zoom→All)

将视窗放至全图，观看所有物体。

命令: '_zoom

指定窗口的角点，输入比例因子(nX 或 nXP)，或者[全部(A)/中心(C)/动态(D)/范围(E)/上一个(P)/比例(S)/窗口(W)/对象(O)] <实时>: _all

Command: '_zoom

Specify corner of window, enter a scale factor (nX or nXP), or [All/Center/Dynamic/Extents/Previous/Scale/Window/Object] <real time>: all

32. 层

格式→层(Format→Layer)

将抽屉所在层关闭。

命令: '_layer

Command: '_layer

33. 求和

修改→三维编辑→并集(Modify→Boolean→Union)

将写字台面与腿全部合成一体。

命令: _union

选择对象:

指定对角点: 找到 10 个(全选)

选择对象: ↵

Command: _union

Select objects:

Specify opposite corner: 10 found

Select objects:

34. 层

格式→层(Format→Layer)

将抽屉所在层打开。

命令: '_layer

Command: '_layer

35. 移动

修改→移动(Modify→Move)

将抽屉打开两个，如图 16-1 所示。

命令: _move(任选一个抽屉)

选择对象: 找到 1 个，总计 2 个

选择对象: ↵(任选一个抽屉)

指定基点或位移: (打开正交)

指定位移的第二点或<用第一点作位移>:

Command: _move

Select objects: 1 found, 2 total

Select objects: ↵

Specify base point or displacement:

Specify second point of displacement or <use first point as displacement>:

36. 存盘

文件→存盘(File→Save) 🖫

命令: _qsave(完成图 16-1 所示写字台的制作)　　　**Command:**_qsave

16.2　茶　　几

打开新图并绘制茶几，如图 16-11 所示。

图 16-11　茶几

1. 样条曲线

绘图→样条曲线(Draw→Spline) 〰

用鼠标绘制如图 16-12 所示的几条样条曲线。

(1) 绘制一条封闭的样条曲线，作为茶几面的轮廓形状，如图 16-12(a)所示。注意不能有交叉点，以便将其拉伸成立体。

(2) 绘制三条封闭的样条曲线，作为茶几腿的俯视轮廓形状，如图 16-12(b)所示。注意不能有交叉点。

(3) 绘制一条样条曲线，作为茶几腿的拉伸路径线，如图 16-12(c)所示(也可用 Pline 命令绘制)。

| (a) | (b) | (c) | (d) |

图 16-12　茶几的平面图线

注意掌握好比例关系。茶几腿的轮廓形状不能大于茶几面的轮廓形状。茶几腿的拉伸路径线的 X 方向长度与茶几腿的轮廓形状 X 方向长度基本相等。茶几腿拉伸路径线的上两点为茶几面的支撑点，高度应相等；拉伸路径线的下两点为地脚的支撑点，应在同一水平。

命令: _spline　　　　　　　　　　　　　　**Command:** _spline

指定第一个点或[对象(O)]: (任选一点)　　　Specify first point or [Object]:

指定下一点: (任选一点)　　　　　　　　　　Specify next point:

指定下一点或[闭合(C)/拟合公差(F)]　　　　Specify next point or [Close/Fit tolerance]

<起点切向>: (任选一点)　　　　　　　　　　<start tangent>:

指定下一点或[闭合(C)/拟合公差(F)]　　　　Specify next point or [Close/Fit tolerance]

<起点切向>: (任选一点)　　　　　　　　　　<start tangent>:

指定下一点或[闭合(C)/拟合公差(F)]	Specify next point or [Close/Fit tolerance]
<起点切向>: (任选一点)	<start tangent>:
指定下一点或[闭合(C)/拟合公差(F)]	Specify next point or [Close/Fit tolerance]
<起点切向>: ↵	<start tangent>: ↵
指定起点切向: ↵	Specify start tangent: ↵
指定端点切向: ↵	Specify end tangent: ↵

2. 矩形

绘图→矩形(Draw→Rectangle) ☐

指定两个对角点绘出矩形，如图 16-12(d)所示，作为茶几腿的断面形状。

命令: _rectang	Command: _rectang
指定第一个角点或[倒角(C)/标高(E)/	Specify first corner point or [Chamfer/Elevation/
圆角(F)/厚度(T)/宽度(W)]:(任选一点)	Fillet/Thickness/Width]:
指定另一个角点或[面积(A)/尺寸(D)/	Specify other corner point or [Area/Dimensions
旋转(R)]: (用鼠标点)	/Rotation]:

3. 三维旋转

修改→三维操作→三维旋转(Modify→3D Operation→Rotate 3D) ⊕

用三维旋转将矩形绕 Y 轴旋转 90°，使其与茶几腿的拉伸路径线垂直。重复命令，将拉伸路径线与矩形一起绕 X 轴旋转 90°，以便茶几腿垂直于水平面。

命令: _rotate3d	Command: _rotate3d
当前的正角方向:	Current positive angle:
ANGDIR=逆时针　ANGBASE=0	ANGDIR=counterclockwise　ANGBASE=0
选择对象: 找到 1 个(选取矩形)	Select objects: 1 found
选择对象: ↵	Select objects:↵
指定基点(在屏幕上任选一点)	Specify base point:
拾取旋转轴: (在图中选取旋转轴)	Specify rotation angle or
指定旋转角度或基点: **90.**↵	Base point: **90.**↵

4. 3D 视点

视图→三维视点→西南(View→3DViews→SW Isometric) ◇

设置西南视点，观看三维效果。

命令: _-view	Command: _-view
输入选项[?/正交(O)/删除(D)/	Enter an option[?/Orthographic/Delete/
恢复(R)/保存(S)/设置(E)/窗口(W)]: _swiso	Restore/Save/sEttings/Window]: _swiso

5. 设置颜色

格式→颜色(Format→Color)

在制作三维立体时，要边作边更换颜色(不要将颜色设为随层)，这样绘制的立体求和或求差后为不同颜色。如让颜色随层而变，则立体求和或求差后各部分的颜色变为一样。

命令: _color	Command: _color

6. 拉伸体

绘图→建模→拉伸体(Draw→Modeling→Extrude) 🔲

(1) 拉伸茶几面的轮廓，高度为 10，绘制成茶几面立体，如图 16-13(a)所示。

(2) 分别拉伸茶几腿的三条曲线，使其高度相等，绘制成茶几腿部分立体，如图 16-13(b)所示。

(3) 沿茶几腿的拉伸路径线拉伸矩形断面，绘制成茶几腿部分立体，如图 16-13(c)所示。

命令: _extrude	Command: _extrude
当前线框密度: ISOLINES=4	Current wire frame density: ISOLINES=4
选择对象: 找到 1 个	Select objects: 1 found
选择对象: ↵	Select objects: ↵
指定拉伸的高度或[方向(D)/	Specify height of extrusion or [Direction/
路径(P)/倾斜角(T)]:(自定)	Path/Taper angle]:

沿路径拉伸茶几腿的柱体。

命令: _extrude	Command: _extrude
当前线框密度: ISOLINES=4	Current wire frame density: ISOLINES=4
选择对象: 找到 1 个(选矩形)	Select objects: 1 found
选择对象: ↵	Select objects: ↵
指定拉伸的高度或[方向(D)/	Specify height of extrusion or [Direction/
路径(P)/倾斜角(T)]: **p** ↵	Path/Taper angle]: **p**↵
选择拉伸路径: (选路径线)	Select extrusion path:

      (a)   (b)   (c)

图 16-13   茶几各部分的立体

7. 求差

修改→实体编辑→差集(Modify→Boolean→Subtract) ◎

从茶几腿上减去两孔，如图 16-14 所示。

命令: _subtract	Command: _subtract
选择要从中删除的实体或面域…	Select solids and regions to subtract from…
选择对象: 找到 1 个(选大立体)	Select objects: 1 found
选择对象: ↵	Select objects: ↵
选择要删除的实体或面域…	Select solids and regions to subtract…
选择对象: 找到 1 个(选两孔)	Select objects: 1 found
选择对象: 找到 1 个, 总计 2 个	Select objects: 1 found, 2 total
选择对象: ↵	Select objects: ↵

8. 移动

修改→移动(Modify→Move)

　　重复命令，从俯视及前视两个方向观察，将两部分茶几腿移动重合在一起，以便求交，如图 16-15 所示。

命令: _move	Command: _move
选择对象: 找到 1 个	Select objects: 1 found
选择对象: ↵	Select objects: ↵
指定基点或位移:	Specify base point or displacement:
指定位移的第二点或<用第一点作位移>:	Specify second point of displacement or <use first point as displacement>:

图 16-14　茶几腿挖孔

图 16-15　茶几腿的对位

9. 交集(求交)

修改→实体编辑→交集(Modify→Solidedit→Intersect)

　　将两部分茶几腿求交，得到最终的茶几腿，如图 16-16 所示。

命令: _intersect	Command: _intersect
选择对象: 找到 1 个	Select objects: 1 found
选择对象: 找到 1 个，总计 2 个	Select objects: 1 found, 2 total
选择对象: ↵	Select objects: ↵

图 16-16　茶几腿求交

10. 圆角

修改→圆角(Modify→Fillet)

　　将茶几腿圆角，如图 16-17 所示。

命令: _fillet	Command: _fillet
当前设置: 模式=修剪，半径=0.0000	Current settings: Mode = TRIM, Radius = 0.0000
选择第一个对象或[放弃(U)/多段线(P)/	Select first object or [Undo/Polyline/
半径(R)/修剪(T)/多个(M)]: r	Radius/Trim/Multiple]: r
指定圆角半径<0.0000>:10↵	Enter fillet radius <0.0000>: 10↵
选择第一个对象或[放弃(U)/多段线(P)/	Select first object or [Undo/Polyline/

半径(R)/修剪(T)/多个(M)]:　　　　　　　　　　　Radius/Trim/Multiple]:

(选择要圆角的边)

选择第二个对象或按住 Shift 键　　　　　　　Select second object or press Shift,

选择要应用角点的对象:　　　　　　　　　　　select object:

图 16-17　茶几腿圆角

11. 复制

修改→复制(Modify→Copy)

将茶几面再复制一个。

命令: _copy　　　　　　　　　　　　　　　Command: _copy

选择对象: 找到 1 个　　　　　　　　　　　Select objects: 1 found

选择对象: ↵　　　　　　　　　　　　　　　Select objects: ↵

指定基点或位移, 或者[重复(M)]:　　　　　Specify base point or displacement, or [Multiple]:

指定位移的第二点或<用第一点作位移>:　　Specify second point of displacement or <use first

　　　　　　　　　　　　　　　　　　　　point as displacement>:

12. 比例

修改→比例(Modify→Scale)

将一个茶几面再缩小。

命令: _scale　　　　　　　　　　　　　　　Command: _scale

选择对象: 找到 1 个　　　　　　　　　　　Select objects: 1 found

选择对象: ↵　　　　　　　　　　　　　　　Select objects: ↵

指定基点: (给定基准点或鼠标点选)　　　　　Specify base point:

指定比例因子或[复制(C)/参照(R)]:　　　　　Specify scale factor or [Copy/Reference]:

0.7 ↵ (自定)　　　　　　　　　　　　　　**0.7** ↵

13. 移动

修改→移动(Modify→Move)

　　重复命令, 从俯视及前视两个方向观察, 将茶几腿、茶几面及缩小的茶几面移动并重合在一起, 如图 16-11 所示。

命令: _move　　　　　　　　　　　　　　　Command: _move

选择对象: 找到 1 个　　　　　　　　　　　Select objects: 1 found

选择对象: ↵　　　　　　　　　　　　　　　Select objects: ↵

指定基点或位移:　　　　　　　　　　　　　Specify base point or displacement:

| 指定位移的第二点或<用第一点作位移>: | Specify second point of displacement or <use first point as displacement>: |

14. 求和

修改→实体编辑→并集(Modify→Boolean→Union) ◎

将对称的两部分及中间部分合并成一体。

命令: _union	Command: _union
选择对象: 找到 1 个	Select objects: 1 found
选择对象: 找到 1 个，总计 2 个	Select objects: 1 found, 2 total
选择对象: 找到 1 个，总计 3 个	Select objects: 1 found, 3 total
选择对象: ↵	Select objects: ↵

15. 三维动态观察器

用三维动态观察器(3DORBIT)旋转查看模型中的任意视图方向。

| 命令: '_3dorbit | Command: '_3dorbit |

16. 存盘

文件→存盘(File→Save) 🖫

| 命令: _qsave | Command:_qsave |

16.3　竹　　椅

打开新图并绘制竹椅，如图 16-18 所示。

(a)　　　　　　　　　　　　　　　　　　　　(b)

图 16-18　竹椅

1. 复合线

绘图→复合线(Draw→Polyline) ⌒

用直线、圆、复合线等绘制平面图形，如图 16-19 所示。其绘制的几段线是头连成一体的，注意掌握好比例关系。

(1) 绘制两条椅子扶手的拉伸路径线，作为竹椅扶手的轮廓形状，如图 16-19(a)所示。绘制两个圆和一条切线，再将多余部分剪去。

(2) 绘制两条椅子靠背的拉伸路径线，作为竹椅靠背的左视轮廓形状，如图 16-19(b)所示。绘制圆和切线，再将多余部分剪去。

(3) 绘制一条封闭的椅子面的拉伸路径线，如图 16-19(c)所示。绘制两个圆和两条切线，再将多余部分剪去。

(4) 绘制两条加固圈的拉伸路径线，如图 16-19(d)所示。绘制一条复合线，再圆角。

命令: _pline	Command: _pline
指定起点: 当前线宽为 0.0	Specify start point: Current line-width is 0.0
指定下一点或[圆弧(A)/半宽(H)/	Specify next point or [Arc/Halfwidth/
长度(L)/放弃(U)/宽度(W)]:	Length/Undo/Width]:
指定下一点或[圆弧(A)/闭合(C)/半宽(H)/	Specify next point or [Arc/Close/
长度(L)/放弃(U)/宽度(W)]:	Halfwidth/Length/Undo/Width]:
指定下一点或[圆弧(A)/半宽(H)/	Specify next point or [Arc/
长度(L)/放弃(U)/宽度(W)]: ↵	Halfwidth/Length/Undo/Width]: ↵

(a) 　　　　　　(b) 　　　　　　(c) 　　　　　　(d)

图 16-19　竹椅各部分的路径轮廓线

2. 复合线编辑

修改→对象→ 多段线(Modify→Objects Polyline) ✎

选取已绘制的拉伸路径线，将其变为复合线，再键入选项，将两条或多条头尾相接的复合线连接成一条，作为拉伸体的路径。

命令: _pedit	Command: _pedit
选择多段线或[多条(M)]:	Select polyline or [Multiple]:
(先选一条线)	
选定的对象不是多段线	Object selected is not a polyline
是否将其转换为多段线?<Y>:	Do you want to turn it into one? <Y>
输入选项[闭合(C)/打开(O)/合并(J)/宽度(W)/	Enter an option [Close/Open/Join/Width/
编辑顶点(E)/拟合(F)/样条曲线(S)/	Edit vertex/Fit/Spline/
非曲线化(D)/线型生成(L)/放弃(U)]:	Decurve/Ltype gen/Undo]:
↵(复合线连接)	↵

重复命令，将几条头尾相接的多段线连接成一条。

命令: _pedit	Command: _pedit
选择多段线或[多条(M)]: **m**↵	Select polyline or [Multiple]: **m**↵
输入选项[闭合(C)/打开(O)/合并(J)/宽度(W)/	Enter an option [Close/Open/Join/Width/Edit vertex
编辑顶点(E)/拟合(F)/样条曲线(S)/非曲线化(D)/	/Fit/Spline/Decurve/
线型生成(L)/放弃(U)]: **J**↵	Ltype gen/Undo]: **J**↵

选择对象: 找到 1 个	Select objects: 1 found
选择对象: 找到 1 个，总计 2 个	Select objects:1 found, 2 total
选择对象:	Select objects: ↵
多段线已增加 2 条线段↵	2 segments added to polyline↵
输入选项[闭合(C)/打开(O)/合并(J)/宽度(W)/	Enter an option [Close/Open/Join/Width/
拟合(F)/样条曲线(S)/非曲线化(D)/	Fit/Spline/Decurve/
线型生成(L)/放弃(U)]: ↵	Ltype gen/Undo]: ↵

3. 矩形

绘图→矩形(Draw→Rectangle) ▢

指定两个对角点绘出矩形，作为竹子的断面形状。

命令: _rectang	**Command:** _rectang
指定第一个角点或[倒角(C)/标高(E)/圆角(F)/	Specify first corner point or [Chamfer/Elevation/Fillet/
厚度(T)/宽度(W)]: (任选一点)	Thickness/Width]:
指定另一个角点或[面积(A)/尺寸(D)/旋转(R)]:	Specify other corner point or [Area/Dimensions/Rotation]:
(用鼠标点)	

4. 三维旋转

修改→三维操作→三维旋转(Modify→3D Operation→Rotate 3D) ⊕

用三维旋转将矩形绕相应的轴旋转 90°，使之与拉伸路径线垂直。重复命令，将拉伸路径线与矩形一起绕相应的轴旋转 90°，以便椅子各部分的方向对位并垂直于水平面，如图 16-20 所示。

命令: _rotate3d	**Command:** _rotate3d
当前的正角方向: ANGDIR=逆时针	Current positive angle: ANGDIR=counterclockwise
ANGBASE=0	ANGBASE=0
选择对象: 找到 1 个(选取矩形)	Select objects: 1 found
选择对象: ↵	Select objects:↵
指定基点:	Specify base point :
拾取旋转轴:	Pick a rotation axis:
指定角的起点或键入角度: **90**↵	Specify angle start point or type an angle: **90**↵

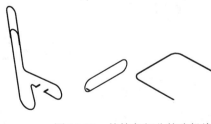 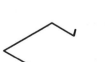

图 16-20　竹椅各部分的路径线与断面对位

5. 3D 视点

视图→三维视点→西南(View→3DViews→SW Isometric) ◈

设置西南视点，观看三维效果。

命令: _-view

输入选项[?/正交(O)/删除(D)/

恢复(R)/保存(S)/设置(E)/窗口(W)]: _swiso

Command: _-view

Enter an option[?/Orthographic/ Delete/

Restore/Save/sEttings/Window]: _swiso

6. 拉伸体

绘图→建模→拉伸体(Draw→Modeling→Extrude) 🔼

(1) 分别沿竹椅子扶手的路径线拉伸矩形断面,绘制成竹椅扶手部分立体,如图 16-21(a)所示。

(2) 分别沿椅子靠背的路径线拉伸矩形断面,绘制成竹椅靠背的部分立体,如图 16-21(b)所示。

(3) 沿竹椅面的路径线拉伸矩形断面, 绘制成竹椅面的部分立体, 如图 16-21(c)所示。

(4) 分别沿两条加固圈的路径线拉伸矩形断面, 绘制成竹椅加固圈立体, 如图 16-21(c)所示。

命令: _extrude

当前线框密度: ISOLINES=4

选择对象: 找到 1 个(选矩形)

选择对象: ↵

指定拉伸的高度或[方向(D)/路径(P)/

倾斜角(T)]: **p** ↵

选择拉伸路径: (选路径线)

Command: _extrude

Current wire frame density: ISOLINES=4

Select objects: 1 found

Select objects: ↵

Specify height of extrusion or [Direction/Path/

Taper angle]: **p** ↵

Select extrusion path:

(a)　　　　　　　　　　(b)　　　　　　　　　　(c)

图 16-21　竹椅各部分的立体

7. 阵列

修改→阵列(Modify→Array) 🔳

重复命令,给定行数或列数,将竹椅扶手、竹椅靠背、竹椅面按矩形阵列复制多个图形,如图 16-22 所示。

命令: _array

选择对象: 找到 1 个

选择对象: ↵

Command: _array

Select objects: 1 found

Select objects: ↵

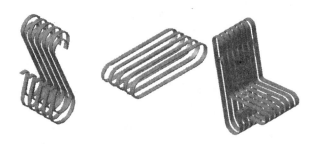

图 16-22　阵列竹椅各部分

8. 移动

修改→移动(Modify→Move)

重复命令，从俯视及前视两个方向观察，将竹椅的各部分移动并重合在一起，如图 16-23 所示。

命令: _move	Command: _move
选择对象: 找到 1 个	Select objects: 1 found
选择对象: ↵	Select objects: ↵
指定基点或位移:	Specify base point or displacement:
指定位移的第二点或<用第一点作位移>:	Specify second point of displacement or <use first point as displacement>:

图 16-23　竹椅各部分对位

9. 三维镜像

修改→三维操作→三维镜像(Modify→3D Operation→Mirror 3D)

将所选竹椅扶手以 YZ 面为对称面左右镜像。

命令: _mirror3d	Command: _mirror3d
正在初始化...	Initializing...
选择对象: 找到 1 个(选图形)	Select objects: 1 found
选择对象: ↵	Select objects: ↵
指定镜像平面(三点)的第一个点或	Specify first point of mirror plane (3 points) or
[对象(O)/最近的(L)/Z 轴(Z)/视图(V)/	[Object/Last/Zaxis/View/
XY 平面(XY)/YZ 平面(YZ)/ZX 平面(ZX)/	XY/YZ/ZX/
三点(3)] <三点>: **yz** ↵ (以 YZ 面为对称面镜像)	3points] <3points>: **yz**↵

指定 YZ 平面上的点<0,0,0>: ↙(ZX 面所通过的点) Specify point on YZ plane <0,0,0>: ↙

是否删除源对象? [是(Y)/否(N)] <否>: ↙　　　　　　Delete source objects? [Yes/No] <N>:↙

10．求和

修改→实体编辑→并集(Modify→Boolean→Union) ⊚

将对称的两部分及中间部分合并成一体。

命令: _union　　　　　　　　　　　　　　　　　**Command:** _union

选择对象: 找到 1 个　　　　　　　　　　　　　Select objects: 1 found

选择对象: 找到 1 个，总计 2 个　　　　　　　Select objects: 1 found, 2 total

选择对象: 找到 1 个，总计 3 个　　　　　　　Select objects: 1 found, 3 total

选择对象: ↙　　　　　　　　　　　　　　　　　Select objects: ↙

11．三维动态观察器

用三维动态观察器(3DORBIT)旋转查看模型中的任意视图方向。

命令: '_3dorbit　　　　　　　　　　　　　　　**Command:** '_3dorbit

12．存盘

文件→存盘(File→Save) 🖫

命令：_qsave　　　　　　　　　　　　　　　　**Command:**_qsave

16.4　练　习　题

练习一　绘制如图 16-24 所示常见家庭用品。

图 16-24　家庭用品

练习二　绘制如图 16-25 所示家具。

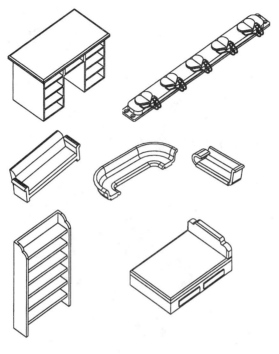

图 16-25　家具

第17章　建　筑　造　型

本章综合应用 3D 命令绘制常见的房屋等建筑造型。

17.1　标准间立体图

根据图 10-7 所示平面图，绘制标准间的立体图，如图 17-1 所示。

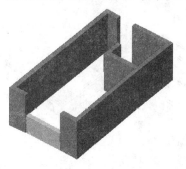

图 17-1　标准间的立体图

1. 打开文件

文件→打开(File→Open) 📂

打开已存储的标准间的平面图，将尺寸及家具层冻结或删除，如图 17-2 所示。

命令: _open   **Command: _open**

2. 设置水平及厚度(键入命令)

设置水平及厚度，用二维绘制命令绘制有高度的图形，或用多段体绘制。

命令: elev ↵ (键入命令)   **Command: elev↵**

指定新的默认标高<0.0000>: ↵   Specify new default elevation <0.0000>:↵

指定新的默认厚度<0.0000>: **2200** ↵   Specify new default thickness <0.0000>: **2200.**↵

(墙的高度)

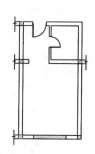

图 17-2　标准间的平面图

3. 多段线

绘图→多段线(Draw→Polyline) ⌐⊃

设置水平和厚度后，重复命令，用二维多段(复合)线命令来描绘有宽度的所有线，其绘制的线段是立体的墙，如图 17-1 所示。

命令: _pline	Command: _pline
指定起点: (任选一点)	Specify start point:
当前线宽为 0.0	Current line-width is 0.0
指定下一个点或[圆弧(A)/半宽(H)/长度(L)/	Specify next point or [Arc/Halfwidth/
放弃(U)/宽度(W)]: **w↵**	Length/Undo/Width]: **w↵**
指定起点宽度<0.0>: **240↵**(墙厚)	Specify starting width <0.0>: **240↵**
指定端点宽度<240.0>: ↵	Specify ending width <240.0>: ↵
指定下一点或[圆弧(A)/半宽(H)/	Specify next point or [Arc/Halfwidth/
长度(L)/放弃(U)/宽度(W)]: (捕捉点)	Length/Undo/Width]:
指定下一点或[圆弧(A)/闭合(C)/半宽(H)/	Specify next point or [Arc/Close/
长度(L)/放弃(U)/宽度(W)]:	Halfwidth/Length/Undo/Width]:
指定下一点或[圆弧(A)/闭合(C)/半宽(H)/	Specify next point or [Arc/Close/Halfwidth/
长度(L)/放弃(U)/宽度(W)]: ↵	Length/Undo/Width]: ↵

4. 3D 视点

视图→三维视图→东南等轴测(View→3D Viewpoint→SE Isometric) ◈

设置东南视点，观看三维效果，如图 17-1 所示。

命令: _-view	Command: _-view
输入选项[?/正交(O)/	Enter an option[?/Orthographic/
删除(D)/恢复(R)/保存(S)/设置(E)/窗口(W)]:	Delete/Restore/Save/sEttings/Window]:
_seiso	_seiso

17.2 房 屋 建 筑

对房屋建筑进行造型时，主要需精心设计一间房屋或一层房屋及楼顶部分，再阵列复制其他层即可。绘制高层建筑时，主要绘制一层、二层和楼顶部分。中间的层都一样，用三维阵列或变换坐标后用二维阵列，即可容易地进行高层建筑造型。

1. 多段线

绘图→多段线(Draw→Polyline) ⌐⊃

新建一张图，用二维多段(复合)线命令来绘制楼房的外轮廓线，如图 17-3 所示。

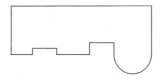

图 17-3 楼房的外轮廓线

2. 复制

修改→复制(Modify→Copy)

再将图形复制一个。

3. 3D 视点

视图→三维视点→西南(View→3D Viewpoint→SW Isometric)

设置西南视点，观看三维效果。

命令: _-view	Command: _-view
输入选项[?/正交(O)/	Enter an option[?/Orthographic/
删除(D)/恢复(R)/保存(S)/设置(E)/窗口(W)]:	Delete/Restore/Save/sEttings/Window]:
_seiso	_swiso

4. 拉伸

绘图→建模→拉伸(Draw→Modeling→Extrude)

选取二维多段(复合)线，拉伸一个实体，如图 17-4 所示。

命令: _extrude	Command: _extrude
当前线框密度: ISOLINES=4	Current wire frame density: ISOLINES=4
选择要拉伸的对象: 找到 1 个(选图 17-3)	Select objects: 1 found
选择要拉伸的对象: ↵	Select objects: ↵
指定拉伸的高度或[方向(D)/路径(P)/	Specify height of extrusion or [Direction/Path/
倾斜角(T)]: **30** ↵	Taper angle]: **30**↵

图 17-4 实体拉伸

5. 抽壳

修改→实体编辑→抽壳(Modify→Solidedit→Shell)

用抽壳命令，选取上面，将实体以指定距离(墙厚)制作成外墙及地板壳体，如图 17-5 所示。

命令: _solidedit	Command: _solidedit
实体编辑自动检查: SOLIDCHECK=1	Solids editing automatic checking: SOLIDCHECK=1
输入实体编辑选项[面(F)/边(E)/体(B)/	Enter a solids editing option [Face/Edge/Body/
放弃(U)/退出(X)] <退出>: _body	Undo/eXit] <eXit>: _body
输入体编辑选项[压印(I)/分割实体(P)/	Enter a body editing option[Imprint/seParate solids/
抽壳(S)/清理(L)/检查(C)/放弃(U)/退出(X)]	Shell/cLean/Check/Undo/eXit]
<退出>: _shell	<eXit>: _shell
选择三维实体: (用鼠标选取实体)	Select a 3D solid:

删除面或[放弃(U)/添加(A)/全部(ALL)]:	Remove faces or [Undo/Add/ALL]:
找到 1 个面，已删除 1 个。(选取上面)	1 faces found, 1removed.
删除面或[放弃(U)/添加(A)/全部(ALL)]: ↵	Remove faces or [Undo/Add/ALL]: ↵
输入抽壳偏移距离: **4**↵	Enter the shell offset distance: **4** ↵
输入体编辑选项[压印(I)/分割实体(P)/	Enter a body editing option[Imprint/seParate solids/
抽壳(S)/清理(L)/检查(C)/放弃(U)/退出(X)]	Shell/cLean/Check/ Undo/eXit]
<退出>: ↵	<eXit>: ↵
实体编辑自动检查: SOLIDCHECK=1	Solids editing automatic checking: SOLIDCHECK=1
输入实体编辑选项[面(F)/边(E)/体(B)/	Enter a solids editing option [Face/Edge/Body/
放弃(U)/退出(X)] <退出>: ↵	Undo/eXit] <eXit>: ↵

图 17-5　实体面的抽壳

6. 长方体

绘图→建模→长方体(Draw→Modeling→Box) ▢

　　用立方体绘制窗户下部，如图 17-6 所示。

命令: _box	**Command:** _box
指定第一个角点或[中心(C)] <0,0,0>: ↵	Specify first corner or [Center] <0,0,0>: ↵
指定其他角点或 [立方体(C)/长度(L)]: **@8,8**↵	Specify other corner or [Cube/Length]: **@8,8**↵
指定高度或 [两点(2P)]: **10** ↵	Specify height or [2Point]: **10** ↵

图 17-6　窗户下部立体

7. 3D 视点

视图→三维视图→主视(View→3D Viewpoint→Front) ▢

　　将视窗的视点变为前(主)视图。

命令: _-view	**Command:**_-view
输入选项[?/正交(O)/删除(D)/恢复(R)/保存(S)/	Enter an option[?/Orthographic/Delete/Restore/Save/
设置(E)/窗口(W)]: _front	sEttings/Window]:_front

8. 圆柱体

绘图→建模→圆柱体(Draw→Modeling→Cylinder) 📄

命令: _cylinder	Command: _cylinder
当前线框密度: ISOLINES=4	Current wire frame density: ISOLINES=4
指定底面的中心点或[三点(3P)/两点(2P)/	Specify center point for base of cylinder or [3P/2P/
切点、切点、半径(T)/椭圆(E)]:	Ttr/Elliptical] <0,0,0>:
(捕捉立方体中点)	
指定底面半径或[直径(D)]: **4**↙	Specify radius for base of cylinder or [Diameter]: **4**↙
指定高度或[两点(2P)/轴端点(A)]: **8**↙	Specify height of cylinder or [2Point/Axis endpoint]: **8**↙

9. 并集

修改→实体编辑→并集(求和)(Modify→Solidedit→Union) ◎◎

将相交的两个物体加成一个窗户，如图 17-7 所示。

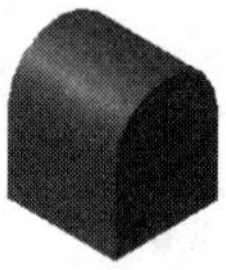

图 17-7　窗户立体形状

命令: _union	Command: _union
选择对象: 找到 1 个(选圆柱体)	Select objects: 1 found
选择对象: 找到 1 个，总计 2 个(选立方体)	Select objects: 1 found, 2 total
选择对象: ↙	Select objects:↙

10. 坐标系变换

工具→新建 UCS→世界坐标系(Tools→UCS→World) 🔘

回到世界坐标系（一定要回到世界坐标系）。

命令: _ucs	Command: _ucs
当前 UCS 名称: *世界*	Current ucs name: *WORLD*
UCS 的原点或[面(F)/命名(NA)/对象(OB)/	Specify origin of UCS or [Face/NAmed/OBject/
上一个(P)/视图(V)/世界(W)/X/Y/Z/Z 轴(ZA)]	Previous/View/World/X/Y/Z/ZAxis]
<世界>: _w	<World>:_w

11. 块

绘图→块→创建(Draw→Block→Make) 🔲

将一些窗户制作成图块，起名 window。

命令: _block	Command: _block
选择对象: 指定对角点: (选窗户)	Select objects: Specify opposite corner:
找到一个	1 found
选择对象: ↙	Select objects: ↙

12. 定距等分

绘图→点→定距等分(Draw→Point→Measure)

用窗户块将线按长度定距等分，如图 17-8 所示。

命令: _measure	Command: _measure
选择要定距等分的对象:	Select object to measure:
指定线段长度或[块(B)]: **b**↙	Specify length of segment or [Block]: **b**↙

输入要插入的块名: **window** ↵(窗户)

Enter name of block to insert: **window** ↵

是否对齐块和对象? [是(Y)/否(N)] <Y>: ↵

Align block with object? [Yes/No] <Y>:↵

指定线段长度: **30** ↵(测量等分长度)

Specify length of segment: **30** ↵

图 17-8　沿线定距等分窗户

13. 分解

修改→分解(Modify→Explode)

将窗户块分解后才能进行布尔运算。注意只能分解一次，如果再分解，体就变成面，不能进行布尔运算了。

命令: _explode

Command: _explode

选择对象: 找到 20 个(选取窗户块)

Select objects: 20 found

选择对象: ↵

Select objects: ↵

14. 移动

修改→移动(Modify→Move)

将位置不合理的窗户块删除或移动到合适位置，如图 17-9 所示。再将窗户块移动到与墙体对应的新位置，如图 17-10 所示。

命令: _move

Command: _move

选择对象: 找到 1 个

Select objects: 1 found

选择对象: ↵

Select objects: ↵

指定基点或位移:

Specify base point or displacement:

指定位移的第二点或<用第一点作位移>:

Specify second point of displacement or

    <use first point as displacement>:

图 17-9　移动窗户

图 17-10　移动窗户到位

15. 差集(求差)

修改→实体编辑→差集(Modify→Solidedit→Subtract)

从墙体中减去窗户，如图 17-11 所示。

命令: _subtract

Command: _subtract

选择要从中减去的实体、曲面和面域…	Select solids and regions to subtract from…
选择对象: 找到 1 个(先选墙体)	Select objects: 1 found
选择对象: ↵	Select objects:↵
选择要减去的实体、曲面和面域…	Select solids and regions to subtract…
选择对象: 找到 20 个(选减去窗户)	Select objects: 20 found
选择对象: ↵	Select objects:↵

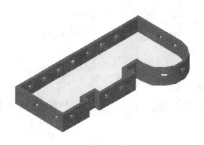

图 17-11 挖出窗户

16. 复制

修改→复制(Modify→Copy)

再将图形复制一个二层，如图 17-12 所示。

图 17-12 复制二层

17. 拉伸面

修改→实体编辑→拉伸面(Modify→Solidedit→Extrude Face)

用鼠标点选一层的一个窗台面，按负值拉伸，拉伸成门，如图 17-13 所示。

命令: _solidedit	**Command:** _solidedit
实体编辑自动检查:	Solids editing automatic checking:
SOLIDCHECK=1	SOLIDCHECK=1
输入实体编辑选项 [面(F)/边(E)/体(B)/	Enter a solids editing option [Face/Edge/Body/
放弃(U)/退出(X)] <退出>: _face	Undo/eXit] <eXit>: _face
输入面编辑选项[拉伸(E)/移动(M)/旋转(R)/	[Extrude/Move/Rotate/
偏移(O)/倾斜(T)/删除(D)/复制(C)/颜色(L)/	Enter a face editing option Offset/Taper/Delete/Copy/
放弃(U)/退出(X)] <退出>: _extrude	coLor/Undo/eXit] <eXit>: _extrude
选择面或[放弃(U)/删除(R)]: 找到一个面	Select faces or [Undo/Remove]: 1 face found
选择面或[放弃(U)/删除(R)/全部(ALL)]: ↵	Select faces or [Undo/Remove/ALL]:↵
指定拉伸高度或[路径(P)]: **-7** ↵	Specify height of extrusion or [Path]: **-7**↵

指定拉伸的倾斜角度<0>: ↵	Specify angle of taper for extrusion <0>: ↵
已开始实体校验。	Solid validation started.
已完成实体校验。	Solid validation completed.
输入面编辑选项	Enter a face editing option
[拉伸(E)/移动(M)/旋转(R)/偏移(O)/倾斜(T)/	[Extrude/Move/Rotate/Offset/Taper/
删除(D)/复制(C)/颜色(L)/放弃(U)/退出(X)]	Delete/Copy/coLor/Undo/eXit]
<退出>: ↵	<eXit>:↵
实体编辑自动检查:	Solids editing automatic checking:
SOLIDCHECK=1	SOLIDCHECK=1
输入实体编辑选项 [面(F)/边(E)/体(B)/放弃(U)/	Enter a solids editing option [Face/Edge/Body/Undo/
退出(X)] <退出>: ↵	eXit] <eXit>: ↵

图 17-13　拉伸门

18. 三维阵列

修改→三维操作→三维阵列(Modify→3D Operation→3D Array)

选二层，按需阵列复制多层，如图 17-14 所示。

命令: _3darray	**Command:** _3darray
选择对象: 找到 1 个(选取二楼)	Select objects: 1 found
选择对象: ↵	Select objects: ↵
输入阵列类型[矩形(R)/环形(P)] <矩形>: ↵	Enter the type of array [Rectangular/Polar] <R>:↵
输入行数(---) <1>: ↵	Enter the number of rows (---) <1>: ↵
输入列数(‖‖) <1>: **1** ↵	Enter the number of columns (‖‖) <1>:**1**↵
输入层次数(...) <1>: **8** ↵	Enter the number of levels (...) <1>: **8**↵
指定层间距(...): **30** ↵	Specify the distance between levels (...): **30**↵

图 17-14　阵列楼房

19. 拉伸

绘图→建模→拉伸(Modify→Modeling→Extrude)

选取二维多段(复合)线，拉伸一个房顶，如图 17-15 所示。

命令: _extrude	Command: _extrude
当前线框密度: ISOLINES=4	Current wire frame density: ISOLINES=4
选择对象: 找到 1 个(选图 17-15(a))	Select objects: 1 found
选择对象: ↵	Select objects: ↵
指定拉伸的高度或[方向(D)/路径(P)/	Specify height of extrusion or [Direction/Path/
倾斜角(T)]: **30**↵	Taper angle]: **30**↵

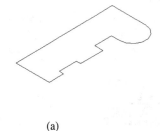 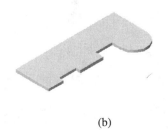

(a)　　　　　　　　　　　　　　　(b)

图 17-15　拉伸房顶

20. 移动

修改→移动(Modify→Move)

将房顶移动到合适的位置。

命令: _move	Command:_move
选择对象: 找到 1 个	Select objects: 1 found
选择对象: ↵	Select objects: ↵
指定基点或位移:	Specify base point or displacement:
指定位移的第二点或<用第一点作位移>:	Specify second point or <use first point as displacement>

21. 求和

修改→实体编辑→并集(Modify→Boolean→Union)

用布尔运算将楼层和房顶合成一体，如图 17-16 所示。

命令: _union	Command: _union
选择对象: **all**↵ (全选)找到 9 个	Select objects: **all**↵ 9 found
选择对象: ↵	Select objects: ↵

图 17-16　将房顶和楼层合并

17.3 六 角 凉 亭

绘制亭子，如图 17-17 所示。注意在制作的过程中要随时改变颜色。

1. 3D 视点

视图→三维视点→东南(View→3D Viewpoint→SE Isometric)

设置东南视点，观看三维效果。

命令: _-view	Command: _-view
输入选项[?/正交(O)/	Enter an option[?/Orthographic/
删除(D)/恢复(R)/保存(S)/设置(E)/窗口(W)]:	Delete/Restore/Save/sEttings/Window]:
_seiso	_seiso

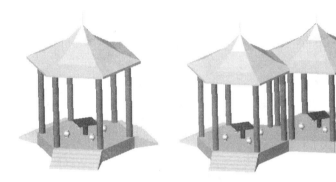

图 17-17 六角亭

2. 缩放

视图→缩放→中心点(View→Zoom→Center)

按中心点缩放。作图过程中，用户可按需随意缩放。

命令: '_zoom	Command: '_zoom
指定窗口的角点，输入比例因子(nX 或 nXP)，或者[全部(A)/中心(C)/动态(D)/范围(E)/上一个(P)/比例(S)/窗口(W)/对象(O)] <实时>: _c↵	Specify corner of window, enter a scale factor (nX or nXP), or[All/Center/Dynamic/Extents /Previous/Scale/Window/Object] <real time>: _c ↵
指定中心点: 0,0↵	Specify center point: 0,0 ↵
输入比例或高度 <646.9262>: 1000↵	Enter magnification or height <646.9262>: 1000↵

3. 多边形

绘图→正多边形(Draw→Polygon)

绘制多边形，作为亭子底座的轮廓，如图 17-18 所示。

命令: _polygon	Command: _polygon
输入边的数目<4>: 6↵	Enter number of sides <4>: 6 ↵
指定正多边形的中心点或[边(E)]: 0,0↵	Specify center of polygon or [Edge]: 0,0 ↵
输入选项[内接于圆(I)/外切于圆(C)] <I>: ↵	Enter an option [Inscribed in circle/

指定圆的半径: **400**↵

Circumscribed about circle] <I>: ↵

Specify radius of circle: **400**↵

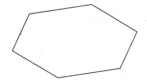

图 17-18　亭子底座轮廓

4. 拉伸体

绘图→建模→拉伸(Draw→Modeling→Extrude)

拉伸六边形以构成六棱柱，作为亭子的底座，如图 17-19 所示。

命令: _extrude	**Command:** _extrude
当前线框密度: ISOLINES=4	Current wire frame density: ISOLINES=4
选择对象: 找到 1 个(选六边形)	Select objects: 1 found
选择对象: ↵	Select objects: ↵
指定拉伸的高度或[方向(D)/路径(P)/	Specify height of extrusion or [Direction/Path/
倾斜角(T)]: **100**↵	Taper angle]: **100** ↵

图 17-19　亭子底座

5. 圆柱体

绘图→建模→圆柱体(Draw→Modeling→Cylinder)

绘制圆柱体作为桌子的腿，如图 17-20 所示。

命令: _cylinder	**Command:** _cylinder
当前线框密度: ISOLINES=4	Current wire frame density: ISOLINES=4
指定底面的中心点或[三点(3P)/两点(2P)/	Specify center point of base or [3P/2P/
切点、切点、半径(T)/椭圆(E)]: **0,0,100**↵	Ttr/Elliptical]: **0,0,100** ↵
指定底面半径或[直径(D)]: **20**↵	Specify radius for base of cylinder or [Diameter]: **20** ↵
指定高度或[两点(2P)/轴端点(A)]:	Specify height of cylinder or [2Point/Axis endpoint]:
100↵	**100** ↵

图 17-20　方桌腿

6. 长方体

绘图→建模→长方体(Draw→Modeling→Box) 📦

绘制正方体作为桌子的面，如图 17-21 所示。

命令: _box	Command: _box
指定第一个角点或[中心(C)]<0,0,0>:	Specify corner of box or [CEnter] <0,0,0>:
-80,-80,200↵	**-80,-80,200** ↵
指定其他角点或[立方体(C)/长度(L)]:	Specify corner or [Cube/Length]:
@160,160 ↵(另一角)	**@160,160** ↵
指定高度: **10**↵	Specify height: **10** ↵

图 17-21 方桌面

7. 3D 视点

视图→三维视图→主视(View→3D Viewpoint→Front) 🔳

将视窗的视点变为前(主)视图。

命令: _-view	Command: _-view
输入选项[?/正交(O)/	Enter an option [?/Orthographic/
删除(D)/恢复(R)/保存(S)/设置(E)/	Delete/Restore/Save/sEttings/
窗口(W)]: _front	Window]: _front

8. 复合线

绘图→多段线(Draw→Pline) 〰️

绘制鼓形凳子的一半轮廓线(或用面域制作)，如图 17-22 所示。

图 17-22 凳子的半轮廓

命令: _pline	Command: _pline
指定起点: **160,100**↵	Specify start point: **160,100**↵
当前线宽为 0.0000	Current line-width is 0.0000
指定下一个点或[圆弧(A)/半宽(H)/长度(L)/	Specify next point or [Arc/Halfwidth/Length/

放弃(U)/宽度(W)]: @**15,0**↵	Undo/Width]: @**15,0** ↵
指定下一点或[圆弧(A)/闭合(C)/半宽(H)/	Specify next point or [Arc/Close/Halfwidth/
长度(L)/放弃(U)/宽度(W)]: @**0,10**↵	Length/Undo/Width]: @**0,10** ↵
指定下一点或[圆弧(A)/闭合(C)/半宽(H)/	Specify next point or [Arc/Close/Halfwidth/
长度(L)/放弃(U)/宽度(W)]: **a**↵	Length/Undo/Width]: **a** ↵
指定圆弧的端点或[角度(A)/圆心(CE)/	Specify endpoint of arc or[Angle/CEnter/
闭合(CL)/方向(D)/半宽(H)/直线(L)/半径(R)/	CLose/Direction/Halfwidth/Line/Radius/
第二个点(S)/放弃(U)/宽度(W)]: **d**↵	Second pt/Undo/Width]: **d** ↵
指定圆弧的起点切向:	Specify the tangent direction for the start point of arc:
(向外随意点一下，改变弧的弯向)	
指定圆弧的端点: @**0,40**↵	Specify endpoint of the arc: @**0,40** ↵
指定圆弧的端点或[角度(A)/圆心(CE)/	Specify endpoint of arc or[Angle/CEnter/
闭合(CL)/方向(D)/半宽(H)/直线(L)/半径(R)/	CLose/Direction/Halfwidth/Line/Radius/
第二个点(S)/放弃(U)/宽度(W)]:**L**↵	Second pt/Undo/Width]: **L** ↵
指定下一点或[圆弧(A)/闭合(C)/半宽(H)/	Specify next point or [Arc/Close/Halfwidth/
长度(L)/放弃(U)/宽度(W)]: @**0,10**↵	Length/Undo/Width]: @**0,10** ↵
指定下一点或[圆弧(A)/闭合(C)/半宽(H)/	Specify next point or [Arc/Close/Halfwidth/
长度(L)/放弃(U)/宽度(W)]: @**-15,0**↵	Length/Undo/Width]: @**-15,0** ↵
指定下一点或[圆弧(A)/闭合(C)/半宽(H)/	Specify next point or [Arc/Close/Halfwidth/
长度(L)/放弃(U)/宽度(W)]: **c**↵	Length/Undo/Width]: **c**↵

9. 旋转体

绘图→建模→旋转体(Draw→Modeling→Revolve)

用旋转体构成凳子，如图 17-23 所示。

图 17-23　鼓形凳子

命令: _revolve	**Command:** _revolve
当前线框密度: ISOLINES=4	Current wire frame density: ISOLINES=4
选择对象: 找到 1 个	Select objects: 1 found
选择对象: ↵	Select objects: ↵
定轴起点或根据以下选项之一定义轴	Specify start point for axis of revolution or define axis by
[对象(O)/X/Y/Z] <对象>: **160,0**↵	[Object/X (axis)/Y (axis)/Z(axis)]: <object>**160,0**↵
指定轴端点: @**0,100**↵	Specify endpoint of axis: @**0,100**↵
指定旋转角度<360>:↵	Specify angle of revolution <360>: ↵

10. 缩放

视图→缩放→上一个(View→Zoom→Previous)

回到前一窗口。

命令: '_zoom	Command: '_zoom
指定窗口角点,输入比例因子(nX 或	Specify corner of window, enter a scale factor (nX or
nXP),或[全部(A)/中心(C)/动态(D)/范围(E)/	nXP), or[All/Center/Dynamic/Extents/
上一个(P)/比例(S)/窗口(W)/对象(O)]	Previous/Scale/Window/Object]
<实时>: _p	<real time>: _p

11. 坐标系变换

工具→新建 UCS→世界坐标系(Tools→UCS→World)

回到世界坐标系。

命令: _ucs	Command:_ucs
当前 UCS 名称: *世界*	Current ucs name: *WORLD*
指定 UCS 的原点或[面(F)/命名(NA)/	Specify origin of UCS or [Face/NAmed/
对象(OB)/上一个(P)/视图(V)/世界(W)/	OBject/Previous/View/World/
X/Y/Z/Z 轴(ZA)] <世界>: _w	X/Y/Z/ZAxis]<World>:_w

12. 圆柱体

绘图→建模→圆柱体(Draw→Modeling→Cylinder)

绘制亭子立柱,如图 17-24 所示。

命令: _cylinder	Command: _cylinder
当前线框密度: ISOLINES=4	Current wire frame density: ISOLINES=4
指定底面的中心点或[三点(3P)/两点(2P)/	Specify center point for base of cylinder or [3P/2P/Ttr
切点、切点、半径(T)/椭圆(E)]: **360,0,100**↵	Elliptical]: **360,0,100** ↵
指定底面半径或[直径(D)]: **25**↵	Specify radius for base of cylinder or [Diameter]: **25** ↵
指定高度或[两点(2P)/轴端点(A)]: **600**↵	Specify height of cylinder or [2Point/Axis endpoint]: **600** ↵

图 17-24　柱子和凳子

13. 属性(特性)

修改→属性(Modify→Properties)

重复该命令,点击颜色按钮,将桌子、凳子、柱子和底座分别变成自己喜欢的颜色。

也可边作边改变颜色。注意颜色不要随层，否则相加后颜色会变成一色。

命令: _properties   Command: _properties

14. 阵列

修改→阵列(Modify→Array)

在对话框中选环形阵列，指定阵列中心点(0，0)，数目为 4 个，将凳子阵列 4 个，如图 17-25 所示。重复命令，指定阵列中心点(0，0)，数目为 6 个，将柱子阵列 6 个，如图 17-26 所示。

命令: _array   Command: _array

选择对象: 找到 1 个   Select objects: 1 found

选择对象: ↵   Select objects: ↵

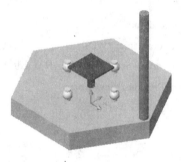

图 17-25　阵列凳子   图 17-26　阵列柱子

15. 3D 视点

视图→三维视图→主视(View→3D Viewpoint→Front)

将视点变为前(主)视图，并自动将坐标系绕 X 轴转 90°，以便绘制亭顶的轮廓线。

命令: _-view   Command: _-view

输入选项[?/正交(O)/   Enter an option [?/Orthographic/

删除(D)/恢复(R)/保存(S)/设置(E)/   Delete/Restore/Save/sEttings/

窗口(W)]: _front   Window]: _front

16. 平移

视图→平移(View→Pan)

将视图平移到合适的位置，以便绘制亭顶的轮廓线。此命令需经常使用，以后不再详细列出。

命令: '_pan   Command: '_pan

17. 多段线

绘图→多段线(Draw→Pline)

绘制亭顶的一半轮廓线，如图 17-27 所示。

命令: _pline   Command: _pline

指定起点: **0,700**↵   Specify start point: **0,700** ↵

当前线宽为 0.0000   Current line-width is 0.0000

指定下一点或[圆弧(A)/闭合(C)/半宽(H)/	Specify next point or [Arc/Close/Halfwidth/
长度(L)/放弃(U)/宽度(W)]: **@390,0**↵	Length/Undo/Width]: **@390,0** ↵
指定下一点或[圆弧(A)/闭合(C)/半宽(H)/	Specify next point or [Arc/Close/Halfwidth/
长度(L)/放弃(U)/宽度(W)]: **@0,20**↵	Length/Undo/Width]: **@0,20** ↵
指定下一点或[圆弧(A)/闭合(C)/半宽(H)/	Specify next point or [Arc/Close/Halfwidth/
长度(L)/放弃(U)/宽度(W)]: **@70,0**↵	Length/Undo/Width]: **@70,0** ↵
指定下一点或[圆弧(A)/闭合(C)/半宽(H)/	Specify next point or [Arc/Close/Halfwidth/
长度(L)/放弃(U)/宽度(W)]: **@0,20**↵	Length/Undo/Width]: **@0,20** ↵
指定下一点或[圆弧(A)/闭合(C)/半宽(H)/	Specify next point or [Arc/Close/Halfwidth/
长度(L)/放弃(U)/宽度(W)]: **@-150,50**↵	Length/Undo/Width]: **@-150,50** ↵
指定下一点或[圆弧(A)/闭合(C)/半宽(H)/	Specify next point or [Arc/Close/Halfwidth/
长度(L)/放弃(U)/宽度(W)]: **@-200,120**↵	Length/Undo/Width]: **@-200,120** ↵
指定下一点或[圆弧(A)/闭合(C)/半宽(H)/	Specify next point or [Arc/Close/Halfwidth/
长度(L)/放弃(U)/宽度(W)]: **@-110,120**↵	Length/Undo/Width]: **@-110,120** ↵
指定下一点或[圆弧(A)/闭合(C)/半宽(H)/	Specify next point or [Arc/Close/Halfwidth/
长度(L)/放弃(U)/宽度(W)]: ↵	Length/Undo/Width]: ↵

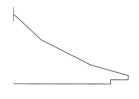

图 17-27　亭顶轮廓线

18．画线

绘图→直线(Draw→Line)

绘制一旋转轴。

命令: _line	Command: _line
指定第一点: ↵	Specify first point: ↵
指定下一点或[放弃(U)]: **@0,100**↵	Specify next point or [Undo]: **@0,100** ↵
指定下一点或[放弃(U)]: ↵	Specify next point or [Undo]: ↵

19．复合线

绘图→多段线(Draw→Pline)

绘制楼梯的轮廓线，如图 17-28 所示。

命令: _pline	Command: _pline
指定起点: **400,80**↵	Specify start point: **400,80** ↵
当前线宽为 0.0000	Current line-width is 0.0000
指定下一点或[圆弧(A)/闭合(C)/半宽(H)/	Specify next point or [Arc/Close/Halfwidth/
长度(L)/放弃(U)/宽度(W)]: **@40,0**↵	Length/Undo/Width]: **@40,0** ↵
指定下一点或[圆弧(A)/闭合(C)/半宽(H)/	Specify next point or [Arc/Close/Halfwidth/

长度(L)/放弃(U)/宽度(W)]: @0,-20↵   Length/Undo/Width]: @0,-20 ↵

指定下一点或[圆弧(A)/闭合(C)/半宽(H)/   Specify next point or [Arc/Close/Halfwidth/
长度(L)/放弃(U)/宽度(W)]: @40,0↵   Length/Undo/Width]: @40,0 ↵

指定下一点或[圆弧(A)/闭合(C)/半宽(H)/   Specify next point or [Arc/Close/Halfwidth/
长度(L)/放弃(U)/宽度(W)]: @0,-20↵   Length/Undo/Width]: @0,-20 ↵

指定下一点或[圆弧(A)/闭合(C)/半宽(H)/   Specify next point or [Arc/Close/Halfwidth/
长度(L)/放弃(U)/宽度(W)]: @40,0↵   Length/Undo/Width]: @40,0 ↵

指定下一点或[圆弧(A)/闭合(C)/半宽(H)/   Specify next point or [Arc/Close/Halfwidth/
长度(L)/放弃(U)/宽度(W)]: @0,-20↵   Length/Undo/Width]: @0,-20 ↵

指定下一点或[圆弧(A)/闭合(C)/半宽(H)/   Specify next point or [Arc/Close/Halfwidth/
长度(L)/放弃(U)/宽度(W)]: @40,0↵   Length/Undo/Width]: @40,0 ↵

指定下一点或[圆弧(A)/闭合(C)/半宽(H)/   Specify next point or [Arc/Close/Halfwidth/
长度(L)/放弃(U)/宽度(W)]: @0,-20↵   Length/Undo/Width]: @0,-20 ↵

指定下一点或[圆弧(A)/闭合(C)/半宽(H)/   Specify next point or [Arc/Close/Halfwidth/
长度(L)/放弃(U)/宽度(W)]: @-160,0↵   Length/Undo/Width]: @160,0 ↵

指定下一点或[圆弧(A)/闭合(C)/半宽(H)/   Specify next point or [Arc/Close/Halfwidth/
长度(L)/放弃(U)/宽度(W)]: c↵   Length/Undo/Width]: c ↵

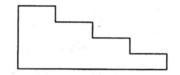

图 17-28 楼梯轮廓线

20. 变换坐标系

工具→新建 UCS→世界(Tools→UCS→World)

回到世界坐标系。

命令: _ucs   Command: _ucs
当前 UCS 名称: *世界*   Current ucs name: *WORLD*
指定 UCS 的原点或[面(F)/命名(NA)/   Specify origin of UCS or [Face/NAmed/
对象(OB)/上一个(P)/视图(V)/世界(W)/   OBject/Previous/View/World/
X/Y/Z/Z 轴(ZA)] <世界>: _w   X/Y/Z/ZAxis]<World>: _w

21. 缩放

视图→缩放→上一个(View→Zoom→Previous)

回到前一窗口。

命令: '_zoom   Command: '_zoom
指定窗口角点，输入比例因子(nX 或   Specify corner of window, enter a scale factor
nXP)，或[全部(A)/中心(C)/动态(D)/范围(E)/   (nX or nXP),or [All/Center/Dynamic/Extents/
上一个(P)/比例(S)/窗口(W)/对象(O)]   Previous/Scale/Window/Object]
<实时>: _p   <real time>: _p

22. 网格密度

改变网格密度。作旋转曲面时，曲面边数与网格密度相等。

命令: surftab1

输入 SURFTAB1 的新值<6>: **6** ↵

(绘制几个角，即改变为几)

Command: surftab1

Enter new value for SURFTAB1 <6>: **6** ↵

23. 旋转曲面

绘图→建模→网格→旋转曲面(Draw→Modeling→Meshes→Revolved Surface) 🐟

用亭顶轮廓线绕直线旋转以构成亭顶旋转曲面，因网格线数为六，所以为六角亭，如图 17-29 所示。

命令: _revsurf

当前线框密度:

SURFTAB1=6　SURFTAB2=6

选择要旋转的对象: (选亭顶轮廓线)

选择定义旋转轴的对象: (选回转轴)

指定起点角度<0>:↵

指定包含角(+=逆时针，-=顺时针) <360>:↵

Command: _revsurf

Current wire frame density:

SURFTAB1=6　SURFTAB2=6

Select object to revolve:

Select object that defines the axis of revolution:

Specify start angle <0>: ↵

Specify included angle (+=ccw, -=cw) <360>:↵

图 17-29　亭顶

24. 拉伸体

绘图→建模→拉伸(Draw→Modeling→Extrude)

用拉伸体构成楼梯，如图 17-30 所示。

命令: _extrude

当前线框密度: ISOLINES=4

选择对象: 找到 1 个(选楼梯的轮廓线)

选择对象: ↵

指定拉伸的高度或[方向(D)/路径(P)/

倾斜角(T)]: **400**↵

Command: _extrude

Current wire frame density: ISOLINES=4

Select objects: 1 found

Select objects: ↵

Specify height of extrusion or [Direction/Path/

Taper angle]: **400** ↵

图 17-30　楼梯

25．旋转

修改→旋转(Modify→Rotate) ⟳

将楼梯旋转–30°，与亭底对齐，如图 17-31 所示。

命令: _rotate	**Command:**_rotate
UCS 当前的正角方向:	Current positive angle in UCS:
ANGDIR=逆时针　ANGBASE=0	ANGDIR=counterclockwise　ANGBASE=0
选择对象: 找到 1 个	Select objects: 1 found
选择对象: ↵	Select objects: ↵
指定基点: **400,0**↵	Specify base point: **400,0** ↵
指定旋转角度或[参照(R)]: **-30**↵	Specify rotation angle or [Reference]: **-30** ↵

图 17-31　对齐楼梯

26．阵列

修改→阵列(Modify→Array) ▦

在对话框中选环形阵列，指定阵列中心点(0，0)，数目为 3 个，将楼梯阵列 3 个，如图 17-32 所示。

命令: _array	**Command:** _array
选择对象: 找到 1 个	Select objects: 1 found
选择对象: ↵	Select objects: ↵

图 17-32　三个楼梯

27．删除

修改→删除(Modify→Erase)

删除一个楼梯。

命令: _erase	**Command:** _erase
选择对象: 找到 1 个(用鼠标选取楼梯)	Select objects: 1 found
选择对象: ↵	Select objects: ↵

28．求和

修改→实体编辑→并集(Modify→Boolean→Union) ◎

用布尔运算将亭子底座、凳子、桌子和楼梯合成一体。

命令: _union	**Command:** _union
选择对象: **all**↵(全选)找到 19 个	Select objects: **all**↵ 19 found
选择对象: ↵	Select objects: ↵

29．镜像

修改→镜像(Modify→Mirror) ⚑

再镜像一个亭子。

命令：_mirror	Command: _mirror
选择对象：**all**↵找到 3 个	Select objects: **all**↵ 3 found
选择对象：↵	Select objects: ↵
指定镜像线的第一点: (捕捉一个角点)	Specify first point of mirror line:
指定镜像线的第二点: (捕捉第二个角点)	Specify second point of mirror line:
是否删除源对象？[是(Y)/否(N)] <N>:↵	Delete source objects? [Yes/No] <N>:↵

30．删除

修改→删除(Modify→Erase)

删除一个楼梯。

命令：_erase	Command: _erase
选择对象：找到 1 个(用鼠标选取楼梯)	Select objects: 1 found
选择对象：↵	Select objects: ↵

31．颜色

格式→颜色(Format→Color)

将颜色设置为绿色。

命令:'_color	Command: '_color

32．圆柱体

绘图→建模→圆柱体(Draw→Modeling→Cylinder) ⬜

用圆柱体绘制一个绿色的圆草坪。

命令: _cylinder	Command: _cylinder
当前线框密度: ISOLINES=4	Current wire frame density: ISOLINES=4
指定底面的中心点或[三点(3P)/两点(2P)/	Specify center point for base of cylinder or [3P/2P/
切点、切点、半径(T)/椭圆(E)]<0,0,0>:↵	Ttr/Elliptical] <0,0,0>:↵
指定底面半径或[直径(D)]:	Specify radius for base of cylinder or [Diameter]:
2500↵	**2500**↵
指定高度或[两点(2P)/	Specify height of cylinder or [2Point/Axis
轴端点(A)]: **-1**↵	endpoint]: **-1**↵

33．存盘

文件→存盘→(File→Save) 💾

命令: _qsave	Command: _qsave

17.4 练 习 题

练习一 绘制如图 17-33 所示建筑。

图 17-33　建筑一

练习二　绘制如图 17-34 所示建筑。

练习三　绘制如图 17-35 所示建筑。

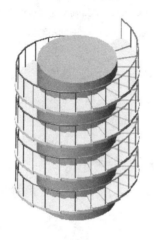

图 17-34　建筑二　　　　　　　　　　　图 17-35　建筑三

练习四　绘制如图 17-36 所示建筑。

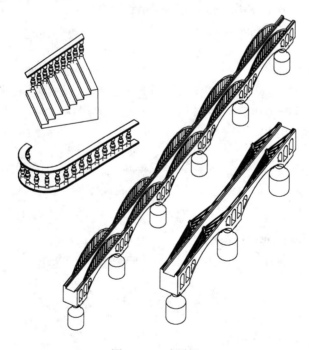

图 17-36　建筑四

练习五　绘制如图 17-37 所示建筑。

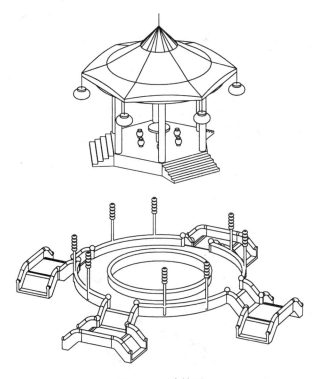

图 17-37　建筑五

第 18 章　AutoCAD 与平面设计

本章着重介绍 AutoCAD 与 Photoshop 之间的文件转换以及如何利用 AutoCAD 制作出准确、精美的基本图形，并通过平面设计软件绘制出美观、大方的二维效果图。

18.1　2008 年北京申奥会徽

任务：完成图 18-1 所示的 2008 年北京申奥会徽。

图 18-1　2008 年北京申奥会徽

1．打开文件

打开已制作好的基本型，如图 18-2 所示。

Command: _open 📂

图 18-2　申奥会徽基本型

2．系统输出模式设置

点击下拉主菜单中的工具→选项。

Command: _preferences

弹出选项面板，如图 18-3 所示。

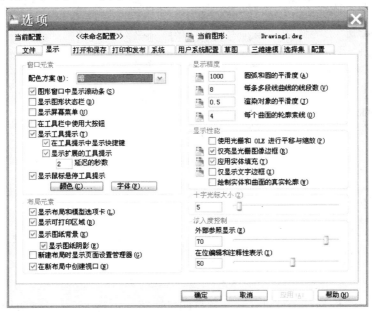

图 18-3　选项面板

3．添加打印输出设置

点击选项面板中的打印和发布选项，如图 18-4 所示。

图 18-4　打印和发布面板

创建打印样式的步骤如下：

(1) 单击"添加或配置绘图仪"按钮，双击"添加绘图仪向导"图标，然后单击"下一步"按钮，如图 18-5 所示。

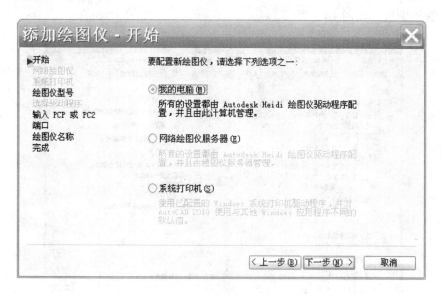

图 18-5 添加绘图仪-开始

(2) 在"开始"对话框中可以选择配置打印机选项。如果使用系统打印机，单击"下一步"按钮，向导显示"打印机列表"对话框，如图 18-6 所示。

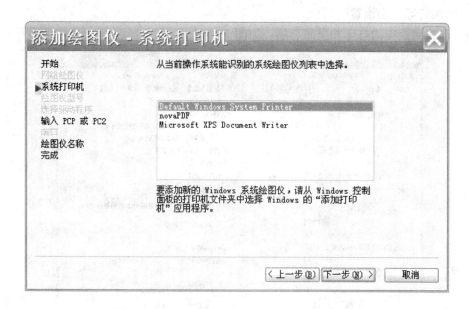

图 18-6 添加绘图仪-系统打印机

(3) 如果从 PCP、PC2 文件中输入打印机待定信息，请选择"输入文件"，如图 18-7 所示。

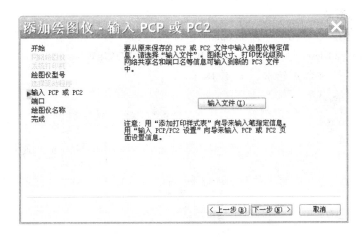

图 18-7　添加绘图仪-输入 PCP 或 PC2

(4) 单击"下一步"按钮，显示绘图仪名称，如图 18-8 所示。

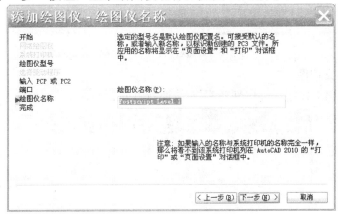

图 18-8　添加绘图仪-绘图仪名称

(5) 单击"下一步"按钮，可编辑打印机配置和校准绘图仪，如图 18-9 所示。最后单击"完成"按钮。

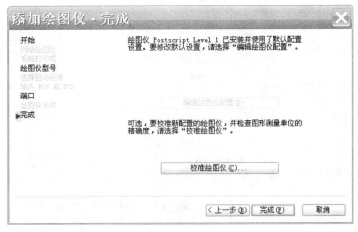

图 18-9　添加绘图仪-完成

4．指定输出图像

点击下拉主菜单中的视图→命名视图选项。

Command: _ddview　　　　　　　Initializing...　DDVIEW loaded

随即弹出视图管理器对话框，如图 18-10 所示。

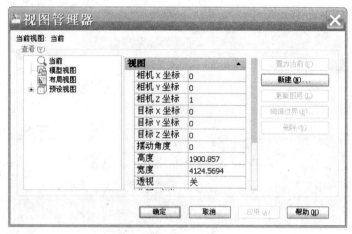

图 18-10　视图管理器对话框

5．新建自定义视图

单击"新建(N)"按钮，弹出新建视图/快照特性对话框，如图 18-11 所示。

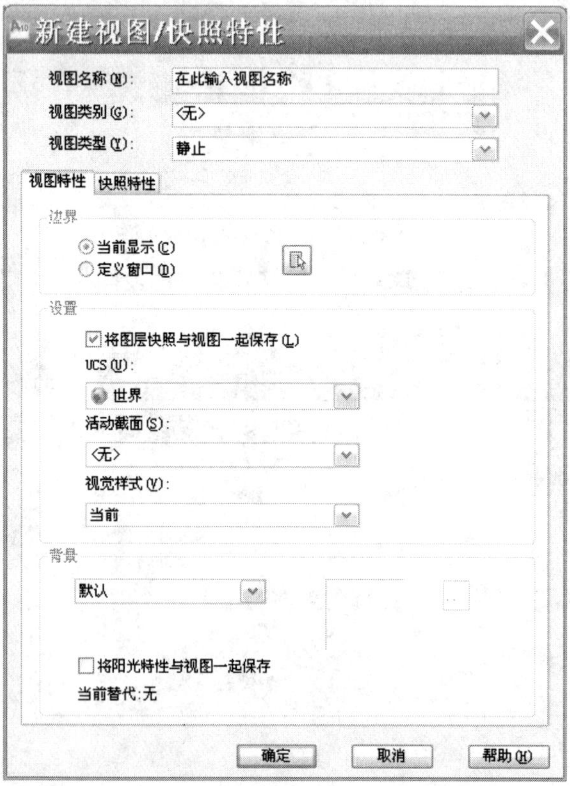

图 18-11　新建视图/快照特性对话框

6．命名

对视图命名。

7．保存窗选图像

选定要保存的视图窗口并设置需要的背景后，单击"保存视图"按钮，对窗选内的图像进行保存。

8．打印输出设置

点击下拉主菜单中的文件→打印选项，出现如图 18-12 所示对话框。

Command: _plot

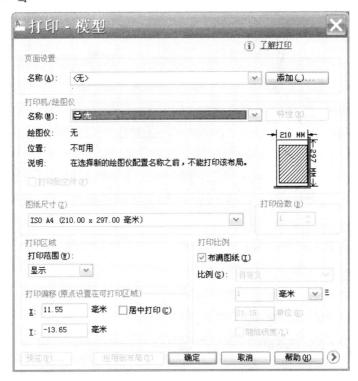

图 18-12　打印-模型对话框

9．确认窗选图像名称

选定窗选图像保存的名字。

10．输出图像路径、命名

对输出图像路径进行修改、重命名。

11．完成打印设置进行输出

进入打印/绘图配置控制面板，点击"确定"按钮，产生输出对话框使其自动完成。

注意：以上完成的是 CAD 部分的输出设置操作，下面简要介绍一下对图像进行装饰处理的过程。

12．打开输出图像

启动 Photoshop 6.0 应用程序，点击下拉主菜单中的 File→Open…选项，根据输出图像路径查找到文件名并将其打开。

13. 图像格式转换

点击下拉主菜单中的 Image→Mode →RGB Color 选项，如图 18-13 所示。

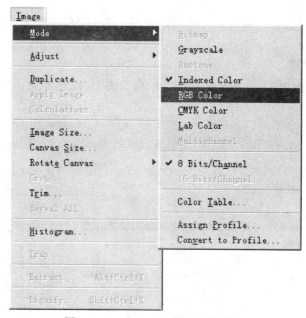

图 18-13　RGB Color 下拉子菜单

　　将图像的文件类型由 Indexed Color 格式转换为 RGB Color 格式，这样就可以对文件进行随心所欲的处理。

14. 颜色拾取

　　点击 Color Picker(颜色拾取器)　改变颜色。其红色部分为 Foreground Color (前景色)，其白色部分为 Back ground Color (背景色)，如图 18-14 所示。

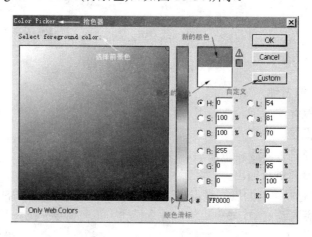

图 18-14　Color Picker 面板

15. 填充色彩

　　(1) 点选所需要的标准红色值(R：255，G：0，B：0)，并点击　(填充)按钮，使其填充到相应的色彩区域内。

(2) 点选所需要的标准宝石蓝色值(R：0，G：0，B：125)，并点击 (填充)按钮，使其填充到相应的色彩区域内。

(3) 点选所需要的标准绿色值(R：0，G：100，B：0)，并点击 (填充)按钮，使其填充到相应的色彩区域内。

(4) 点选所需要的标准黄色值(R：250，G：200，B：0)，并点击 (填充)按钮，使其填充到相应的色彩区域内。

(5) 点选所需要的标准黑色值(R：0，G：0，B：0)，并点击 (填充)按钮，使其填充到相应的色彩区域内。

16．选择会标部分

点击下拉主菜单 Select→Color Range...选项，如图 18-15 所示，随即弹出 Color Range 对话框。在此对话框中点击 按钮，在图像任意空白处点击，再将 Puzziness 值调节到适当位置即可，如图 18-16 所示。

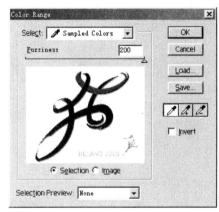

图 18-15　Color Range...选项　　　　　　　图 18-16　Color Range 对话框

17．反向选择

点击下拉主菜单中的 Select→Inverse...选项，将已选择的空白区域进行反向选择。

18．制作特殊装饰效果

点击下拉主菜单中的 Layer→Layer Style→Drop Shadow...选项，如图 18-17 所示。

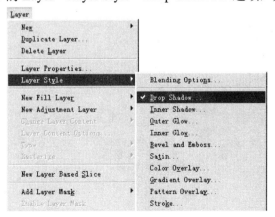

图 18-17　Drop shadow...下拉菜单

19．制作投影效果

首先将 Drop Shadow…对话框中的各种参数进行相应的调整：

Opacity: 60% (透明度)

Angle: 120 度(光源方向)

Distance: 35 PX

Spread: 0%

Size: 30 PX

最后，点击"OK"按钮，随即产生投影效果，如图 18-18 所示。

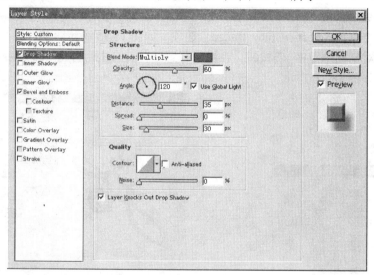

图 18-18　Drop Shadow…对话框

20．制作浮雕效果

点击下拉主菜单中的 Layer→Layer Style→Bevel and Emboss…选项，如图 18-19 所示。

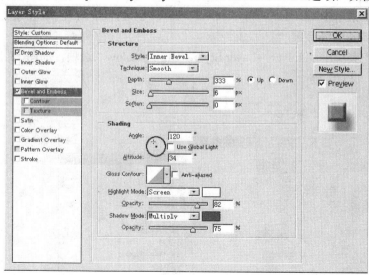

图 18-19　Bevel and Emboss…对话框

对 Bevel and Emboss…(斜角和浮雕)面板中的各种参数进行相应的调整:

Structure(结构)一栏中:　　　　　　　　Shading(底纹)一栏中:

Style: Inner Bevel (风格: 内部的斜角)　　Angle: 120°(光源方向)

Technique: Smooth (技术: 平滑)　　　　Altitude: 34°(深度)

Depth: 300% (深度: 300%)　　　　　　Highight Mode: Screen 选择颜色

Size: 6 PX　　(大小: 6PX)　　　　　　Opacity: 82%(透明度)

点击"OK"按钮,随即产生浮雕效果。

21. 存储

点击下拉主菜单中的 File →Save As…选项,对已完成的图像进行保存。

18.2　西安交通大学校徽

任务: 完成如图 18-20 所示的西安交通大学校徽以及招贴部分的制作。

图 18-20　西安交通大学校徽

1. 打开已制作好的基本型

西安交通大学校徽的基本型如图 18-21 所示。

　　Command: _open

图 18-21　西安交通大学校徽的基本型

2．指定输出图像

点击下拉主菜单中的 View→Named Views…选项。

Command: _ddview

Initializing…　DDVIEW loaded

重复命令，重复 18.1 节中 10～18 步骤，对图像进行窗选与保存。修改输出路径、名称，输出图像。完成图像的输出操作。

下面主要介绍一下对图像进行着色和制作特殊效果的过程。

3．启动 Photoshop 6.0 应用程序

点击下拉主菜单中的 File → Open…选项,根据输出图像路径查找到文件名并将其打开。

4．图像格式转换

点击下拉主菜单中的 Image→Mode→RGB Color 选项。

5．颜色拾取

点击使用 Color Picker(颜色拾取器)改变颜色。

6．颜色填充

点选所需要的标准金色值(R：250，G：200，B：0)并点击 (填充)按钮，使其填充到相应的色彩区域内。选择校徽部分，点击下拉主菜单中的 Select→Color Range…选项，随即弹出 Color Range 对话框，点击 按钮，在图像金色校徽中点击，再将 Puzziness 值调节到适当位置即可。

7．复制层

复制校徽所在层，点击 Background(校徽所在层)，点击 → Duplicate Layer…项(复制图层)，如图 18-22 所示。

图 18-22　Duplicate Layer 菜单

8. 制作放射状光韵

点击下拉菜单中的 Select→Feather…选项，如图 18-23 所示。随即弹出 FeatherSelection 对话框，在 Feather Radius(羽毛半径)中输入 35 Pixeis(像素)，如图 18-24 所示。

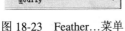
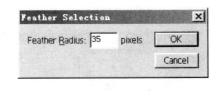

图 18-23　Feather…菜单　　　　　　　　　图 18-24　Feather Selection 对话框

9. 颜色拾取

使用 Color Picker(颜色拾取器)改变颜色。选择米黄色(R：250，G：250，B：150)。

10. 填充颜色

点击下拉主菜单中的 Edit→ Fill…选项，在弹出的 Fill 对话框中进行设置：

　　Contents: Foreground Color　　　　　　　(及选择前景色填充)

　　Opacity: 100%　　　　　　　　　　　　(填充透明值)

　　Mode: Normal　　　　　　　　　　　　(方式：正常的)

11. 重复填充颜色

点击下拉主菜单中的 Edit →Undo Fill…选项。

12. 制作特殊装饰效果

点击下拉主菜单中的 Filter→ PhotTools → PhotoBevel 3.0…选项，如图 18-25 所示。

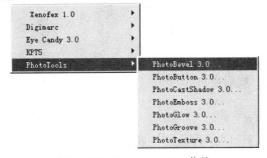

图 18-25　PhotoBevel 3.0 菜单

13. 制作双层浮雕效果

首先对 Extensis PhotoBevel 3.0 对话框中的各种参数进行相应的调整：

Bevel Type: Inner	(斜角类：内部的)
Bevel Shape: Slope	(斜角形状：倾斜)
Edge Tolerance: Middle	(边允许误差：中间的)
Width: 10	(宽度：10)
Softness: 8.5	(柔和：8.5)
Balance: 25%	(平衡：25%)
Highlight Intensity: 80%	(突出亮度：80%)
Shadow Intensity: 65%	(阴影亮度：65%)
Direction: −45°	(方向：−45°)
Highlight: R:255，G:255，B:153	(高光颜色)
Shadow：R:102，G:000，B:000	(暗面颜色)

最后，点击"Apply"按钮，随即产生双层浮雕效果，如图 18-26 所示。

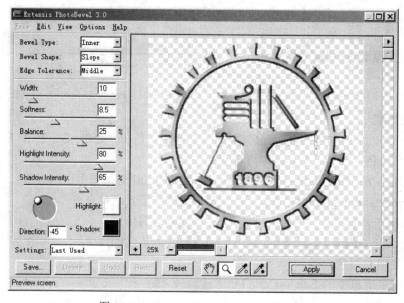

图 18-26　Extensis PhotoBevel 3.0 对话框

14. 调入背景配图

点击下拉主菜单中的 File→Open...，选择路径，输入文件名，最后点击"OK"按钮保存文件。

15. 复制图层

点击 Background 层，然后点击 ▶ 按钮，选择 Duplicate Layer...项(重复 18.1 节中 2～6 步操作)。

16. 制作纸张残烧效果

点击下拉主菜单中的 Filter→ Xenofex 1.0→Stain...选项，如图 18-27 所示。

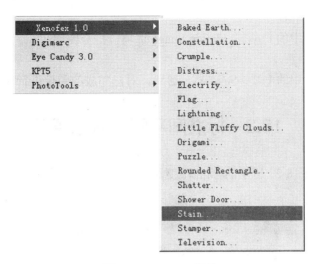

图 18-27　Stain…菜单

17．修改设置

对 Stain…对话框中的各种参数进行相应的调整，如图 18-28 所示。

Edge Width(Pixels): 150 　　　　　　　边宽度(像素): 150

Irregularity: 80 　　　　　　　　　　　例外: 80

Internal Opacity(%): 50% 　　　　　　　内部的不透明(%): 50%

StainColor: R:70，G:45，B:5 　　　　　　颜色倾向

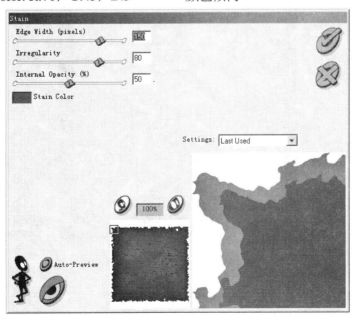

图 18-28　Stain…对话框

18．制作文字

点击 T 按钮，输入所需文字，并选择字体和大小，按"OK"按钮确定。

19. 拼合图层

点击下拉主菜单中的 Layer→Flatten Image 选项，拼合图层。

20. 存储

点击下拉主菜单中的 File→Save As...选项，对已完成的图像进行保存。

18.3　标准间平面二维效果图

任务：完成如图 18-29 所示的标准间二维效果图的制作。

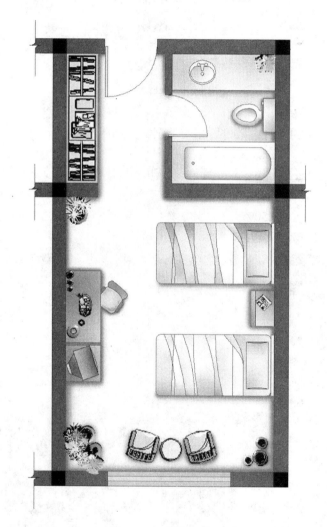

图 18-29　标准间二维效果图

1. 打开已制作好的基本型，如图 18-30 所示

Command: _open

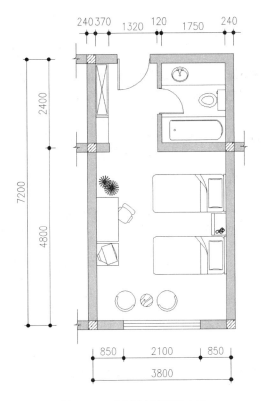

图 18-30　标准间平面基本型

2．指定输出图像

点击下拉主菜单中的 View→Named Views…选项。

Command: _ddview

Initializing...　DDVIEW loaded

重复命令，重复 18.1 节中的 10～18 步骤，对图像进行窗选与保存。修改输出路径、名称，输出图像。完成图像的输出操作。

下面主要介绍一下对图像进行着色和制作特殊效果的过程。

3．启动 Photoshop 6.0 应用程序

点击下拉主菜单中的 File→Open…选项，根据输出图像路径查找到文件名并将其打开。

4．图像格式转换

点击下拉主菜单中的 Image → Mode→RGB Color 选项，进行图像格式转换。

5．颜色拾取

使用 Color Picker(颜色拾取器)改变颜色。

6．颜色填充

点选墙体部分所需要的土红色值(R：120，G：60，B：25)，并点击 (填充)按钮，使其填充到相应的色彩区域内。

7．复制图层

点击 Background(校徽所在层)，点击 → Duplicate Layer…项(复制图层)。

8．对局部选择

单击 ![按钮] 按钮，对需要操作的部分进行点击。

9．对局部着色

单击 ![按钮] 按钮，对需要操作的部分进行喷涂。点击下拉主菜单中的 Window → Show Brushes 选项，对笔触大小进行调节。

10．拼合图层

点击下拉主菜单中的 Layer→Flatten Image 选项，拼合图层。

11．存储

点击下拉主菜单中的 File→Save As…选项，对已完成的图像进行保存。

18.4　练　习　题

通过制作如图 18-31 所示的图形，熟练掌握 AutoCAD 与 Photoshop 文件的转换方法以及简单的特效制作方法。

图 18-31　平面图形练习

附录A　计算机绘图国家标准

《机械制图用计算机信息交换制图规则》GB/T 14665－93 中的制图规则适用于在计算机及其外围设备中显示、绘制、打印机械图样和有关技术文件时使用。

1. 图线的颜色和图层

计算机绘图图线颜色和图层的规定参见表 A-1。

表 A-1　计算机绘图图线颜色和图层的规定

图线名称及代号	线型样式	图线层名	图线颜色
粗实线 A	——————	01	白色
细实线 B	————	02	红色
波浪线 C	～～～	02	绿色
双折线 D	———∕∨———∕∨———	02	蓝色
虚线 F	— — — — —	04	黄色
细点画线 G	— · — · — · —	05	蓝绿/浅蓝
粗点画线 J	— · — · — · —	06	棕色
双点画线 K	— ·· — ·· —	07	粉红/橘红
尺寸线、尺寸界线及尺寸终端形式	⊢————⊣	08	—
参考圆	○→	09	—
剖面线	∕∕∕∕∕∕∕	10	—
字体	ABCD 机械制图	11	—
尺寸公差	123±4	12	—
标题	KLMN 标题	13	—
其他用	其他	14、15、16	—

2. 图线

图线是组成图样的最基本要素之一，为了便于机械制图与计算机信息的交换，标准将 8 种线型(粗实线、粗点画线、细实线、波浪线、双折线、虚线、细点画线、双点画线)分为 5 组。一般 A0、A1 幅面采用第 3 组要求，A2、A3、A4 幅面采用第 4 组要求，具体数值参见表 A-2。

表 A-2　计算机制图线宽的规定

组　别	1	2	3	4	5	一　般　用　途
线宽 (mm)	2.0	1.4	1.0	0.7	0.5	粗实线、粗点画线
	0.7	0.5	0.35	0.25	0.18	细实线、波浪线、双折线、虚线、细点画线、双点画线

3. 字体

字体是技术图样中的一个重要组成部分。标准(GB/T13362.4—92 和 GB/T13362.5—92)规定图样中书写的字体，必须做到：

字体端正　笔画清楚　间隔均匀　排列整齐

(1) 字高：字体高度与图纸幅面之间的选用关系参见表 A-3，该规定是为了保证当图样缩微或放大后，其图样上的字体和幅面总能满足标准要求而提出的。

表 A-3　计算机制图字高的规定

图幅 字高 字体	A0	A1	A2	A3	A4
汉　字	7	5	3.5	3.5	3.5
字母与数字	5	5	3.5	3.5	3.5

(2) 汉字：输出时一般采用国家正式公布和推行的简化字。

(3) 字母：一般应以斜体输出。

(4) 数字：一般应以斜体输出。

(5) 小数点：输出时应占一位，并位于中间靠下处。

附录 B　AutoCAD Mechanical 简介

Autodesk 公司同时发布的 AutoCAD Mechanical 是当今专用于二维机械设计和绘图的系统。在该软件平台的内部集成了大量专门针对二维机械工程设计的强大工具，同以前相比，通过该软件你可以更精确、更连贯地创建、编辑、细化和管理你的二维机械设计和图形。

系统的增强软件包增添了二维标准件库并可快速生成通用机械组件。标准零件库中包含有符合 18 种标准，超过 500 000 个的标准零件，包括螺栓、螺母、垫圈和销钉。可编辑的零件、特征、孔、型材库，有将近 8000 个标准特征，包括中心孔、退刀槽、键槽和螺纹收尾等。超过 20 000 种的标准孔，包括盲孔、沉孔、倒角孔和方孔。标准型材库有几千个已预制的型材，包括 U 型钢、I 型钢、T 型钢、L 型钢和 Z 型钢等。 通过在视图中插入二维标准库中相关内容，方便地创建标准轴、弹簧、齿轮、滑轮、紧固件、链驱动系统，可以大大缩短设计周期。

通过系统提供的绘图工具，可方便地添加装配序号、材料明细表、标准边框、孔洞图表、配合列表、修订线等内容，帮助用户高效地使用和管理二维装配件，快速从二维装配图获得局部放大图。通过"装配序号"和"材料明细表"功能，可以简化序号及明细表的创建过程。"工程图边框"和"标题栏"命令可以用来创建用户自定义的、标准的边框和标题栏。

通过自动标注、智能标注、单步命令方式和工业标准符号等工具，可更快捷准确地完成标注和旁注工作。

具有快速创建机械零部件和自动进行真实的工程计算的命令。按需要进行轴、轴承、螺栓的二维有限元等分析。

"螺纹连接"功能允许用户基于选中的螺纹来选择相应的螺母、垫片和孔。

"标准零件工具"可用来自动生成标准零件、特征或孔的不同视图，同时可将其表达形式由一般形式改变为简化符号形式。

"轴生成器"可用来创建二维轴和通用轴特征，包括中心孔、倒角和锥角，同时也支持轴承、齿轮和其它标准件。

"弹簧生成器"可用来计算、选择和插入压缩弹簧、拉伸弹簧和扭转弹簧，用户可以控制弹簧的表达形式。

"皮带和链发生器"可用来创建链轮和带轮，计算链和带的长度，并在图中插入链和皮带元件。

"计算"功能包括对轴、轴承载荷和寿命的计算，根据力、材料和密封方式选择螺纹的计算。

附录 C　绘图小技巧

　　绘图有许多小技巧，掌握这些技巧以后，可以提高绘图效率，避免许多麻烦。本书特在此对这些小技巧做一简单介绍，供用户参考。

　　(1) 每绘制一种新图，要尽可能将标题栏中相同的内容、设置的尺寸变量、通用的图块等全部存入样板图。不同的文字也存入样板图(如制作明细表时)。这样，绘图时只要修改文字即可，而不用每次核对位置。

　　(2) 绘图时，将辅助线做在轮廓线层，可以直接修剪成图，如图 C-1 所示。

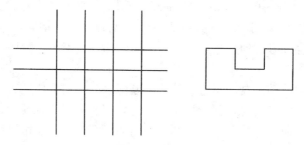

图 C-1　用辅助线直接修剪成图

　　(3) 将倒角或圆角命令的距离或半径设为 0，修剪或延长两条线，如图 C-2 所示。

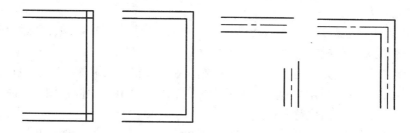

图 C-2　用倒角或圆角命令修剪或延长线

　　(4) 使用断开命令修剪长出的线头，如图 C-3 所示。

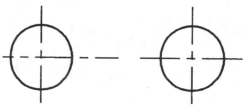

图 C-3　修剪线头

　　(5) 自制尺寸箭头：

　　① 绘制一箭头图形，如图 C-4 所示；

　　② 将箭头图形做成图块，必须起名为"Dimblk"，右端点为插入点；

　　③ 在尺寸变量的箭头设置中，选取"User Arrow…"，键入名称"Dimblk"。

插入点

图 C-4　自制尺寸箭头

(6) 绘制边界图形复杂的剖面线时，有时计算机找不到边界，需在图形中间绘制一条直线，图形则变得简单而很容易填充。然后再将直线删除。

(7) 填充剖面线时，先将一些轮廓中间的线所在层关闭，再选区域，则很容易填充，例如填充剖视螺纹，如图 C-5 所示。

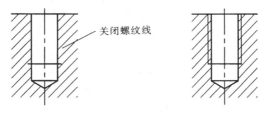

关闭螺纹线

图 C-5　关闭线层可便于填充

(8) 通过坐标变换，将 3D 操作(3D array、mirror 3D、rotate 3D)用二维代替。

(9) 通过坐标变换，可以用 Trim 修剪与当前 UCS 同面的线段。

(10)　Hatch 填充剖面线只能在二维的 XY 平面(Z=0)中应用。三维填充时，通过坐标变换，并在 XY 平面(Z=0)中绘制一平面图形与要填充的轮廓一样，在平面图形内填充，然后再将所填图案移动到所需位置，或将要填充的图形移到 XY 平面(Z=0)进行填充。

(11) 所有图形均可按 1:1 的比例绘制，在标注尺寸之前把图缩小，将尺寸的线性比例系数放大，放大倍数等于图缩小的倍数，标注尺寸数值不变。

(12) 用 Ucsicon 命令选 NO 项，可以不让坐标符号随坐标原点移动。

Command: ucsicon ↵

ON/OFF/All/Noorigin/ORigin <ON>: **NO** ↵

附录 D 尺 寸 变 量

在 Dim 命令下键入 Status 即可显示出全部尺寸变量，如表 D-1 所示。

Command: Dim

Dim: Status

表 D-1 尺寸变量说明

序号	命 令	默 认 值	说 明
1	DIMALT	Off	Alternate units selected
2	DIMALTD	2	Alternate unit decimal places
3	DIMALTF	25.4000	Alternate unit scale factor
4	DIMALTTD	2	Alternate tolerance decimal places
5	DIMALTTZ	0	Alternate tolerance zero suppression
6	DIMALTU	2	Alternate units
7	DIMALTZ	0	Alternate unit zero suppression
8	DIMAPOST		Prefix and suffix for alternate text
9	DIMASO	On	Create associative dimensions
10	DIMASZ	0.1800	Arrow size(箭头大小)
11	DIMAUNIT	0	Angular unit format
12	DIMBLK		Arrow block name
13	DIMBLK1		First arrow block name
14	DIMBLK2		Second arrow block name
15	DIMCEN	0.0900	Center mark size
16	DIMCLRD	BYBLOCK	Dimension line and leader color
17	DIMCLRE	BYBLOCK	Extension line color
18	DIMCLRT	BYBLOCK	Dimension text color
19	DIMDEC	4	Decimal places
20	DIMDLE	0.0000	Dimension line extension
21	DIMDLI	0.3800	Dimension line spacing(尺寸线间距)
22	DIMEXE	0.1800	Extension above dimension line(尺寸界线延长距离)
23	DIMEXO	0.0625	Extension line origin offset
24	DIMFIT	3	Fit text
25	DIMGAP	0.0900	Gap from dimension line to text
26	DIMJUST	0	Justification of text on dimension line
27	DIMLFAC	1.0000	Linear unit scale factor
28	DIMLIM	Off	Generate dimension limits
29	DIMPOST		Prefix and suffix for dimension text
30	DIMRND	0.0000	Rounding value
31	DIMSAH	Off	Separate arrow blocks
32	DIMSCALE	1.0000	Overall scale factor

续表

序号	命　　令	默 认 值	说　　　　明
33	DIMSD1	Off	Suppress the first dimension line
34	DIMSD2	Off	Suppress the second dimension line
35	DIMSE1	Off	Suppress the first extension line
36	DIMSE2	Off	Suppress the second extension line
37	DIMSHO	On	Update dimensions while dragging
38	DIMSOXD	Off	Suppress outside dimension lines
39	DIMSTYLE	STANDARD	Current dimension style (read-only)
40	DIMTAD	0	Place text above the dimension line
41	DIMTDEC	4	Tolerance decimal places
42	DIMTFAC	1.0000	Tolerance text height scaling factor
43	DIMTIH	On	Text inside extensions is horizontal
44	DIMTIX	Off	Place text inside extensions
45	DIMTM	0.0000	Minus tolerance
46	DIMTOFL	Off	Force line inside extension lines
47	DIMTOH	On	Text outside horizontal
48	DIMTOL	Off	Tolerance dimensioning
49	DIMTOLJ	1	Tolerance vertical justification
50	DIMTP	0.0000	Plus tolerance
51	DIMTSZ	0.0000	Tick size
52	DIMTVP	0.0000	Text vertical position
53	DIMTXSTY	STANDARD	Text style
54	DIMTXT	0.1800	Text height(尺寸数字高度)
55	DIMTZIN	0	Tolerance zero suppression
56	DIMUNIT	2	Unit format
57	DIMUPT	Off	User positioned text
58	DIMZIN	0	Zero suppression

附录 E 系统变量

在命令"Setvar"后键入"?"即可显示全部的系统变量,其中一部分不能修改,只能读取(read only)。大部分能修改的变量,也可在对话框中修改,这点前面已讲过。全部尺寸变量也在系统变量中,因其已单独列出,所以系统变量中不再罗列。AutoCAD 的系统变量如表 E-1 所示。

Command: '_setvar Variable name or ?: ?

Variable(s) to list <*>:

表 E-1 系统变量说明

序号	系统变量名称	当前默认值	功能说明
1	ACADPREFIX		(read only)
2	ACADVER	"14.0"	(read only)
3	ACISOUTVER	16	(read only)
4	AFLAGS	0	设置属性定义的特殊码
5	ANGBASE	0	设置关于当前 UCS 的 0 角度方向
6	ANGDIR	0	设置关于当前 UCS 的从 0 角度出发的正方向
7	APBOX	0	打开或关闭 AutoSnap 框
8	APERTURE	10	设置目标捕捉的目标高度,单位为像素
9	AREA	0.0000	(read only)
10	ATTDIA	0	控制 Insert 是否使用对话框进行特性值输入
11	ATTMODE	1	控制特性的显示
12	ATTREQ	1	控制 Insert 在块插入时是否使用特性设置
13	AUDITCTL	0	控制 AUDIT 是否建立 ADT 文件
14	AUNITS	0	设置角度的单位
15	AUPREC	0	设置角度单位的小数位数
16	AUTOSNAP	7	控制 AutoSnap 标记和 SnapTips 的显示,并可打开或关闭 AutoSnap
17	BACKZ	0.0000	(read only)
18	BLIPMODE	0	控制标记是否可见
19	CDATE	20000901.11	(read only)
20	CECOLOR	"BYLAYER"	设置新物体的颜色
21	CELTSCALE	1.0000	设置当前物体的线段的缩放比例
22	CELTYPE	"BYLAYER"	设置新物体的线型
23	CHAMFERA	0.5000	设置倒角第一个边的倒角距离
24	CHAMFERB	0.5000	设置倒角第二个边的倒角距离
25	CHAMFERC	1.0000	设置倒角长度
26	CHAMFERD	0	设置倒角角度
27	CHAMMODE	0	设置 AutoCAD 倒角的输入方式
28	CIRCLERAD	0.0000	设置默认的圆的半径

续表一

序号	系统变量名称	当前默认值	功 能 说 明
29	CLAYER	"0"	设置当前层
30	CMDACTIVE	1	(read only)
31	CMDDIA	1	控制是否打开用于 Plot 和外部数据库命令的对话框
32	CMDECHO	1	控制在 AutoLISP(命令)函数中 AutoCAD 是否回显提示和输入
33	CMDNAMES	"SETVAR"	(read only)
34	CMLJUST	0	控制结构线的对齐方式
35	CMLSCALE	1.0000	控制整个结构线的宽度
36	CMLSTY	"STANDARD"	设置结构线的形式(名称)
37	COORDS	1	控制更新状态行上的坐标
38	CURSORSIZE	5	控制十字光标的尺寸,其值为屏幕尺寸的百分比
39	CVPORT	2	设置当前视区的标识号
40	DAT	2451789.46705359	(read only)
41	DBMOD	4	(read only)
42	DCTCUST	"C:\PROGRAM FILES\AUTOCAD 2002\support\sample.cus"	
43	DCTMAIN	"enu"	显示当前主拼写字典的路径和文件名
44	DELOBJ	1	控制从图形数据库中保留或删除建立的对象
45	DEMANDLOAD	3	在应用程序中建立包含定制对象的图形时,设置是否要求及何时要求 AutoCAD 加载第三方应用程序
46	DIASTAT	1	(read only)
47	DISPSILH	0	控制在线框模式下图素轮廓曲线的显示
48	DISTANCE	0.0000	(read only)
49	DONUTID	0.5000	设置圆环内径的默认值
50	DONUTOD	1.0000	设置圆环外径的默认值
51	DRAGMODE	2	控制拖动图素的显示
52	DRAGP1	10	设置重显拖动输入取样的速率
53	DRAGP2	25	设置快速拖动输入取样的速率
54	DWGCODEPAGE	"ANSI_936"	(read only)
55	DWGNAME	"Drawing.dwg"	(read only)
56	DWGPREFIX	"C:\Program Files\AutoCAD 2002\"	(read only)
57	DWGTITLED	0	(read only)
58	EDGEMODE	0	控制如何确定 Trim 和 Extend 命令的剪切边界
59	ELEVATION	0.0000	存储当前空间相对于当前 UCS 的基面标高
60	EXPERT	0	控制发出某些命令的提示
61	EXPLMODE	1	控制 Explode 是否支持非一致的比例缩放块

续表二

序号	系统变量名称	当前默认值	功能说明
62	EXTMAX	-1.0000E+20,-1.0000E+20, -1.0000E+20	(read only)
63	EXTMIN	1.0000E+20,1.0000E+20,1.0000E+20	(read only)
64	FACETRATIO	0	控制圆柱和圆锥 ACIS 实体的高宽比
65	FACETRES	0.5000	调整带阴影和重画的图素以及消隐图素的平滑程度
66	FILEDIA	1	禁止文件对话框的显示
67	FILLETRAD	0.5000	存储当前的圆角半径
68	FILLMODE	1	设置由实体填充建立的物体是否显示填充
69	FONTALT	"simplex.shx"	在未找到指定的字体文件时，设置是否使用替代字体
70	FONTMAP	"C:\PROGRAM FILES\AUTOCAD 2002\support\acad.fmp"	指定使用字体的映像文件
71	FRONTZ	0.0000	(read only)
72	GRIDMODE	0	设置是否打开或关闭网点
73	GRIDUNIT	0.5000,0.5000	设置当前视区的网点间距
74	GRIPBLOCK	0	控制块中的特征点的显示
75	GRIPCOLOR	5	控制非特征点(以边框轮廓画出)的颜色
76	GRIPHOT	1	控制特征点(以填充形式画出)的颜色
77	GRIPS	1	在特征点模式下，设置特征点选择集的使用
78	GRIPSIZE	4	设置特征点显示框的尺寸，单位为像素
79	HANDLES	1	(read only)
80	HIDEPRECISION	0	控制消隐和阴影的精度
81	HIGHLIGHT	1	控制图素显亮，不影响用特征点选择的物体
82	HPANG	0	设置填充图案的角度
83	HPBOUND	1	控制由 Bhatch 和 Boundary 建立的物体类型
84	HPDOUBLE	0	设置用户定义的图案是否双向处理
85	HPNAME	"ANSI31"	设置一个默认填充图案的名称
86	HPSCALE	1.0000	设置填充图案的缩放因子
87	HPSPACE	1.0000	设置用户定义的填充图案的间距
88	INDEXCTL	0	控制是否在图形文件中建立和存储层与空间的索引
89	INETLOCATION	"http://www.autodesk.com/acaduser"	存储 Internet 地址
90	INSBASE	0.0000,0.0000,0.0000	存储 Base 设置的插入基点
91	INSNAME	""	设置 Insert 的默认块名
92	ISAVEBAK	1	提高增量存储的速度
93	ISAVEPERCENT	50	设置在一个文件中的垃圾空间的大小
94	ISOLINES	4	设置实体表面的线数
95	LASTANGLE	0	(read only)
96	LASTPOINT	0.0000,0.0000,0.0000	存储最近输入的点坐标值

续表三

序号	系统变量名称	当 前 默 认 值	功 能 说 明
97	LASTPROMPT	"LASTANGLE 0 (read only)"	(read only)
98	LENSLENGTH	50.0000	(read only)
99	LIMCHECK	0	控制是否在绘图区外创建物体
100	LIMMAX	12.0000,9.0000	存储绘图界限右上角坐标值
101	LIMMIN	0.0000,0.0000	存储绘图界限左下角坐标值
102	LISPINIT	1	绘新图时,设置是否保护定义的函数和变量,或只在当前图有效
103	LOCALE	"chs"	(read only)
104	LOGFILEMODE	0	设置是否把文本窗口的内容写到一个日志文件中
105	LOGFILENAME	"C:\Program Files\AutoCAD 2002\acad.log"	设置日志文件的路径
106	LOGINNAME	"qzh, q"	配置或加载 AutoCAD 时,输入用户名 (read only)
107	LTSCALE	1.0000	设置全局线型缩放比例因子
108	LUNITS	2	设置直线的单位
109	LUPREC	4	设置直线的单位的小数位数
110	MAXACTVP	48	设置一次激活的最多视区数目
111	MAXSORT	200	设置列表命令分类的最多符号名或文件名的数目
112	MEASUREINIT	1	
113	MEASUREMENT	0	设置绘图的单位为英制或公制
114	MENUCTL	1	控制屏幕菜单的开关
115	MENUECHO	0	设置菜单回显和提示控制
116	MENUNAME	"C:\PROGRAM FILES\AUTOCAD 2002\support\acad"	(read only)
117	MIRRTEXT	1	设置镜像操作时的文本反射
118	MODEMACRO	" "	在状态行显示文本字符串
119	MTEXTED	"Internal"	设置编辑多行文本使用的程序名称
120	OFFSETDIST	1.0000	设置默认偏移距离
121	OLEHIDE	0	控制 AutoCAD 嵌入物体的显示
122	ORTHOMODE	0	设置光标正交移动
123	OSMODE	0	设置运行捕捉模式
124	OSNAPCOORD	2	控制在命令行输入的坐标是否覆盖连续的物体捕捉
125	PDMODE	0	控制如何显示点的类型
126	PDSIZE	0.0000	设置点的显示尺寸
127	PELLIPSE	0	控制椭圆的类型
128	PERIMETER	0.0000	(read only)
129	PFACEVMAX	4	(read only)

续表四

序号	系统变量名称	当 前 默 认 值	功 能 说 明
130	PICKADD	1	控制添加物体的选择方式
131	PICKAUTO	1	控制选择物体的自动窗口
132	PICKBOX	3	设置物体的选择的目标高度
133	PICKDRAG	0	控制绘制物体选择窗口的方法
134	PICKFIRST	1	控制选择物体在命令之前或之后
135	PICKSTYLE	1	控制项目组选择和关联填充阴影选择的使用
136	PLATFORM	"Microsoft Windows Version 4.0 (x86)"	(read only)
137	PLINEGEN	0	设置如何沿二维多段线的顶点生成线性图案
138	PLINETYPE	2	设置 AutoCAD 是否使用优化的二维多段线
139	PLINEWID	0.0000	存储默认的多段线的宽度
140	PLOTID	"Default System Printer"	默认系统绘图(打印)机
141	PLOTROTMODE	1	控制绘图输出的方向
142	PLOTTER	0	基于赋予的整数改变默认的绘图(打印)机
143	POLYSIDES	4	设置多边形的默认边数
144	POPUPS	1	(read only)
145	PROJECTNAME	""	存储当前项目名称
146	PROJMODE	1	设置剪切或拉伸的模式
147	PROXYGRAPHICS	1	设置代理的图像是否存储在图形中
148	PROXYNOTICE	1	当打开应用程序而该应用程序不存在时，显示注意信息
149	PROXYSHOW	1	控制图形中代理图素的显示
150	PSLTSCALE	1	控制图纸空间线性比例缩放
151	PSPROLOG	""	当使用 Psout 命令时，设置是否给从 acad.psf 文件读取的序言部分赋名
152	PSQUALITY	75	控制 PostScript 图像的输出质量
153	QTEXTMODE	0	控制如何显示文本
154	RASTERPREVIEW	1	控制图形预览图像是否与图形一起存储并设置其格式类型
155	REGENMODE	1	控制图形的自动重新生成
156	RTDISPLAY	1	当实时缩放或扫描时，控制光栅图像的显示
157	SAVEFILE	"auto.sv$"	(read only)
158	SAVENAME	""	(read only)
159	SAVETIME	120	以分钟为单位设置自动存储间隔
160	SCREENBOXES	0	(read only)
161	SCREENMODE	3	(read only)
162	SCREENSIZE	462.0000,245.0000	(read only)
163	SHADEDGE	3	控制重画时边缘的阴影
164	SHADEDIF	70	设置漫射反射光线到环境光线的比率
165	SHPNAME	""	设置一个默认的图形名

续表五

序号	系统变量名称	当前默认值	功能说明
166	SKETCHINC	0.1000	设置 Sketch 的记录增量
167	SKPOLY	1	设置 Sketch 生成直线或多段线
168	SNAPANG	0	设置当前视区的捕捉和特征点旋转角度
169	SNAPBASE	0.0000,0.0000	设置当前视区的捕捉和特征点的原点
170	SNAPISOPAIR	0	控制当前视区的轴测面
171	SNAPMODE	0	设置打开或关闭捕捉模式
172	SNAPSTYL	0	设置当前视区的捕捉类型
173	SNAPUNIT	0.5000,0.5000	设置当前视区的捕捉间距
174	SORTENTS	96	控制 Options 命令物体的排序操作
175	SPLFRAME	0	控制多段线样条拟合的显示
176	SPLINESEGS	8	设置多段线样条拟合生成的线段数目
177	SPLINETYPE	6	设置多段线样条拟合的类型
178	SURFTAB1	6	设置 M 向的网格密度
179	SURFTAB2	6	设置 N 向的网格密度
180	SURFTYPE	6	控制曲面拟合的类型
181	SURFU	6	设置 M 向的曲面密度
182	SURFV	6	设置 N 向的曲面密度
183	SYSCODEPAGE	"ANSI_936"	(read only)
184	TABMODE	0	控制图形输入板的使用
185	TARGET	0.0000,0.0000,0.0000	(read only)
186	TDCREATE	2451789.46665938	(read only)
187	TDINDWG	0.00047234	(read only)
188	TDUPDATE	2451789.46665938	(read only)
189	TDUSRTIMER	0.00047234	(read only)
190	TEMPPREFIX	"C:\WINDOWS\TEMP\"	(read only)
191	TEXTEVAL	0	控制文本字符串的求值方法
192	TEXTFILL	0	控制字体填充
193	TEXTQLTY	50	设置字体的分辨率
194	TEXTSIZE	0.2000	设置默认字体高度
195	TEXTSTYLE	"STANDARD"	设置默认字体的类型
196	THICKNESS	0.0000	设置当前厚度
197	TILEMODE	1	控制访问图纸空间和视区
198	TOOLTIPS	1	控制工具提示的显示
199	TRACEWID	0.0500	设置默认轨迹线的宽度
200	TREEDEPTH	3020	设置树结构空间索引可能分成若干分支的次数
201	TREEMAX	10000000	通过限制树结构中的结点数来限制刷新时的内存损耗
202	TRIMMODE	1	控制倒角和圆角的切边模式

序号	系统变量名称	当 前 默 认 值	功 能 说 明
203	UCSFOLLOW	0	当从一个 UCS 改变到另一个 UCS 时，生成一个平面图
204	UCSICON	1	显示当前用户坐标系图标
205	UCSNAME	""	(read only)
206	UCSORG	0.0000,0.0000,0.0000	(read only)
207	UCSXDIR	1.0000,0.0000,0.0000	(read only)
208	UCSYDIR	0.0000,1.0000,0.0000	(read only)
209	UNDOCTL	13	(read only)
210	UNDOMARKS	0	(read only)
211	UNITMODE	0	控制单位的显示模式
212	VIEWCTR	8.5020,4.5000,0.0000	(read only)
213	VIEWDIR	0.0000,0.0000,1.0000	(read only)
214	VIEWMODE	0	(read only)
215	VIEWSIZE	9.0000	(read only)
216	VIEWTWIST	0	(read only)
217	VISRETAIN	1	控制文件中层的可见性
218	VSMAX	51.0123,27.0000,0.0000	(read only)
219	VSMIN	-34.0082,-18.0000,0.0000	(read only)
220	WORLDUCS	1	(read only)
221	WORLDVIEW	1	在执行 Dview 或 Vpoint 命令过程中，控制是否把 UCS 改变成 WCS
222	WRITESTAT	1	(read only)
223	XCLIPFRAME	0	控制 xref 剪切边的可见性
224	XLOADCTL	1	打开或关闭 xref 请求，控制它打开原始图形还是打开备份图形
225	XLOADPATH	"C:\WINDOWS\TEMP\"	建立一个路径用于存储被加载的 xref 文件的临时备份
226	XREFCTL	0	控制 AutoCAD 是否写外部引用的日志(XLG)文件

附录 F　AutoCAD 工程师认证考试大纲(2008)

一、深入了解人机交互界面

图形的修复或恢复方法及自动保存

面板、控制台的操作与自定义

熟悉创建工具栏和工具按钮的方法

掌握个性化工作空间的方法

熟悉临时替代键和快捷键的使用

功能区、菜单和其他工具位置以及菜单浏览器

快捷特性与快速查看

二、图形组织和图档管理

打开和保存图形时可选择的格式

生成图形标准，并用一个 DWS 文件检查违反标准的图形

利用图层管理器中的过滤功能，使用图层转换器，图层特性管理器的预览功能

知道如何显示和隐藏光栅图像的边界

外部参照选项板的使用

Action Recorder (动作录制器)

三、工作过程的管理

图纸一览表的生产、图纸集归档

输出图纸集中的视图管理、引用

在视口工具条中增加列表的比例

理解和应用图纸设置传输

发布三维 DWF(3ddwf 与输出)

DWF 发布改进(XPS，将布局输出到模型)

AotuCAD 网络版中的许可出借

四、生成与修改对象

用相对的和绝对的极轴追踪来生成和修改对象

用相对坐标生成几何图形

生成三维多线段

生成带圆弧的几何图形

用 MEASURE 和 DIVIDE 命令放置块定义

使用动态块

使用组命令

利用 QSELECT 或 FILTER 生成选择集

利用 ROTATE 和 SCALE 中的参照选项

理解在 AutoCAD 2008 中如何编辑 OLE 的对象

使用 JOIN 命令

利用 STRETCH 来编辑现有对象

利用 LENGTHEN 选项生成指定的弧长

利用 GRIPS 菜单中的所有选项

利用 ARRAY 命令生成包含重复对象的图案

五、三维建模

3D 高级建模(三维辅助绘图工具、放样建模与扫掠建模)

修改三维实体与曲面

使用夹点编辑三维实体

灯光的新增功能

相机的新增功能、动画和穿越漫游

材质的改进和增强：编辑材质、浏览材质改进的效果、预览真实材质、调整程序贴图

预设渲染设置、全局照明渲染

ViewCube 与 SteeringWheels

六、注释和剖面曲线填充

缩放注释

尺寸标注新增功能

多行文字增强

意识到将文字高度设为 0 的后果

提取图案填充区域的信息

改变阴暗图案的原点

间隙填充边界，图案填充边界的编辑

修剪图案填充与边界重生成

能生成并修改属性字段的定义

将属性数据提取到列表中

表格数据链接、实时表格、创建更好的表格

七、打印和发布图形

在布局中生成视口

改变颜色和命令的打印样式表

理解在布局中放置尺寸的限制条件、控制图纸发布的过程

八、数据共享和协作

区别外绑定的或附着的 XREFs 图层名的构造

控制图形密印(图形安全、标记)

了解 Autodesk Vault

了解 Autodesk Design Review

使用 DWF 参考底图

电子传递

附录 G　计算机辅助设计《试题汇编》摘选(操作员级，2004)

　　计算机辅助设计《试题汇编》是劳动部全国计算机及信息高新技术考试指定教材，由国家职业技能鉴定专家委员会计算机专业委员会编写。

　　使用说明：

　　本书为全国计算机信息高新技术考试计算机辅助设计模块(操作员级)的试题汇编，该项考试的所有试题全部包括其中，供考试或考前复习使用。

　　本试题汇编分为八个试题单元，第一单元有 1 道题，第二单元至第七单元均有 20 道题，第八单元有 1 道题。

　　在正式考试时，考生将拿到一份下发的《考生选题单》，上面有一个表格如下：

第一单元至第八单元选题单

单元号	一	二	三	四	五	六	七	八
题号								

　　其中单元号为本书中每个单元的序号，题号为每个单元中各个题目的序号，由考试服务中心抽取，考生按书中题目要求答题。

　　第一单元和第八单元的 1 道题为必做题，这两个单元的题号空格内的数字均为 1。第二单元至第七单元采用的是相同的抽题方法，即从该单元的 20 道题中随机抽取 1 道题，并把被抽取的题号填入到第二单元至第七单元选题单的相应空格内。

第一单元　文　件　操　作

　　在 C 盘上有如下子目录结构：

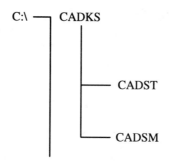

```
C:\ ┬ CADKS
    │
    ├── CADST
    │
    └── CADSM
```

　　考生操作内容：在硬盘的指定分区上建立考生的一个子目录，目录名填考生准考证号的后七位数。

　　(1) 启动 AutoCAD 软件。

　　(2) 创建一张新图，画一条直线，以 XCAD1-1.DWG 保存到考生自己的目录中。

　　(3) 打开 C：CADKS\SCADSTK 中的 YCAD1-1，并将其另存到考生自己的目录中，其名称为 XCAD1-2.DWG。

第二单元　绘制基本图素

第 1 题：建立新图形，要求完成的图形如图 G-1 所示。

(1) 绘制水平和垂直中心线，线型为 CENTER。

(2) 画左侧的椭圆和右侧的圆。

(3) 用多义线画右侧的半圆弧和与圆弧相联的两条水平轮廓线；画四边形。

(4) 标注文字 CAD2　SCALE　1:10。

将完成的图形以 XCAD2-2.DWG 为名存储在考生自己的目录中。

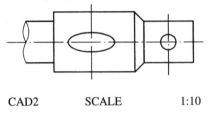

CAD2　　　　　　SCALE　　　　　　　1:10

图 G-1　要求完成的图形

第三单元　　绘 图 属 性

第 1 题：建立新图形，要求完成的图形如图 G-2 所示。

(1) 采用十进制长度单位(Decimal)，精度为小数点后 4 位；采用十进制角度单位(Decimal degrees)，精度为小数点后 2 位。

(2) 设图形界限(Limits 范围)为 A4(297*210)，左下角为(0，0)，将显示范围设置得和图形界限相同。

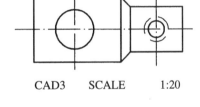

CAD3　　　SCALE　　　1:20

图 G-2　要求完成的图形

(3) 建立新层 L1，线型为 CENTER；建立新层 L2，层色为红色，线型为 CONTINUOUS。

(4) 在 L1 层上绘制中心线，颜色为黄色，线型由层决定。

(5) 在 L2 层上绘制图形的其余部分，颜色由层决定，除虚线圆外，线型由层决定。

(6) 调整线型比例，使中心线和虚线有合适的显示效果。

(7) 定义字型 S，依据的字体为 Romand，其余参数使用缺省值。在 0 层上用字型 S 写文字 CAD3　SCALE　1:20。

将完成的图形以 XCAD3-1.DWG 为名存到考生目录下。

第四单元　　图 形 编 辑

第 1 题：打开图形文件 C:\CADKS\CADST\CAD4-1.DWG，看到的图形如图 G-3(a)所示，要完成的图形如图 G-3(b)所示。

(1) 删去正四边形。

(2) 将左侧圆复制一个到右侧，圆心位于右侧中心线的交点。

(3) 裁剪多义线①和左侧圆侧环中不需要的部分；拉伸图形的右半部分，使之伸长如图 G-3(b)所示。

(4) 将多义线①的右上角修或圆角，圆角半径如图 G-3(b)所示；将多义线②修成圆角。

(5) 将右侧圆③放大 1.5 倍。

(6) 将图形以水平中心线为镜像线，镜像复制出下半部分图形。

将完成的图形以 XCAD4-1.DWG 为名存储在考生自己的目录中。

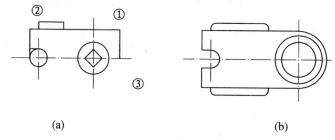

(a)　　　　　　　　　　　　　　(b)

图 G-3　修改并绘制图形

第五单元　精 确 绘 图

第 1 题：建立新图形，如图 G-4 所示，要求按图示尺寸精确绘图(尺寸标注不画)，绘图和编辑方法不限，注意使用辅助线(用后删去)和目标捕捉功能，未明确要求线宽者，线宽为 0.11。设置捕捉网格(SNAP)间距为 5，参考网格(GRID)间距也为 5。

(1) 建立层 L1，线型为 CENTER，颜色为绿色，在其上绘制水平和垂直中心线。

(2) 在 0 层上绘制由两个半圆弧和直线构成的封闭多义线，线宽为 0.25。绘制外轮廓线，要求直线和弧线部分光滑连接，最终构成线宽为 0.25 的封闭多义线。

将完成的图形以 XCAD5-1.DWG 为名存储在考生自己的目录中。

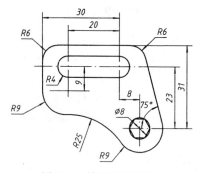

图 G-4　精确绘制图形

第六单元　修 改 绘 图

第 1 题：打开图形文件 C:\CDAKS\CADST\YCAD6-1.DWG，看到图形如图 G-5(a)所示，

要求完成的图形如图 G-5(b)所示。

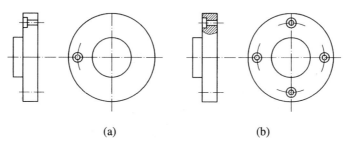

(a)   (b)

图 G-5 修改并绘制图形

(1) 将两个小圆定义为一个块，块名为 A，块的插入基点位于圆心。

(2) 将块 A 插入到原来的位置上，尺寸不变。

(3) 以大圆的圆心为中心，进行环形阵列，完成图 G-5(b)所示右侧图形。

(4) 画多义线并进行曲线拟合，以此作为剖面线的一部分边界，并按图形 G-5(b)所示进行裁剪。

(5) 在指定区域内画图 G-5(b)所示的剖面线。

将完成的图形以 **XCAD6-1.DWG** 为名存储在考生自己的目录中。

第七单元 尺 寸 标 注

第 1 题：打开图形文件 C:\CADKS\CADST\YCAD7-1.DWG，如图 G-6 所示，按要求标注尺寸，尺寸文字的大小和箭头要求设置合理，尺寸标注的颜色均为黄色。

(1) 标注水平尺寸(6，34)。

(2) 标注垂直尺寸(56，6.3)。

(3) 标注角度尺寸(107°)。

(4) 标注半径尺寸(R5，R15，R10)。

(5) 标注水平连续尺寸(20，25)。

(6) 标注带公差的直径尺寸(直径，正公差 0.03，负公差 0.02)。

(7) 标注引出线尺寸(DEEP20)。

将完成的图形以 **XCAD7-1.DWG** 为名存储在考生自己的目录中。

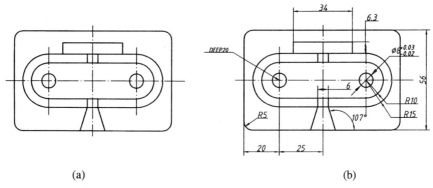

(a)   (b)

图 G-6 按要求标注尺寸

第八单元　图　形　输　出

打开 C:\CADKS\CADST\YCAD8-1.DWG 图形文件。本题共有 7 个小题，要求选择正确答案，请在图形右侧对应小题号后面的括号内填写所选择的答案(如选择答案 A，就填写 A)。答案用 TEXT 填写。

在图形输出时，用 PLOT 命令弹出对话框进行各种设置，请回答：

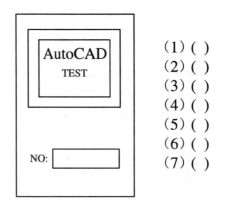

(1) ( )
(2) ( )
(3) ( )
(4) ( )
(5) ( )
(6) ( )
(7) ( )

(1) 选择输出设备时应选择哪一个按钮：

A: Device and Default Selection

B: Optimization…

(2) 调整绘图笔的参数时应选择哪一个按钮：

A: Pen Assignments…

B: Pen Parameters

(3) 在不改变屏幕显示的前提下，将输出内容确定为只包括上部的两个黄色矩形及其内部的文字(AutoCAD 和 TEST)，应选择哪一个开关：

A: Display

B: Extents

C: Window

D: View

(4) 将输出的长度单位设置为毫米，应打开哪一个按钮：

A: Inches

B: MM

(5) 确定图纸幅面，应选择哪一个按钮：

A: Size

B: Window…

(6) 设置绘图原点和绘图角度，应选择哪一个按钮：

A: Size

B: Window

C: Rotation and Origin…

(7) 将图形缩小为原来的1%输出到图纸上，绘图比例应设置为：

A: Plotted MM= Drawing

　　　　　　100= 1

B: Plotted MM= Drawing

　　　　　　1=100

填写完毕后，以 XCAD8-1.DWG 为名将图形存储在考生自己的目录中。

以下为可供抽选的部分考题。

1. 第二单元中的部分题

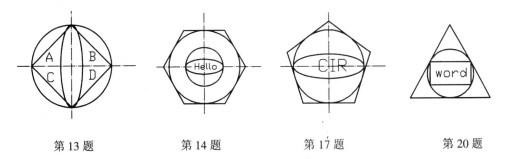

　　第 13 题　　　　　　第 14 题　　　　　　第 17 题　　　　　　第 20 题

2. 第三单元中的部分题

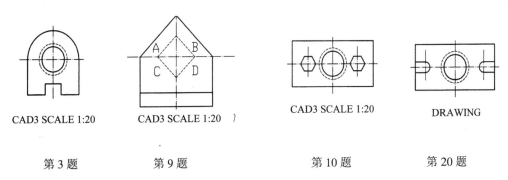

CAD3 SCALE 1:20　　CAD3 SCALE 1:20　　CAD3 SCALE 1:20　　DRAWING

　　第 3 题　　　　　　第 9 题　　　　　　第 10 题　　　　　　第 20 题

3. 第四单元中的部分题

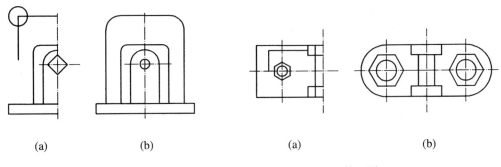

　　(a)　　　　　　(b)　　　　　　　　　(a)　　　　　　　(b)

　　　　第 4 题　　　　　　　　　　　　　　第 7 题

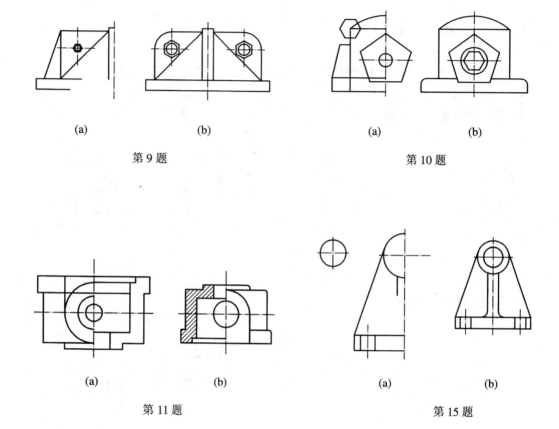

(a)   (b)   (a)   (b)

第 9 题   第 10 题

(a)   (b)   (a)   (b)

第 11 题   第 15 题

4．第五单元中的部分题

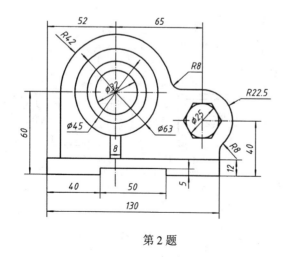

第 2 题

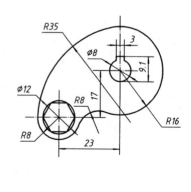

第 3 题

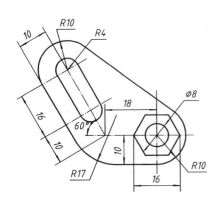

第 4 题

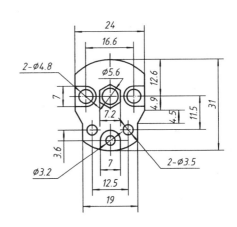

第 6 题

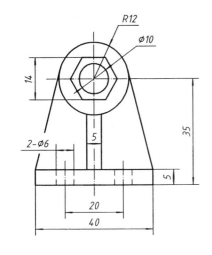

第 10 题

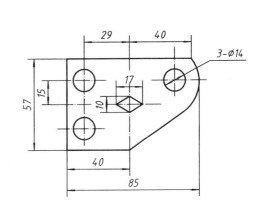

第 19 题

5．第六单元中的部分题

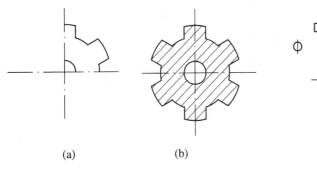

(a)　　　　　　　　　　(b)

第 2 题

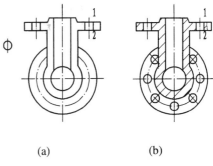

(a)　　　　　　　　　　(b)

第 6 题

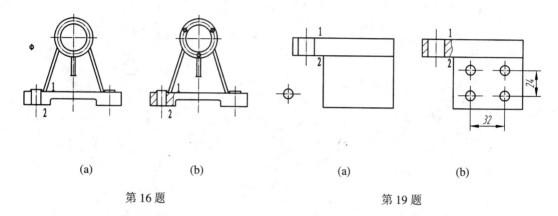

(a)　　　　　　(b)　　　　　　　　　(a)　　　　　　(b)

第 16 题　　　　　　　　　　　　第 19 题

6．第七单元中的部分题

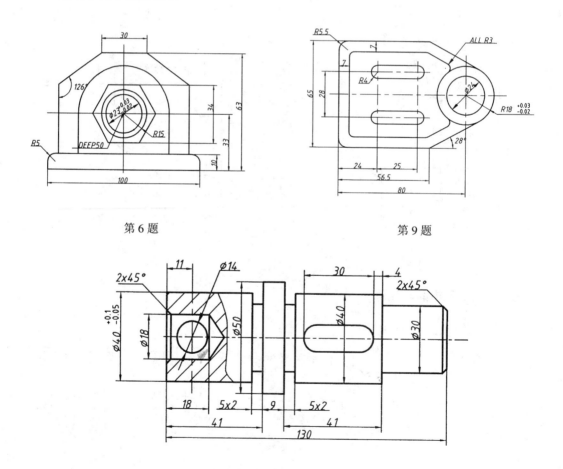

第 6 题　　　　　　　　　　　　第 9 题

第 12 题

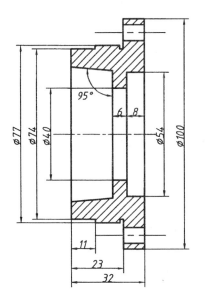
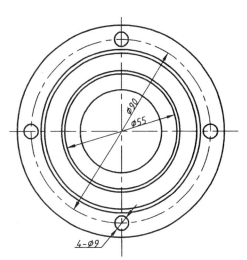

第 13 题

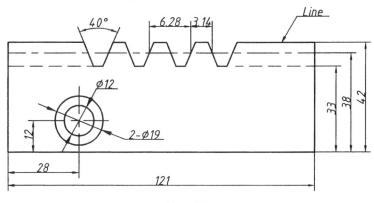

第 19 题

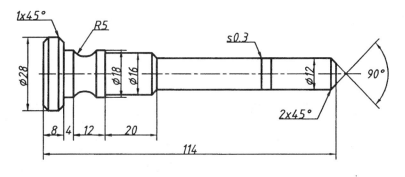

第 20 题

附录 H　部分认证考题(2008)

题目 1：控制图案填充、二维实体和宽多段线等对象的填充命令 fill 可以通过什么方式进入：

    A. 下拉菜单　　　　B. 工具栏　　　C. 键盘输入　　　　D. 以上均可

题目 2：图案填充的图案为 ANSI31，角度为 45°，其填充后正确的图形为：

    A. (a)　　　　　　B. (b)　　　　C. (c)　　　　　　D. (d)

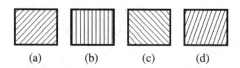

    (a)　　　(b)　　　(c)　　　(d)

题目 3：已知圆弧的起点坐标为(50，50)，端点坐标为(96，120)，半径为 85，该圆弧的圆心坐标为：

    A. X=69.6189，Y=132.7049　　　　　　B. X=11.1860，Y=125.6206

    C. X=75.3250，Y=131.9125　　　　　　D. X=55.6272，Y=112.4583

题目 4：在绘图区打开的快捷菜单不包含下列哪个选项：

    A. 剪切、复制以及从剪贴板粘贴　　　B. 用户最近输入的命令列表

    C. 特性　　　　　　　　　　　　　　D. 快速计算器

题目 5：使用下列哪个驱动程序，可以从图形中创建 Adobe PDF 文件？

    A. DWG to PDF.pc3　　　　　　　　　B. DWF6 eplot.pc3

    C. PublishToWeb JPG. pc3　　　　　　D. PublishToWeb PNG. pc3

题目 6：使用"属性提取"对话框时，当文件格式选择哪个时，不需要使用样板文件？

    A. CDF　　　　　B. SDF　　　C. DXX　　　　　D. 以上都不需要

题目 7：如图所示，如果用户希望将左图引线格式更改为右图所示，需要进行？

    A. 添加引线

    B. 删除引线

    C. 多重引线合并

    D. 多重引线对齐

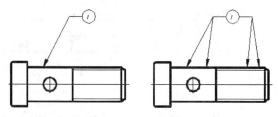

题目 8：使用折断半径命令时，如果希望恢复已折断标注，需要使用折断半径中的哪个选项？

    A. 自动　　　　　B. 手动　　　C. 恢复　　　D. 以上都不正确

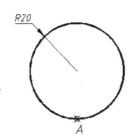

题目 9：已知右图所示的圆对象，绘制一个矩形，以象限点 A 为第一个角点，设定旋转角度值为 45°，矩形面积为 800，矩形长度为 40。该矩形与圆的相交面积为？

  A. 655.38   B. 692.82   C. 639.09   D. 624.52

题目 10：能够书写出符号 Φ 和长仿宋汉字的字体名和字体样式为：

  A. gbenor.SHX, gbcbig.SHX   B. 仿宋 GB2312

  C. 华文中宋   D. 新宋体

题目 11：采用 2∶1 的比例绘图，在设置"标注样式"时，其主单位中"测量单位比例"的比例因子应设为：

  A. 1   B. 2   C. 0.5   D. 1.5

题目 12："创建新图形"对话框中"从草图开始"的公制默认设置，其图幅的长×宽为：

  A. 12×9 英寸   B. 429×297 毫米

  C. 210×297 毫米   D. 297×420 毫米

题目 13： 在 AutoCAD 中，所有的命令可以通过什么方式进入：

  A. 工具栏   B. 下拉菜单   C. 键盘输入   D. 以上均可

题目 14：将命令行历史记录文字复制到剪贴板，用哪个命令？

  A. copy   B. copybase   C. copyclip   D. copyhist

题目 15：要取消进行中的命令，可以：

  A. undo   B. 按 Esc 键   C. regen   D. 以上均可以

题目 16：图中 A、B 的长度分别为：

  A 35，34   B 30，29   C 35，32   D 30，27

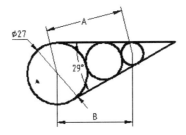

题目 17：绘矩形，第一个角点的坐标为 0，0，长度=62，宽度=37，倾斜角度=11，该矩形另一对角点的坐标为：

  A. X = 63.80   Y = 48.15   Z = 0.00

  B. X = 53.80   Y = 48.15   Z = 0.00

  C. X = 43.80   Y = 48.15   Z = 0.00

D. X = 73.80　　　　Y = 48.15　　　　Z = 0.00

题目 18：　使用夹点编辑对象时，若想同时拖动多个夹点，则在选取夹点时应该按住哪个键？

A. Ctrl 键　　　　　B. Alt 键　　　　　C. Shift 键　　　　　D. Tab 键

题目 19：在"页面设置"对话框中可以设置的图形方向不包括？

A. 横向　　　　　　B. 纵向　　　　　　C. 反向打印　　　　　D. 布满图纸

题目 20：若希望提取块中的属性，不可以选择的"数据源"有？

A. 选择图中的对象　　　　　　　　B. 当前图形

C. 外部参照　　　　　　　　　　　D. 选择图形/图纸集

题目 21：通过按住下列哪个按键并选择两条直线可以快速创建零距离倒角或零半径圆角？

A. Shift　　　　　　B. Ctrl　　　　　　C. Tab　　　　　　D. 空格键

题目 22：在布局中，对某图层设置了"冻结新视口"，如果新建浮动视口，说法正确的是？

A. 新建视口中所有的图层将被冻结

B. 在布局中所有视口中该图层都将被冻结

C. 只在设置后新建的第一个视口中该图层将被冻结

D. 在布局中以后创建的所有新的视口该图层都将被冻结

题目 23：在信息中心，如何将"单机版安装手册"加入到默认搜索的位置？

A. 在"选项"对话框中设置

B. 在信息中心处，单击"搜索"按钮旁边的箭头，选择搜索位置。在"信息中心设置"对话框中，选择"单机版安装手册"复选框，确定即可

C. 在信息中心处，单击"通讯中心"按钮，选择"单机版安装手册"即可

D. 在信息中心处，单击"收藏夹"按钮，选择"单机版安装手册"即可

题目 24：如图所示，将图形中的三角形绕左下角点旋转 120°后与矩形的交点有几个？

A. 2　　　　　　　　B. 4　　　　　　　　C. 5　　　　　　　　D. 6

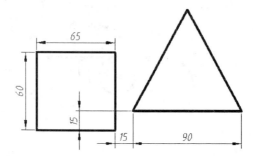

题目 25：如图所示，1、3 和 4 是直线，2 是多段线，利用快速标注，选择哪几个对象会得到如图所示的标注结果？

A. 1、2、3　　　　　　　　　B. 1、2、4

C. 1、2、3、4　　　　　　　D. 以上都不可以

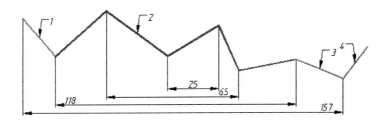

题目 26：使用 LINE 命令绘图，在连续输入了三个点之后，再输入什么字符将绘制出封闭的图形？

　　A. A　　　　　　　B. B　　　　　　　C. C　　　　　　　D. D

题目 27：如图，在绘制切线 AB 时，使用哪种捕捉方式？

　　A. 使用"象限点"　　　　　　　B. 使用"捕捉到最近点"
　　C. 使用"临时追踪点"　　　　　　D. 使用"切点"

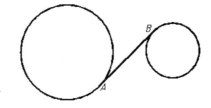

题目 28：标注公差时，当输入上偏差 0.0075，下偏差 0.0025，公差对齐选择使用运算符对齐上下公差，则该堆叠公差显示效果？

　　A. 为运算符对齐，但不是小数分隔符对齐
　　B. 为小数分隔符对齐，但不是运算符对齐
　　C. 既不是小数分隔符对齐，也不是运算符对齐
　　D. 既为运算符对齐，也是小数分隔符对齐

题目 29：将一个已定义的块插入到当前图形，设置当前图层颜色为红，则？

　　A. 该插入的块一定变为红色
　　B. 该插入的块颜色一定不发生变化
　　C. 该插入的块颜色有可能变为红色，有可能不发生变化
　　D. 以上选项都是错误的

题目 30：用工具面板完成图形中图案填充的步骤是：

　　A. 先将实体图案拖入圆中，再将砖块图案拖入圆中
　　B. 先将砖块图案拖入圆中，再将实体图案拖入圆中
　　C. 用 bhatch 命令，分两次填充
　　D. 以上均是正确的

题目 31：在命令行打开的快捷菜单不包含哪个选项：

　　A. 选项　　　　　　　　　　B. 复制历史记录
　　C. 近期使用的命令　　　　　　D. 快速选择

题目 32：正三边形的内切圆直径为 60，其正三边形的边长为：

A. 103.92　　　　　B. 105.45　　　　　C. 53.48　　　　　D. 51.96

题目 33：用"删除"命令，可以删除：

A. 图层　　　　　　　　　　B. 从图形中删除选中的对象

C. 文字样式　　　　　　　　D. 标注样式

题目 34：将对象复制到剪贴板并从图形中删除对象的命令是：

A. 删除　　　　　B. 复制　　　　　C. 剪切　　　　　D. 粘贴

题目 35：一个圆的圆心坐标为(50，50)，用 move 命令移动圆，指定基点时输入：20，30，指定第二个点时，按 Enter 键。移动后，圆心坐标为：

A. 70，80　　　　　B. 20，30　　　　　C. 30，20　　　　　D. 80，70

题目 36：几条直线重合在一起，要删除其中某一条，选择对象时按下什么键实现几个对象间的循环选择？

A. Alt　　　　　B. Ctrl　　　　　C. Shift　　　　　D. Tab

题目 37：相对极坐标的输入方法是：

A. 20，30　　　　　B. 20<30　　　　　C. @20<30　　　　　D. @20，30

题目 38：创建视图的命令是：

A. view　　　　　B. vpoint　　　　　C. vports　　　　　D. dsviewer

题目 39：要创建 Gb A3 命名打印样式.dwt 的图形，选择"创建新图形"对话框中的哪个选项卡：

A. 打开图形　　　　B. 从草图开始　　　　C. 使用样板　　　　D. 使用向导

题目 40："引线"标注的注释类型有：

A. 多行文字、复制对象、公差、块参照或无注释

B. 文字、移动对象、尺寸公差、块参照或无注释

C. 多行文字、复制对象、公差、外部参照或无注释

D. 文字、移动对象、公差、外部参照或无注释

题目 41："文字样式"对话框中，若将字体高度设为 0，则用该样式书写文字时：

A. 系统将提示设置错误　　　　B. 系统将提示输入文字高度

C. 无法书写文字　　　　　　　D. 书写的文字高度为一个定值

题目 42：在创建块前，对定义的属性可以用哪个命令进行修改？

A. attdef　　　　　B. change　　　　　C. attedit　　　　　D. attdisp

题目 43：多行文字的书写框可以从工具选项板的哪个选项中拖出？

A. 注释　　　　　B. 机械　　　　　C. 命令工具　　　　　D. 图案填充

题目 44："椭圆"命令的"轴、端点"方式，输入的第一条轴长度为 50，另一条半轴长为 25，绘出的图形为：

A. 长半轴为 50，短半轴为 25 的椭圆

B. 长轴为 25，短半轴为 25 的椭圆

C. 长轴为 50，短轴为 50 的椭圆

D. 长轴为 25，短轴为 50 的椭圆

题目 45：在"面板"选项板中哪个部分包括"螺旋"命令？

A. 三维制作控制台　　　　　B. 三位导航控制台

C. 渲染控制台　　　　　　　D. 材质控制台

题目 46：对一边长为 40 的等边三角形进行圆角命令，圆角半径为 50，下列说法正确的是？

A. 系统提示"半径太大"，仍继续圆角命令

B. 系统执行圆角命令

C. 系统直接退出该命令

D. 系统提示"*无效*半径太大"

题目 47：当图形位置或大小改变后，宜使用什么命令恢复原先图形？

A. 重画(REDRAW)　　　　　B. 放弃(UNDO)

C. 重作(MREDO)　　　　　　D. 缩放(ZOOM)→上一个(PREV)

题目 48：AutoCAD 的标准文件的后缀名为：

A. *.dwt　　　　B. *.dwg　　　　C. *.dws　　　　D. *.dwf

题目 49：绘制"圆环"，内径为 10，外径为 20，其标注圆环的直径为：

A. 20　　　　B. 10　　　　C. 15　　　　D. 16

题目 50：采用 1：2 的比例绘图，在设置"标注样式"时，其主单位中"测量单位比例"的比例因子应设为：

A. 1　　　　B. 2　　　　C. 0.5　　　　D. 1.5

题目 51：绘制如图所示矩形，其面积为？

A. 284.00　　　　B. 287.00　　　　C. 300.00　　　　D. 276.00

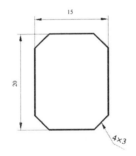

题目 52：如图所示，对引线对象 A 和 B 使用"折断标注"命令，以下说法正确的是？

A. 引线对象 A 和 B 均被折断

B. 引线对象 A 和 B 均无法被折断

C. 引线对象 A 无法被折断，引线对象 B 被折断

D. 引线对象 A 被折断，引线对象 B 无法被折断

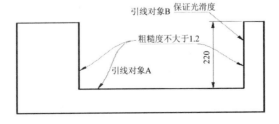

题目 53：在试图用修剪操作将左图编辑成右图时，一直无法进行，问题很可能是？

    A. 修剪时"边(E)"选项的状态是"不延伸(N)"

    B. 定义的边界不太短

    C. 定义的边界不合适

    D. 选择的修剪对象不合适

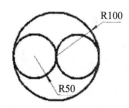 

题目 54：在绘图窗口输入一段多行文字，然后在"文字样式"对话框中选中"注释性"复选框，然后再重新输入一段多行文字。当在状态栏中更改"注释比例"后，以下说法正确的是？

    A. 两段"多行文字"显示比例均更改

    B. 第一段文字显示比例更改，第二段文字显示比例不变

    C. 第一段文字显示比例不变，第二段文字显示比例更改

    D. 两段"多行文字"显示比例均不变

题目 55：DDEDIT 是对尺寸标注中的什么进行编辑？

    A. 尺寸标注格式　　　　　　B. 尺寸文本

    C. 尺寸箭头　　　　　　　　D. 尺寸文本在尺寸线上的位置

题目 56：如图所示图形对象，对其进行复制操作，指定的位移为向右水平 120，则图中交点共有多少？

    A. 12　　　　　　B. 8　　　　　　C. 9　　　　　　D. 10

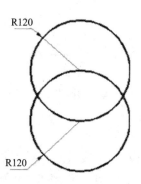

题目 57：　创建、修改或设置命名文字样式的命令是：

请选择：

    A. style　　　　B. dimstyle　　　　C. tablestyle　　　　D. plotstyle

题目 58：　若将图形中已定义的一个图块保存为一个独立的文件，则应在"写块"对话框中选择哪个选项？

    A. 块　　　　　　B. 整个图形　　　　C. 对象　　　　　　D. 选择对象

题目 59：要将尺寸数字水平注写，在设置"标注样式"时，其"文字对齐"方式应选择：

  A. 水平　　　　　　　　　　B. 与尺寸线对齐

  C. ISO 标准　　　　　　　　D. 手动放置位置

题目 60：连续和基线标注只能与哪些标注进行关联标注？

  A. 弧长、折弯、对齐或角度标注

  B. 引线、公差、对齐或角度标注

  C. 线性、坐标、半径或直径标注

  D. 线性、坐标、对齐或角度标注

题目 61：图中 ϕ50 圆心坐标为(50，50)，R63 圆弧的圆心坐标为：

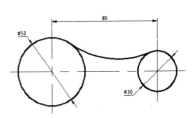

  A. X = 96.44　　　　Y = 112.16

  B. X = 101.56　　　Y = 120.36

  C. X = 100.38　　　Y = 122.16

  D. X = 102.45　　　Y = 126.12

题目 62：使用调整命令时，若选择自动调整标注间距，则标注之间间距值是标注文字高度的几倍？

  A. 1 倍　　　　B. 1.5 倍　　　　C. 2 倍　　　　D. 3 倍

题目 63："椭圆"命令的"中心点"方式和"轴、端点"方式，输入的第一条轴的长度分别是：

  A. 椭圆的半轴长，全轴长　　　B. 椭圆的全轴长，半轴长

  C. 椭圆的半轴长，半轴长　　　D. 椭圆的全轴长，全轴长

题目 64："对象特性"工具栏包含：

  A. 颜色控制、线型控制、线宽控制

  B. 文字样式控制、标注样式控制、表格样式控制

  C. 颜色控制、线型控制、表格样式控制

  D. 文字样式控制、颜色控制、线型控制

题目 65：如图所示，若在 A 点处再进行折断标注，则会出现什么情况？

  A. 会再显示一个如图标注上显示的折断符号

  B. 原折断符号消失，在 A 点处显示折断符号

  C. 提示已进行过折断标注并退出命令

  D. 报错并退出当前命令

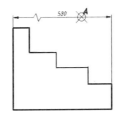

题目 66：绘制"圆环"，内径为 0，外径为 20，其绘出的图形为：

  A. 填充圆　　　B. 空心圆　　　C. 两个圆　　　D. 圆环

题目 67：切换"捕捉"和"对象捕捉"的快捷键是：

    A．F1、F2　　　　B．F7、F8　　　　C．F3、F9　　　　D．F9、F3

题目 68：某直线的起点为(100，50)，直线长度为 149，倾角为 35°，直线的另一端点坐标为？

    A．222.05, 135.46　　　　　　　B．222.09, 100.23

    C．233.45, 100.34　　　　　　　D．222.05, 125.46

题目 69：如果希望给多个对象加圆角，而不需要反复启动命令。使用圆角命令选择下列哪个选项？

    A．多段线　　　　B．多个　　　　C．修剪　　　　D．放弃

附录 I 部分绘图类认证考题(2008)

题目 1：绘制图示图形。

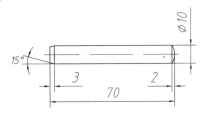

题目 2：绘制图示平面图形。

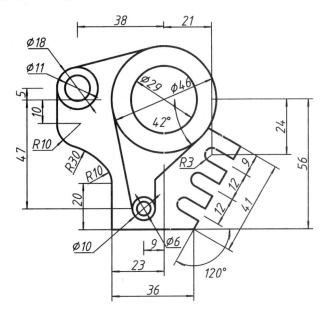

题目 3：绘制图示平面图形。

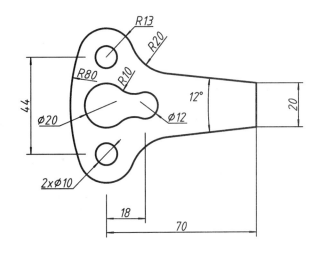

题目 4：绘制图示轴的图形。

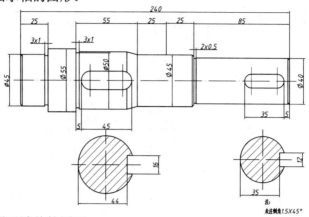

题目 5：绘制图示端盖的图形。

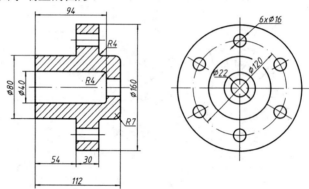

题目 6：根据图示的图形，绘制三维立体模型。

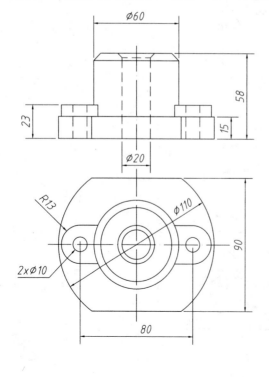